Uhlig

Biokraftstoffe aus Abfall

Hans Uhlig

Biokraftstoffe aus Abfall

Die Anleitung für Auto, Heizung und Stromerzeugung

Warnhinweis: Die in diesem Buch ausgeführten Selbstbauanleitungen richten sich an fachkundiges Publikum und setzen entsprechende technische und sicherheitsrelevante Fachkompetenz voraus. Trotz sorgfältigster Aufbereitung der Inhalte dieses Buchs übernehmen Verlag oder Autor keinesfalls eine Haftung für die Umsetzung und Machbarkeit. Der Rechtsweg ist ausgeschlossen.

Alle Rechte, insbesondere das Recht der Vervielfältigung und Verbreitung sowie der Übersetzung, vorbehalten. Kein Teil des Werks darf in irgend einer Form (durch Photokopie, Mikrofilm oder ein anderes Verfahren) ohne schriftliche Genehmigung des Verlags reproduziert werden oder unter Verwendung elektronischer Systeme gespeichert, verarbeitet, vervielfältigt oder verbreitet werden.

Der Verlag und sein Autor sind für Reaktionen, Hinweise oder Meinungen dankbar. Bitte wenden Sie sich diesbezüglich an verlag@goldegg-verlag.at.

ISBN: 978-3-901880-88-9

© 2007 Goldegg Verlag Wien
Telefon: +43 (0) 1 5054376-0
E-Mail: office@goldegg-verlag.at
http://www.goldegg-verlag.at
Lektorat und Herstellung: Goldegg Verlag

Vorwort

Arme Autofahrer! Die Marktpreise für Benzin und Diesel haben sich im vergangenen Jahr mehr als verdoppelt. Das Gute an dieser Nachricht ist, dass ein Teil der Preissteigerungen die Folge von Spekulationen am Ölmarkt ist. Viele Verkäufer erwarten steigende Preise und halten sich mit Verkäufen zurück, weil sie hoffen, später teurer verkaufen zu können. Fangen die Ölpreise aber aufgrund positiver politischer Nachrichten oder neuer Ölfunde wieder an zu sinken, geht die Spekulation in die andere Richtung. Das Negative an der Nachricht ist, daß es auf die Dauer eher weiter steigende Preise geben wird, dafür gibt es gleich zwei Ursachen: Erstens, die Nachfrage für Mineralölprodukte steigt, nicht zuletzt angetrieben durch die beiden bevölkerungsreichsten Länder der Erde, China und Indien, deren Wirtschaften mit Wachstumsraten um die 10% jährlich rechnen und die gerade beim Individualverkehr einen gewaltigen Nachholbedarf haben. Zweitens, die Vorräte gehen zur Neige, weil die Ölquellen nacheinander versiegen, vor allem in Europa und den U.S.A. Zwar gibt es gelegentlich wieder neue Ölfunde, doch diese sind keine Überraschungen; die Ölindustrie rechnet fest damit. Man schätzt, dass die bisher bekannten Reserven noch für dreißig Jahre reichen, und man hofft, weitere neue Quellen zu entdecken, um zusätzliche fünfzig Jahre Mineralöl fördern zu können, doch der Großteil aller nachgewiesenen und vermuteten Reserven liegt in politisch instabilen Regionen.

Explodierende Rohölpreise sind kein neues Phänomen, bereits 1973 und in den frühen achtziger Jahren gab es solche Phasen. Diese wiederkehrenden Krisen zeigen, wie abhängig unsere mobile Gesellschaft und wie verletzlich unsere Wirtschaft ist. In solchen Zeiten wird deutlich, wie nützlich es wäre, auf andere Kraftstoffquellen ausweichen zu können. Die Politik ist jedoch oft schwerfällig und in der Wirtschaft wird meist viel zu kurzfristig gedacht und gehandelt, so dass von diesen kaum Hilfe zu erwarten ist. Eigenverantwortung heißt das neue Schlagwort, das bei jeder passenden – und unpassenden – Gelegenheit aufgeworfen wird. Was kann jeder für sich in dieser Sache tun und wie soll man es anstellen?

Not macht bekanntlich erfinderisch, das war auch bei den bisherigen Energiekrisen nicht anders. Viele Leute haben damals nach Ersatzkraftstoffen für ihre Autos gesucht und verschiedenes ausprobiert: In der Küche, der Garage oder im Garten begannen sie, Gärgefäße aufzustellen um Alkohol (Ethanol) zu erzeugen und diesen dann zu destillieren. Nach ein paar Änderungen an Kraftstoffsystem und Motor konnten sie dann ihre Autos mit Ethanol plus ein wenig Benzin fahren. Andere bauten sich einfache Biogasanlagen und erzeugten damit Methangas. Das Gas verdichteten sie mit Kompressoren, füllten es in Druckflaschen und fuhren ihre Autos damit. Einige dieser Ansätze waren einfach und praktikabel und wurden jahrelang erfolgreich angewandt. Aber so vielversprechend die Versuche auch waren, gegen die Kräfte des Markts konnten sie nicht auf Dauer bestehen. Als die Rohölpreise in den neunziger Jahren drastisch vielen, lohnte sich der Aufwand irgendwann nicht mehr. So wurden die Bemühungen, Autokraftstoff selbst herzustellen, nach und nach aufgegeben und diese Ansätze gerieten mit der Zeit in Vergessenheit.

Vorwort

Mittlerweile haben sich die Bedingungen an den Zapfsäulen längst ins Gegenteil verkehrt. Der Preis für Rohöl ist seit dem Tiefststand von unter 10,00 US-$ pro Barrel auf eine Rekordhöhe von über 80,00 US-$ geklettert und hat sich bei Preisen um 70,00 US-$ etabliert (Stand August 2007). In Deutschland wurde die Ökosteuer auf Mineralölprodukte eingeführt, die Benzin und Diesel noch zusätzlich teurer macht. Dadurch sind inzwischen die alternativen Kraftstoffe wieder besonders attraktiv geworden.

Schon seit ein paar Jahren erleben die alternativen Kraftstoffe eine Renaissance, was so manchen erstaunen wird, ist, dass diese Bewegung besonders deutlich in den U.S.A. zu spüren ist. Maßgeblich dafür sind nicht so sehr die, verglichen mit Europa, noch immer moderaten Kraftstoffpreise, sondern vor allem die strengen Abgasnormen im Bundesstaat Kalifornien. Diese wirtschaftlich stärkste Region in den U.S.A. hat einen mächtigen Einfluss auf die Automobilindustrie in den Vereinigten Staaten und auch weltweit. In Amerika gab es im Jahr 2004 etwa 150 000 Fahrzeuge mit Ethanolantrieb und etwa gleich viele mit Erdgasantrieb. Seither gibt es dort Steigerungsraten um 10% pro Jahr. Auch die dazugehörige Infrastruktur, wie Tankstellen und spezialisierte Werkstätten, nimmt zu. Das rückt die alternativen Energieträger immer mehr in den Blickpunkt der Allgemeinheit. Die steigenden Kraftstoffpreise führen dazu, dass man sich wieder an die Versuche aus früheren Zeiten erinnert, als man mit einfachen Methoden alternative Kraftstoffe selbst herstellte. Dies ist auch dem Internet zu verdanken, das die Verbreitung von Ideen und den Informationsaustausch sehr erleichtert hat und auch weiterhin beschleunigt. Tüftler aus aller Welt finden sich zu gemeinsamen Interessengruppen zusammen. In Diskussionsforen tauschen sie Erfahrungen aus und beraten sich.

Aus vielen solcher internationalen Internetdiskussionsforen und Newsgroups habe ich eine Fülle von Informationen zur Herstellung und Anwendung alternativer Kraftstoffe zusammengetragen. Vieles stammt entweder aus dem großen englischsprachigen Raum, U.S.A., Kanada, Australien, Neuseeland, Südafrika, Großbritannien und Irland; oder von französischsprachigen Seiten aus Frankreich, Quebec (in Kanada), Belgien oder der Schweiz. Die deutschen Seiten sind in dieser Hinsicht eher unergiebig. Natürlich habe ich auch eine Reihe von Fachbüchern ausgewertet, doch so aktuell wie das Internet können diese Informationsquellen gar nicht sein.

In dem vorliegenden Buch möchte ich einige ausgewählte Verfahren und Rezepte ausführlicher vorstellen, die beschreiben, wie man mit einfachen Mitteln selbst aus Abfall Kraftstoffe herstellen kann. In der Garage oder im Garten, ja selbst im Keller oder der Küche ist das möglich. Mit dem Kraftstoff kann man ein Auto, einen Stromgenerator oder eine Heizanlage ganz oder teilweise betreiben. Was man dazu braucht, wie teuer das erforderliche Material ist, was eine eventuell nötige Umrüstung des Autos kostet und was man beim Betrieb beachten muss, all das wird hier beschrieben und/oder in Abbildungen dargestellt.

Bisher war nur von Ethanol und Biogas die Rede, doch es gibt noch weitere Kraftstoffe, die man aus Abfällen in Eigenarbeit erzeugen kann: Biodiesel, Pflanzenöl, Ethanol, Methan und Holzgas sind die Kraftstoffe auf die ich mich hier konzentriere.

Die Abfälle, aus denen man einen oder mehrere der oben genannten Kraftstoffe gewinnen kann, sind:
- Gebrauchte Speiseöle und Fette aus Restaurantabfällen (zur Herstellung von Biodiesel oder aufbereitetem, motortauglichem Pflanzenöl)
- Abfälle aus dem Obstbau, dem Getreideanbau, der Saftherstellung und Bäckereibetrieben (für die Ethanolherstellung)
- Küchenabfälle, Grünabfälle aus dem Garten und Tierkot (für die Herstellung von Biogas)
- Bruchholz, Schnittholz und Holzabfälle (zur Erzeugung von Holzgas)

Das Buch ist gegliedert in einen Teil der sich mit flüssigen Kraftstoffen befasst: Das sind Biodiesel und Pflanzenöl für die Verwendung in Dieselmotoren und Ethanol als Kraftstoff für Benzinmotoren. Ein zweiter Teil behandelt die Erzeugung und Nutzung von gasförmigen Kraftstoffen, nämlich Biogas und Holzgas.

Im hinteren Buchteil befindet sich ein Anhang, in dem Rezepte in allen Einzelheiten aufgelistet und mit ihrem jeweiligen Für und Wider ausführlicher besprochen werden. Außerdem ist eine vollständige Herstellungsanleitung für einen neuartigen Holzgasgenerator enthalten, den man mit einfachen Mitteln aus leicht erhältlichen Materialien anfertigen kann. Weiters sind noch zwei nicht ganz so detaillierte Beschreibungen von zwei weiteren neuen Holzvergasern beigefügt.

Dr. Hans Uhlig

Inhaltsübersicht

Teil A
Flüssige Kraftstoffe 17
    I. Biodiesel – Grundlagen 19
    II. Biodiesel – Praxis 49
    III. Pflanzenöl – Grundlagen 103
    IV. Pflanzenöl – Praxis 125
    V. Ethanol (Trinkalkohol) – Grundlagen 133
    VI. Ethanol (Trinkalkohol) – Praxis 143

Teil B
Gasförmige Kraftstoffe 149
    I. Biogas – Grundlagen 151
    II. Biogas – Praxis 163
    III. Holz-, Produkt- und Generatorgas – Grundlagen 171
    IV. Holzgas – Praxis 187

Teil C
Weitere Anwendungen 215

Anhang 225

Inhaltsverzeichnis

Vorwort 5

Teil A
Flüssige Kraftstoffe

I. Biodiesel – Grundlagen 19
1. Herstellung von Biodiesel 19
Bezugsquellen von Speiseöl 21
Reinigung des Speiseöls 26
Ausrüstung 27
Zusammenfassung des Herstellungsprozesses 28
2. Lagerung von Biodiesel 42
3. Nutzung von Biodiesel 43
Allgemeines 43
Biodiesel in Zweitaktern (2T) 45
Biodiesel in Viertaktern 45
Biodiesel und Umwelt 45
Andere Verwendungen für Biodiesel 46
Strom erzeugen mit Biodiesel 46

II. Biodiesel – Praxis 49
1. Standardrezept von Mike Pelly 49
Umesterung 50
2. Zwei-Stufen-Modifikation nach Aleks Kac 60
Einführung 60
Theorie 61
Anpassung 61
Herstellungsprozess 62
Blasenwaschmethode der University of Idaho 64
3. Drittes Biodieselrezept nach Aleks Kac 65
Einführung 66
Ausrüstung 67
Chargen Testen 68
Herstellungsprozess 68
Erste Stufe der Säure-Base-Methode 68
Zweite Stufe 70
Waschen 71
Methanolrückgewinnung 73
Qualitätsprüfung 74

4. Herstellung von Ethanol-Biodiesel ... 74
Wasserfreies Ethanol ... 76
5. Weitere Teilrezepte ... 77
Wiedergewinnung von Methanol ... 77
Natronlauge oder Kalilauge ... 78
Einfache Titration ... 80
Bessere Titration ... 81
Genaue Messungen ... 82
Hoher Anteil freier Fettsäuren ... 85
Entsäuern ... 85
Geht es auch ohne Titration? ... 87
Standardmenge für Lauge ... 87
Mischen des Methoxids ... 88
Methoxid Stammlösung ... 89
Kostengünstige Titration ... 89
PET Flaschen-Mixer ... 90
Glycerin ... 91
Waschen ... 94
Viskositätstests ... 101

III. Pflanzenöl – Grundlagen ... 103
1. Allgemeines ... 103
Nachteile der Umwandlung von Pflanzenöl in Pflanzenölmethylester (PME) ... 103
Umrüstung des Autos ... 104
Für welche Autos ist eine Umrüstung überhaupt sinnvoll? ... 105
2. Aufbereitung des Speiseöls ... 105
Umrüstung des Fahrzeugs ... 105
Weitere Ratschläge zur Umrüstung von Boulder-Biodiesel ... 110
Kommerzielle Umrüstung ... 112
Reinigung des Öls ... 112
Erwärmung des Öls ... 114
Kraftstoffherstellung nach John Nicholson ... 115
Kritik an der Verwendung von Gemischen ... 117
3. Kommerzielle Produkte ... 118
PLANTANOL ... 118
Tessol-NADI ... 119
Mischungen von Pflanzenöl mit Ethanol ... 120
Anmerkungen zu Beimischungen beim Dieselöl ... 121
Motoren, die nur mit Pflanzenöl fahren ... 121
4. Weitere Verwendungen von Biodiesel ... 122
Heizen mit Biodiesel oder Pflanzenöl ... 123
Strom erzeugen mit Pflanzenöl ... 123

IV. Pflanzenöl – Praxis ... 125
   1. Steuerventile (Solenoid Ventile) ... 125
   2. Wasser-Test ... 126
   3. Mischungen aus Speiseöl und Benzin ... 127

V. Ethanol (Trinkalkohol) – Grundlagen ... 133
   1. Allgemeines ... 133
      Energieeffizienz ... 133
      Ethanolbeimischung zum Benzin ... 134
      E85 ... 135
   2. Verwendung von Ethanol im Auto ... 136
      Umrüstung bei älteren Autos ... 136
      Anpassungen bei Motor und Kraftstoffsystem ... 137
      Leistungsminderung ... 138
      E Diesel ... 138
   3. Herstellung von Ethanol ... 139
      Kostengünstige Herstellung von reinem Alkohol ... 140
      Verwendung von Zeolith ... 140
      Erhalt von Ethanol ... 141
   4. Lagerung von Ethanol ... 142

VI. Ethanol (Trinkalkohol) – Praxis ... 143
   1. Vergärung von Zucker zu Alkohol durch Hefen ... 143
   2. Preisgünstige Quellen für vergärbares Material ... 143
   3. Destillation ... 144
   4. Zeolithe ... 147

Teil B
Gasförmige Kraftstoffe

I. Biogas – Grundlagen ... 151
   1. Allgemeines ... 151
   2. Erzeugung und Nutzung von Biogas ... 152
      Trockenvergärung ... 152
      Kraftstoff aus Holzabfällen nach Jean Pain ... 153
      Kraftstoff aus Hühnermist nach Harold Bate ... 155
   3. Verwendung von Biogas ... 156
      Reinigung ... 156
      Verdichtung ... 157
      Heizen mit Biogas ... 161

II. Biogas – Praxis ... 163
1. Biogasanlage von Jean Pain ... 163
2. Biogas aus Hühnermist ... 164
3. Biogasanlage aus Metallschrott ... 165
Verlauf der Gasproduktion ... 169
Gasbedarf verschiedener Nutzungszwecke ... 169

III. Holz-, Produkt- und Generatorgas – Grundlagen ... 171
1. Allgemeines über Holzgas ... 171
Holzvergaser im 20. Jahrhundert ... 172
Holzvergasertypen ... 174
2. Prinzip der Holzvergasung ... 176
Zusammensetzung von Holzgas ... 176
Gasdurchflussrate ... 176
Wassergehalt des Holzes ... 178
Ascheanteil ... 178
Größe der Brennstoffteile ... 179
Holzgas und Mineralkraftstoff im Vergleich ... 179
3. Holzvergaser heute ... 180
Holzvergaser für Blockheizkraftwerke ... 183
Energieeinspeisegesetz ... 185

IV. Holzgas – Praxis ... 187
1. Allgemeines ... 187
2. Bauanleitung eines Vergasers ... 189
Brennstoffvorratsbehälter und Brennkammer ... 190
Bau der Hauptfiltereinheit ... 194
Herstellung ... 195
Bau der Vergasereinheit ... 199
Bau der Schmetterlingsventile ... 200
3. Fluidyne Holzvergaser Pioneer Class ... 205
Fluidyne DIY Holzvergaser ... 207
Bedienungshinweise ... 209
Sicherheit ... 210
Pioneer Class Vergaser ... 210
4. Holzvergaser aus Ferrozement ... 212

Teil C
Weitere Anwendungen

1. Kraftstoffe aus Abfall für Stirling Motoren ... 217
Stirling Motoren in Blockheizkraftwerken ... 219

Kühlaggregat oder Wärmepumpe	220
Im Eigenbau	220
2. Kompostwärme aus Abfall	220
3. Schema des IMBERT Generators	223

Anhang

Literatur	227
Glossar	229
Stichworte	243
Abbildungsverzeichnis	253
Quellennachweis der Abbildungen	254
Internetlinks	255
Danksagungen	257

Teil A
Flüssige Kraftstoffe

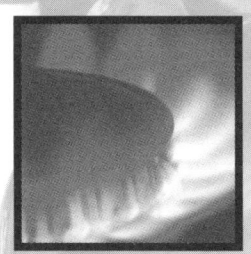

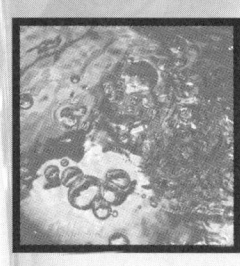

I. Biodiesel – Grundlagen

Besitzer von Autos mit Dieselmotor haben mehrere Möglichkeiten (z.B. die Produktion von Biodiesel), aus Abfallöl Kraftstoff herzustellen, mit dem das Auto gefahren werden kann.

Biodiesel kann man mit normalem Diesel mischen oder in reiner Form verwenden, wobei gewisse Besonderheiten in der Umstellungsphase zu beachten sind. Autos, die mit Dieselmotor betrieben werden, können auch für die Verwendung von Pflanzenöl eingerichtet werden. Hierfür ist in der Regel eine Umrüstung erforderlich, die Gründe dafür werden im Kapitel „Umrüstung des Autos" auf Seite 104 ausführlich besprochen.

1. Herstellung von Biodiesel

In der folgenden Tabelle sind die einzelnen Arbeitsgänge zur Erzeugung von Pflanzenölkraftstoff bzw. Biodiesel aufgelistet.

	Arbeitsgang	Biodiesel (BD) / Pflanzenöl direkt (PÖL)	Seite
Stufe 1	gebrauchtes Speiseöl besorgen	Sowohl für die Herstellung von BD, als auch für PÖL muss man zuerst gebrauchtes Speiseöl besorgen.	21
Stufe 2	Öl reinigen	In einem zweiten Schritt filtriert und entwässert man das Öl (gilt für BD und PÖL).	26
Stufe 3	Öl titrieren	Der Anteil an freien Fettsäuren wird ermittelt (bei BD).	28
Stufe 4	Methoxid (Katalysator) herstellen	Methoxid wird aus Methanol und Natronlauge oder Kalilauge hergestellt (BD).	28
Stufe 5	Umesterung	Das Mischen von Methoxid und gebrauchtem Speiseöl bricht die Verbindung der Glycerinester des Öls auf und wandelt sie in Methylester um, wobei Glycerin frei wird (BD).	29
Stufe 6	Phasentrennung	Das Absetzen lassen führt zur Trennung des Gemischs in zwei Phasen: Die obere Phase ist fettlöslich und enthält den rohen Biodiesel, die untere Phase ist wasserlöslich und enthält Glycerin, Seife und Methanol (BD).	30
Stufe 7	Abtrennen der wässrigen Phase	Man pumpt die obere Phase in ein separates Waschgefäß und die wässrige Phase fängt man getrennt auf (BD).	30

I. Biodiesel – Grundlagen

	Arbeitsgang	Biodiesel (BD) / Pflanzenöl direkt (PÖL)	Seite
Stufe 8	Drei Waschgänge	Die Phase wird mit Wasser gut gemischt und die restliche Seife und Methanol werden darin gelöst. Anschließend das Wasser ablaufen lassen und die obere Phase weiterverwenden. Dieser Vorgang sollte dreimal wiederholt werden (BD).	30
Stufe 9	Trocknen	Das Endprodukt durch Erhitzen entwässern oder absetzen lassen (BD).	30

Für Pflanzenöl als Kraftstoff im Dieselauto gibt es eine Ein-Tank Lösung und eine Zwei-Tank Lösung.

Achtung: In jedem Fall muss die Umrüstung vom TÜV abgenommen werden!

Die Ein-Tank Lösung ist die radikalere: Sie erlaubt den ausschließlichen Betrieb mit Pflanzenöl. Sie erfordert jedoch eine Umrüstung am Motor selbst, nicht nur an der Peripherie. Die Zwei-Tank Lösung besteht darin, einen kleinen Tank mit normalem Diesel oder Biodiesel mitzuführen, der nur zum Starten und kurz vor dem Abschalten des Motors verwendet wird. Der Haupttank ist für das Pflanzenöl vorgesehen, man hat also zwei komplette Kraftstoffsysteme. Die Zwei-Tank Lösung ist die allgemein bevorzugte Methode. Es gibt noch eine weitere Möglichkeit, die von vielen Leuten genutzt, von anderen aber skeptisch betrachtet wird und das ist die Verwendung von Gemischen aus aufbereitetem Pflanzenöl mit Benzin oder verschiedenen Lösungsmitteln im normalen (nicht umgerüsteten) Dieselmotor.

Man kennt eine Vielzahl von Rezepten für die Aufbereitung von gebrauchtem Speiseöl und ganz besonders zur Herstellung von Biodiesel. Die Verarbeitung des Öls geschieht in mehreren Stufen, wobei jede Stufe die Voraussetzung für die darauf folgende ist. Für jede einzelne Verarbeitungsstufe gibt es die unterschiedlichsten Zutaten und Arbeitsmethoden. In diesem Buch wurde versucht möglichst viele verschiedene solcher Rezepte zusammenzutragen. Es kann jedoch nicht garantiert werden, dass sich beliebige Teilrezepte zu einem funktionierenden Gesamtrezept zusammenfügen lassen. Darum sind hier mehrere in sich geschlossene Zubereitungsvorschriften genannt, die man einzeln ausprobieren kann. Wenn man etwas mehr Erfahrung hat, kann man nach eigenem Gutdünken modifizieren, sollte jedoch jeweils immer nur eine Änderung pro Versuchsansatz vornehmen. Man kann beispielsweise die Verarbeitungstemperatur erhöhen oder erniedrigen, den Chemikalienverbrauch reduzieren, die Waschprozedur oder die

1. Herstellung von Biodiesel

Absetzzeit verkürzen. Falls man nur jeweils eine Abänderung im Herstellungsprotokoll durchführt und diese sich als unvorteilhaft erweist, dann ist klar, woran das Misslingen gelegen hat. Führt man jedoch mehrere Modifikationen gleichzeitig durch und erhält am Ende ein unbefriedigendes Ergebnis, so ist die Ursache dafür nicht eindeutig auszumachen. In diesem Fall sind weitere Versuchsansätze erforderlich.

Bezugsquellen von Speiseöl

Ohne eine Quelle für Speiseöl kann man keinen Biodiesel herstellen, daher ist eine der wichtigsten Fragen, die man sich zur Produktion stellen sollte, wo man gebrauchtes Speiseöl erhält.

Im Jahr 2001 machte ein Berliner Taxifahrer Schlagzeilen, der sein Fahrzeug mit grob gereinigtem Fritteusenöl betrieb, das er vorzugsweise aus griechischen und italienischen Restaurants bezog. Damals waren die Voraussetzungen für das Fahren mit gebrauchtem Küchenöl noch vergleichsweise ungünstig; denn zum Einen kostete der Dieselkraftstoff an heutigen Preisen gemessen wenig (man sparte also kaum Kosten) und zum Anderen konnten die Erzeuger des Abfallöls dieses noch mit Gewinn an landwirtschaftliche Betriebe verkaufen, daher waren sie eher weniger dazu geneigt, ihr altes Öl kostenlos abzugeben. Seit dem Jahr 2004 ist es in der EU gesetzlich untersagt, gebrauchtes Speiseöl aus Restaurants und Catering-Betrieben als Viehfutterzusatz zu verwenden. Gebrauchtes Speiseöl dieser Herkunft muss also entsorgt werden und diese Entsorgung ist in der Regel kostenpflichtig. Einige Gemeinden bieten die Möglichkeit an, altes Speiseöl kostenfrei in einem Ölsammler abzugeben. Das heißt man kann das Öl selbst dorthin bringen, abgeholt wird es jedoch nur gegen Gebühr von Entsorgungsunternehmen.

Die Chancen, kostenlos an gebrauchtes Speiseöl zu kommen, sind momentan also recht günstig. Doch, wie soll man an Restaurants herantreten, wen soll man ansprechen und was ist sonst noch alles zu beachten? Mit den Ratschlägen der folgenden zwei Personen, die jedes Jahr tausende Liter Abfallöl aus Restaurants erhalten, ist Ihnen vermutlich sehr geholfen:

John Nicholson aus England:

Restaurantbesitzer bezahlen dafür, dass man ihr Abfallöl beseitigt, daher sind sie in der Regel ganz froh darüber, dass man es Ihnen umsonst abnimmt. Oft kommt auch die Idee ganz gut an, dass Sie es als Kraftstoff für Ihr Auto verwenden wollen.

Zuerst überzeuge ich die Verantwortlichen des Restaurants davon, ihr Öl in die Gefäße zurückzugießen, aus denen es verwendet wird. Es handelt sich hierbei meistens um 20 l Plastikbehälter in Pappkartons. Zur Zeit be-

I. Biodiesel – Grundlagen

komme ich Öl von 4 Restaurants, sie alle erhalten ihr Öl in den gleichen Verpackungen. Ich freue mich schon auf den Tag, an dem die Restaurants, die gehärtete Fette und Schmalz verwenden, nicht mehr konkurrenzfähig arbeiten, weil sie zu viel Geld für die Abfallbeseitigung ausgeben müssen.

Wenn man gebrauchtes Speiseöl als Kraftstoff direkt verwenden will, dann sollte man gutes, also flüssiges Öl nehmen. Die hier gegebenen Ratschläge beziehen sich nicht auf Fett, das bei normaler Umgebungstemperatur ein fester Stoff ist. Fette sind sehr variabel, oxidiert, dick, verunreinigt und haben einen hohen Anteil an freien Fettsäuren, die Metalle verätzen. Diese Stoffe sind zudem schwer zu handhaben, denn sie neigen dazu, in Lagerbehältern zu verfestigen. Gebrauchte Fette sollten nur zu Biodiesel verarbeitet werden, sie sind jedoch nicht für die direkte Nutzung geeignet.

Achtung: Sie sollten nichts von Ölfässern nehmen, die im Hinterhof von Restaurants stehen! Es handelt sich dabei nicht nur um Diebstahl, sondern solche Lagerstätten stellen auch stark verunreinigte Quellen für Öl dar: Wasser und andere Verunreinigungen, sowie Einmal-Windeln, Motoröl und Ölfilter sind keine Seltenheit in diesen Behältern. Die Verwendung von Speiseöl mit schlechter Qualität kann den Kraftstofffilter verstopfen, oder erfordert das Herauspumpen des Öls aus dem Tank, wenn es das Kraftstoffsystem zu stark belastet hat.

Es ist nicht besonders schwer, gutes Öl zu bekommen und es lohnt sich, bei der Ölwahl wählerisch zu sein. Gutes Öl ist frei von Wasser und Nahrungsbrocken, bei normaler Außentemperatur flüssig und es wurde nicht zu lange benutzt (und ist daher nicht ranzig oder sauer). Restaurants, die ihr Öl täglich wechseln, eignen sich für die Ölabnahme, auch solche, die zwar etwas seltener ihr Öl wechsel, aber das Öl nicht so intensiv nutzen. Die Qualität des Öls von Fast Food Restaurants ist nahezu immer schlecht und eignet sich daher nicht zur direkten Verwendung als Kraftstoff.

Wenn Sie Öl von einem Restaurant verwenden möchten, das auch Fleisch grillt, sollten Sie fragen, ob man Ihnen nur das Frittieröl überlassen kann. Man sollte auch kein teilgehärtetes Fett verwenden, da dieses in den kalten Wintermonaten nicht mehr flüssig ist (ob es sich um teilgehärtetes Fett handelt, können Sie an der Originalverpackung des Fetts ablesen).

Noch ein Tipp: Ich mache den Angestellten im Restaurant das Leben leichter, indem ich ihnen einen großen (10 l) Trichter und einen Edelstahlständer (der verhindert dass der Trichter aus der Öffnung des Kanisters rutscht) zur Verfügung stelle. Dadurch können sie das Öl in ein 200 l Fass mit abnehmbarem Deckel oder in eine Fetttonne kippen. Das erleichtert das Ab-

1. Herstellung von Biodiesel

füllen, denn ein 10 l-Trichter ist ein leichter zu treffendes Ziel, als die kleine Öffnung eines 20 l Kanisters.

Wenn die Angestellten das Öl normalerweise direkt aus der Friteuse (also heiß!) in die Trommel kippen, ohne es vorher abkühlen zu lassen, dann werden sie damit die Plastikbehälter schmelzen. Falls Sie das Personal nicht davon überzeugen können, das Öl abkühlen zu lassen, sollten Sie Metallbehälter bereitstellen, die nicht schmelzen können.

Wenn Sie dem Restaurant einen Trichter und eine Halterung zur Verfügung stellen, dann wissen die Leute auch, dass Sie es ernst meinen, denn Sie haben ja eine Investition getätigt. Dieser Umstand wird die Verantwortlichen davon überzeugen, dass Sie ihr Öl, wie vereinbart, regelmäßig abholen werden. Ich schlage vor, dass Sie gleich, wenn Sie mit Ihrer Anfrage an das Restaurant herantreten, ein Foto vom Trichter und dem Ständer mitbringen, damit Sie Material zum Herzeigen haben und seriös wirken.

Bitten Sie das Personal, die Kanister (oder sonstige Behälter) zu markieren, die sie zur Aufnahme des gebrauchten Öls verwenden.

Dana Linscott aus Amerika:

Es ist verboten einfach Öl aus einem Ölabfallbehälter zu nehmen, der hinter einem Restaurant steht. Normalerweise gehört dieser nicht dem Restaurantbesitzer, sondern einem Abfallbeseitigungsunternehmen. Daraus etwas zu entwenden ist Diebstahl, es sei denn, man hat die ausdrückliche Erlaubnis dazu. Oft wissen die Eigentümer oder Geschäftsführer nicht, dass das Öl von dem Augenblick des Füllens in den Behälter dem Abfallentsorger gehört. Daher wird die „Erlaubnis" des Restaurants, das keine Eigentumsrechte an dem Öl hat, nicht viel nützen, wenn man vom Abfallentsorger erwischt und möglicherweise verklagt wird.

 Achtung: Solche Fälle hat es tatsächlich schon gegeben!

Wenn die Fässer nicht gekennzeichnet sind und keiner Abfallbeseitigungsfirma gehören, kann es sein, dass sie jemand anderem gehören, z.B. jemandem der ebenfalls Biodiesel daraus machen möchte. Das beste Vorgehen bei der Suche nach einer Ölbezugsstelle ist das folgende: Sie suchen Restaurants in Ihrer Nähe auf und sehen nach, ob alle einen Ölsammelbehälter eines Abfallentsorgers dort stehen haben. Wenn dem so ist, müssen Sie den Restaurantbesitzer davon überzeugen, das Abfallöl in einen Behälter zu geben, den Sie aufstellen, damit Sie sich legal verhalten. Der Vorteil für die Restauranteigentümer kann sein, dass sie Geld sparen, denn die Abfallent-

sorger lassen sich für das Abholen des Altöls bezahlen. Wenn Restaurants Kosten sparen können, dann können sie dadurch ihren Ertrag um mehrere hundert Euro im Jahr erhöhen. Dieses Argument kann Ihnen beim Gespräch mit dem Verantwortlichen sehr hilfreich sein!

Ich schlage vor, dass Sie mit Ihrer Suche bei einem orientalischen Restaurant (Chinese, Vietnamese) in der Nähe Ihres Wohnorts anfangen. Dort gibt es in der Regel das am leichtesten zu verarbeitende Öl. Man muss es nur filtern und entwässern, bevor man es benutzen kann.

Burger Restaurants haben für gewöhnlich das am schwersten zu verarbeitende Öl/Fett. An diese sollte man sich nur wenden, wenn es keine andere Möglichkeit gibt. Nach Möglichkeit sollten Sie sich die gebrauchten Öle ansehen: Gutes gebrauchtes Öl ist bei 10 °C noch klar und flüssig, es kann golden oder dunkel wie Cola sein, sobald es jedoch cremig aussieht, sollte es nicht Ihre erste Wahl sein. Wenn die Umgebungstemperatur unter 10 °C beträgt, sollten Sie eine kleine Probe mit nach Hause nehmen und erwärmen, um die Qualität bestimmen zu können. Die Bezugsquelle von gutem gebrauchtem Speiseöl ist sehr wichtig. Darum sollten Sie sich Zeit nehmen, um ein geeignetes Restaurant zu finden.

Es ist möglich, Fett oder gehärtetes Öl in einem umgerüsteten Motor zu verbrennen, wenn das Kraftstoffsystem darauf ausgelegt ist. Diese Kraftstoffe müssen geheizt werden, weil sie sonst bei Kälte zu einer puddingartigen Masse gelieren. Die meisten Umrüstbausätze beziehen diesen Aspekt nicht mit ein, es ist jedoch möglich sie aufzurüsten, damit sie auch mit diesen Kraftstoffen fertig werden.

Wenn Sie eine (besser zwei) mögliche Quelle(n), gefunden haben sollten Sie den Eigentümer oder Geschäftsführer des Restaurants kontaktieren.

 Mein Tipp: Treten Sie nicht zu gut angezogen auf, verwenden Sie jedoch auch nicht abgetragene Kleidung.

Für die Kontaktaufnahme hat sich bei mir folgendes Schema bewährt:

Zu einer Tageszeit an der das Restaurant fast leer ist (z.B. am frühen Nachmittag), bestelle ich mir ein kleines Gericht und frage gleich bei der Bestellung, ob der Geschäftsführer zu sprechen ist, falls er ein paar Minuten Zeit hat. Normalerweise wird er kommen, wahrscheinlich in der Erwartung ein Lieferantengespräch zu führen, denn die Restaurant-Zulieferer wählen oft diese Art des Gesprächsbeginns. Daher wird es vielleicht etwas dauern, bevor Ihr Gegenüber merkt, worum es geht, nämlich dass man dem Restaurant etwas abnehmen möchte, das Geld spart. Gehen Sie langsam und be-

1. Herstellung von Biodiesel

hutsam vor (wenn man Sie verständnislos anstarrt, seien Sie noch behutsamer). Erwarten Sie, dass die Leute Sie ansehen, als würden Sie eine sehr ungewöhnliche Bitte haben. Die haben Sie ja schließlich auch! Erklären Sie, dass Sie eine Gruppe von Leuten kennen gelernt haben, die damit experimentiert, gebrauchtes Frittieröl als Autotreibstoff zu verwenden. Sie beabsichtigen, dies selbst auszuprobieren und suchen ein Restaurant, das bereit ist, etwas gebrauchtes Frittieröl abzugeben. Eventuell würden Sie später das gesamte gebrauchte Öl abnehmen, doch im Moment wollen Sie nur ein wenig davon, damit Sie erste Versuche durchführen können. Wenn Ihre Bitte abgelehnt wird, fragen Sie, ob es eine Anordnung dagegen gibt: Einige Restaurantketten haben so etwas. Gegen eine Anordnung können Sie nichts tun, danken Sie für die Zeit, die man Ihnen geopfert hat und streichen Sie das Restaurant von Ihrer Liste der möglichen Quellen. Kein Geschäftsführer wird seinen Job riskieren, indem er eine Firmenrichtlinie oder -abmachung in Frage stellt oder verletzt.

Wenn man Ihnen skeptische Blicke zuwirft, lassen Sie den Zuständigen Zeit darüber nachzudenken, während Sie essen. Fragen Sie, ob es irgendwelche Probleme geben könnte, oder ob man sich an gewisse Vereinbarungen halten muss. Seien Sie höflich und hilfsbereit! Wenn die Entscheidung nicht sofort getroffen werden kann, sagen Sie, dass Sie in einer Woche wieder kommen werden. Danken Sie für die Ihnen geopferte Zeit und hinterlassen Sie Ihre Tefonnummer. Vergessen Sie nicht, der Kellnerin Trinkgeld zu geben, wenn Sie fertig sind!

Ich bevorzuge die sanfte Annäherung mit Geduld, gegenüber einer Drängelei wegen des Öls. Beim erneuten Besuch im Lokal bringe ich einen Tisch voller Freunde mit. Es hilft ...

Damit wären die ersten beiden Schritte erledigt. Obwohl das alles eher einfach klingt, ist in zwei Punkten zur Vorsicht geraten:
1. Wenn man eine solche Quelle erschlossen hat, sollte man sich bemühen, eine gute Beziehung zu den Managern und Köchen des Restaurants aufzubauen und zu bewahren. Halten Sie den Aufbewahrungsort für das Öl sauber und seien Sie nicht zu fordernd! Ich miete jeden Herbst einen Druckreiniger und säubere die Flächen als kleines Extra, das Abfallentsorger generell nicht bieten. In einigen Fällen konnte ich Restaurantbesitzer, die vorerst kein Interesse daran zeigten mich zu unterstützen mit dem Argument umstimmen, dass ich ihnen umsonst die Fettaufbewahrungsorte säubern würde. Wenn man von den Restaurants mit der strikten Direktive kein Öl weiterzugeben absieht, konnte ich etwa die Hälfte der anderen umstimmen. Es kann sein, dass sich diese Mühe für Sie nicht lohnt, aber manche verbrauchen tausende von Gallonen jedes Jahr und jeder Ölabgeber ist demnach wichtig (1 am. Gallon = 3,8 l).

2. Überreden Sie Restaurantbetreiber nie dazu, Ihnen Öl abzugeben, wenn dies in irgendeiner Weise mehr Arbeit oder Ärger für das Restaurant bedeuten könnte. Versuchen Sie nie krampfhaft mit Köchen ins Gespräch zu kommen, wenn sie beschäftigt und in Eile sind! Verhalten Sie sich freundlich, so effektiv und unsichtbar wie möglich.

Ein kleiner Tipp zum Schluss: Bringen Sie „Geschäft", in Form von Restaurantkunden, mit wann immer möglich. Das kann Ihnen oft mehr helfen, sich die Quelle für gebrauchtes Speiseöl zu sichern, als alles andere. Hinterlassen Sie dezente Trinkgelder, die Kellner sind meist schlecht bezahlt und Trinkgelder schaffen „gutes Karma"!

Reinigung des Speiseöls

Die Beschaffung des Speiseöls ist der erste Schritt hin zum eigenen Kraftstoff, doch bevor man es nutzen kann, muss man es in jedem Fall reinigen. Gebrauchtes Speiseöl enthält Partikel verschiedener Größe, Wasser und freie Fettsäuren. Alle drei Komponenten sind schädlich für das Kraftstoffsystem und den Motor.

1. Zuerst werden die größeren Stücke abgesiebt, dann werden die feineren Partikel nacheinander abfiltriert, indem man das Öl durch Filter abnehmender Porengröße gießt. Einige Pflanzenölnutzer verwenden Filter mit nur 5 Mikrometern (micron) Porengröße, das entspricht in etwa dem Toleranzbereich der Düsen von Kraftstoffpumpen. Je nach Umgebungstemperatur kann es nötig sein, das Öl vor dem Filtrieren zu erwärmen, damit es dünnflüssiger wird.

2. Als zweiten Schritt muss man das Wasser entfernen, ganz wasserfrei bekommt man das Öl dabei nie, aber je weniger Wasser enthalten ist, desto besser. Wasser und Öl mischen sich nicht gut und Wasser ist schwerer als Öl, darum kann man die Schwerkraft für sich arbeiten lassen und abwarten, bis sich das Wasser am Boden des Lagerbehälters abgesetzt hat. Man sollte mehrere Stunden, noch besser wären einige Wochen, warten bis sich das Wasser abgesetzt hat. Auf diese Weise kann man auch einen Teil der freien Fettsäuren entfernen, die einigermaßen wasserlöslich sind. Es gibt ein paar Leute, die versuchen, das Wasser mit Chemikalien zu binden. Dieser Vorgang wird ausführlicher bei den Einzelrezepten besprochen. Wer weniger Geduld hat oder unter Zeitdruck steht, kann das Öl auf etwa 100 °C erhitzen, bei dieser Temperatur verdampft das Wasser. Das Erhitzem ist natürlich energieintensiv und erhöht die Herstellungskosten für den Kraftstoff, außerdem können sich so die freien Fettsäuren nicht im Wasser lösen und bleiben im Öl. Generell

1. Herstellung von Biodiesel

widmen die Hersteller von Biodiesel den freien Fettsäuren mehr Aufmerksamkeit, als diejenigen, die Pflanzenöl direkt nutzen; denn freie Fettsäuren stören nicht nur im Motor, sondern auch beim sogenannten Umesterungsprozess (siehe Kapitel „Umesterung" auf Seite 50), der für die Herstellung von Biodiesel entscheidend ist.

Ausrüstung

Neben dem Öl, das man verarbeiten möchte, benötigt man geeignete Räumlichkeiten und eine gewisse Mindestausrüstung an Behältern, Geräten und Chemikalien.

- **Gefäße:**
  Neben dem Ölsammelgefäß und dem Reaktionsgefäß für die Umesterung, auch Prozessor genannt, benötigt man noch ein Waschgefäß (besser zwei). Je nach Ansatzmenge kann man kleine Plastikflaschen bis hin zu 200 l Fässern verwenden. Größen die darüber hinausgehen sind nicht mehr günstig zu bekommen und auch nicht so einfach zu handhaben. Große Behälter sollten mindestens eine, besser noch zwei Ablauföffnungen besitzen. Außerdem sollten die großen Behälter auf einem Gestell stehen, damit man ein Auffanggefäß darunter stellen kann.

- **Geräte:**
  Umwälzpumpe oder Rührer (Bohrmaschine) zum Mischen; Heizplatte, Tauchsieder oder Propanbrenner zum Anwärmen; Hochtemperatur-Thermometer, genaue Waage, eventuell pH-Meter

- **Kleinteile:**
  Schläuche, Schlauchklemmen, Mehrweg-Ventile, Messzylinder, Pipetten, Einwegspritzen

- **Chemikalien:**
  Methanol reinst (99 %), eventuell Ethanol 99,5 % wasserfrei für Methoxid bzw. Ethoxid; Natronlauge (NaOH) wasserfrei, oder Kalilauge (KOH) wasserfrei ebenfalls für Methoxid bzw. Ethoxid; Isopropanol (Propanol-2, Isopropylalkohol) zum Titrieren, Phenolphthalein als pH-Indikator ebenfalls für Titration; eventuell Schwefelsäure bzw. Phosphorsäure für besondere Rezepte; Essigsäure (oder auch Essigessenz, Essig) als Waschzusatz

- **Sicherheitsausrüstung:**
  Kittel, Schutzbrille, Gummihandschuhe für den Umgang mit ätzenden Chemikalien, eventuell Augenspülflasche, Feuerlöscher

- **Weiters:**
  Fließendes Wasser zum Waschen, Löschen und Spülen bei Verätzungen.

I. Biodiesel – Grundlagen

- **Räumlichkeiten:**
Die Räume müssen gut belüftet sein, damit giftige und ätzende Dämpfe abziehen können, eventuell muss man hierfür einen Luftabzug installieren. Sie müssen elektrische Anschlüsse für Rührer, Pumpen, Heizung und Beleuchtung haben und der Zugang zu frischem Fließwasser sollte möglich sein. Man benötigt ausserdem Tisch und Stuhl für eine genaue Titration. Im Winter ist ein beheizter Raum vorteilhaft.
Küche, Garage, Gartenschuppen oder Werkstatt kommen als geeignete Räumlichkeit dafür infrage.

Achtung: Biodiesel gehört zu den wassergefährdenden Stoffen, die Räume müssen daher am Boden abgedichtet sein, damit kein Diesel in das Grundwasser gelangen kann.

Zusammenfassung des Herstellungsprozesses

Neben der Qualität des Ausgangsmaterials (Speiseöl) ist die zweite kritische Variable für guten Biodiesel die korrekte Verarbeitung. Häufige Fehler sind falsche bzw. ungenaue Messungen.

Daher ein wichtiger Tipp: Seien Sie nicht zu ungeduldig und fangen Sie auf jeden Fall „klein" an! Wenn man mit kleinen 1 Liter-Ansätzen beginnt, bedeutet das nicht nur, dass die möglichen Fehler die man machen kann, auch klein sind, sondern es ist auch der beste Weg, die Technik gut zu lernen. Lernen Sie also zuerst den Prozess gut kennen, der Prozessor (Umesterungsbehälter) kommt später hinzu.

Titration

Nach der Reinigung des gebrauchten Speiseöls sollte man feststellen, wie groß der Anteil an freien Fettsäuren im Öl ist. Dazu misst man den pH-Wert und titriert mit verdünnter Natron- oder Kalilauge, bis der pH-Wert leicht alkalisch ist. Titrieren bedeutet hier das tropfenweise Hinzugeben einer Messlösung (z.B. verdünnte Natronlauge) während man in der Flüssigkeit rührt. Aus der Menge der verdünnten Natronlauge, die notwendig ist um die freien Fettsäuren in einem gegebenen Volumen Öl zu neutralisieren, errechnet man, wieviel Natronlauge man für die Umesterung einsetzen muss. Wenn man die Titration mit 0,1 % Natronlauge durchführt, dann errechnet sich die für eine Umesterung benötigte Menge Natronlauge nach folgender Formel: So viel Milliliter Titrationslösung verbraucht wird, so viel Gramm

Natronlauge sind zur Neutralisierung der freien Fettsäuren pro Liter Öl erforderlich. Für die Umesterung kommen noch einmal 3,5 Gramm je Liter Öl dazu.

Da Natron- bzw. Kalilauge als Katalysator dienen sollen, müssen sie in ausreichender Menge vorhanden sein, sonst läuft die Umesterung in der vorgesehenen Zeit nicht vollständig ab. Man darf auch nicht zuviel von der Lauge zugeben, weil dies zur Seifenbildung führt, die ebenfalls nicht erwünscht ist. Daher ist es so notwendig mit Hilfe der Titration festzustellen, wieviel Lauge nötig ist, um die im Öl vorhandenen freien Fettsäuren zu neutralisieren. Diese Menge an Lauge muss man später zusätzlich zu der berechneten Katalysatormenge für die Umesterung einsetzen.

Abb. 1
Umesterung

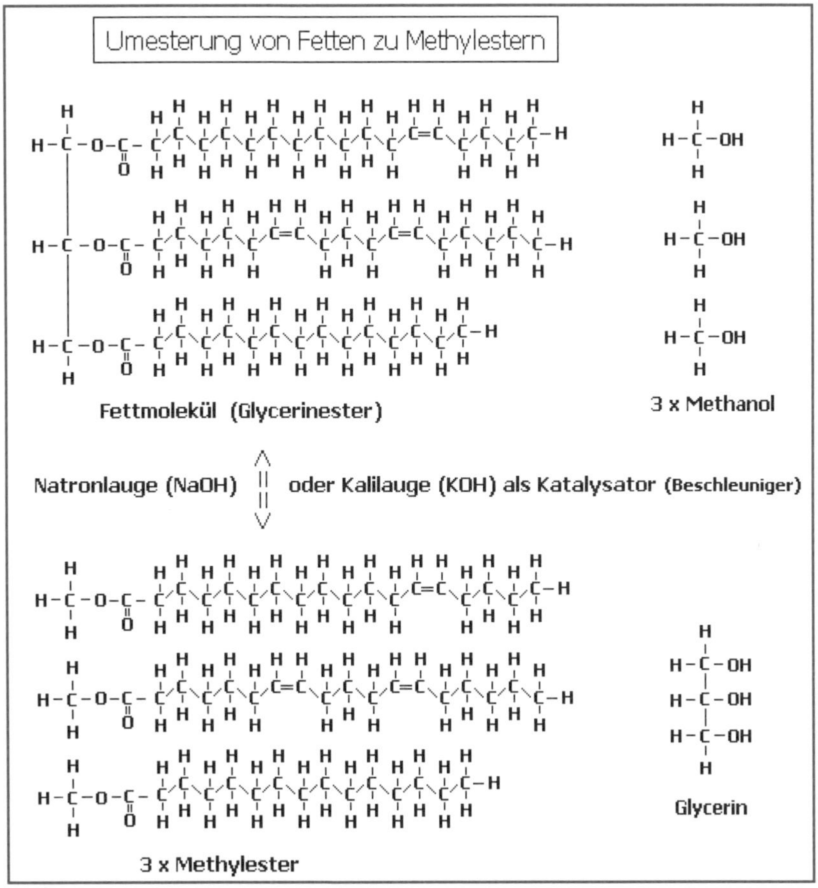

Umesterung

Ester sind Verbindungen, die durch die Reaktion von Alkoholen mit Säuren entstehen. Die Umesterung ist ein Prozess, bei dem ein Ester in einen anderen umgewandelt werden. Das geschieht, indem entweder der Alkohol oder die Säure ausgetauscht wird. Speiseöl besteht aus Neutralfetten, das sind Ester aus dem dreiwertigen Alkohol Glycerin und jeweils drei längerkettigen Karbonsäuren (Fettsäuren). Die Fette sind daher recht große Moleküle, das macht sie dickflüssig. Bei der Umesterung von Pflanzenöl zu Biodiesel wird das dreiwertige Glycerin gegen einwertiges Methanol ausgetauscht. So werden aus einem großen Fettmolekül drei Methylester gebildet, die jeweils nur ein Drittel der Größe haben wie der Glycerinester, aus dem sie hervorgegangen sind. Entsprechend geringer ist dann auch die Viskosität des Biodiesels im Vergleich zum Speiseöl. Die Natron- oder Kalilauge dient als Katalysator (Beschleuniger) der Reaktion.

Abtrennung des Glycerins

Nachdem die Reaktion abgelaufen ist, bilden sich zwei Phasen: Die obere enthält den rohen Biodiesel und die untere enthält das Glycerin, überschüssiges Methanol und die Seifen (das sind die Natrium- bzw. Kaliumsalze der Fettsäuren). Diese Phase kann flüssig bis puddingartig sein, je nachdem, ob man gutes oder schlechtes Speiseöl verwendet (in gutem Öl sind eher wenig freie Fettsäuren zu finden), oder ob man Natron- bzw. Kalilauge für das Methoxid genommen hat. Mit Natronlauge erhält man eher ein festes Verseifungsprodukt (Kernseife), aus Kalilauge wird ein flüssiges Produkt (Schmierseife). Die Glycerinphase wird abgelassen und die Dieselphase wird mehrfach gewaschen.

Waschen

Die Phasentrennung ist nie perfekt, immer bleiben Reste der Seifen und des Glycerins zwischen den Methylestern hängen. Der Rest der unerwünschten Begleitsubstanzen des Diesels muss daher durch Waschen mit Wasser entfernt werden und zwar so lange, bis beide Phasen sauber, d.h. nur minimal getrübt, sind.

Abb. 2
Ergebnisse der Waschgänge

In der Abbildung 2 sind die Ergebnisse der Waschgänge von links nach rechts abgebildet: Man erkennt, dass nach dem ersten Waschen zwar eine klare Phasentrennung erfolgt ist, es sind jedoch beide Phasen noch sehr trüb. Nach dem zweiten Waschen ist die Phasentrennung ebenfalls klar zu sehen und die Trübung in der oberen Phase ist fast verschwunden. Nach dem dritten

1. Herstellung von Biodiesel

Waschgang ist der Überstand ganz klar und auch die wässrige Phase ist durchsichtig.

Das Restwasser im Diesel muss anschließend durch Trocknen (Erhitzen oder andere Methoden) entfernt werden. Man kann einige Tage bis mehrere Wochen warten, bis sich das Wasser abgesetzt hat, oder auch durch Zugabe geeigneter Chemikalien, wie Silikate, das Wasser binden. Anschließend lässt sich das Ergebnis dann als Diesel im Auto verwenden. (Details dazu siehe im Anhang.)

Maßstabvergrößerung

Todd Swearingen aus Amerika (von der Firma Appal Energy):

Wenn man mit kleinen Ansätzen erste gute Erfahrungen gesammelt hat, kann man in die richtige Produktion einsteigen. Dazu sollte man wissen, dass die Vergrößerung des Ansatzes von kleinen Testvolumen zu ausgewachsenen Produktionsanlagen kein geradliniger Prozess ist. Es ist meistens notwendig ein paar Anpassungen vorzunehmen.

Die Herstellungsbeschreibungen in den verschiedenen Rezepten verwenden Durchschnittswerte und Näherungen. Das liegt zu einem gewissen Grad daran, dass die Prozessoren sehr unterschiedlich sein können: Kurze, breite Prozessoren benötigen mehr und kräftigeres Rühren, als lange dünne Prozessoren. Eine Umwälzpumpe wirkt anders als ein Rührer, aber auch die Rührgeschwindigkeiten und Blattkonstruktionen variieren stark. Isolierte Tanks können die Wärme besser halten als nicht isolierte Tanks.

Alle hier angesprochenen Empfehlungen können Ihnen helfen, die Vergrößerung des Ansatzes optimal durchzuführen. Das Testen der Ölqualität kann Ihnen dann Hinweise für die Feinabstimmung liefern, die mit dem von Ihnen verwendeten Prozessor die besten Ergebnisse bringt.

Bei einer Vergrößerung des Produktionsvolumens, werden Sie auch größere Messeinrichtungen benötigen. Methanol wird literweise nötig sein und Natron- oder Kalilaugeplätzchen im Kilogrammmaßstab.

Nach den theoretischen Überlegungen, kann man direkt mit dem Prozess beginnen: Markieren Sie die Volumenmessungen an der Außenseite Ihres Prozessors oder der des Vorheiztanks für das Öl. Heizen Sie das Öl auf 55 °C (Verarbeitungstemperatur) auf und kippen Sie einen Liter in eine genaue Messflasche (Messzylinder). Lassen Sie es dort wieder auf Raumtemperatur abkühlen und überprüfen Sie das Volumen erneut. Multiplizieren Sie das Volumen mit dem Faktor 10 und füllen Sie mit der genauen Messflasche einen Eimer mit diesem 10-fachen Volumen an (am besten ist es, wenn Sie das Niveau am Eimer markieren). Füllen Sie dann den Vorheiztank oder den

Prozessor eimerweise und markieren Sie die Füllstände bis Sie die Verarbeitungskapazität des Prozessors erreicht haben. Sie müssen sich nicht an die 10 l-Einteilungen halten, 15 l- oder 20 l-Einteilungen sind ebenfalls geeignet, ganz nach Ihrem Geschmack. Bei allen künftigen Füllungen können Sie dann gleich bis zur gewünschten Markierung auffüllen.

Die Hauptvariablen, die Sie beobachten und in Ihren Überlegungen berücksichtigen sollten, sind das Umrühren, die Verarbeitungsdauer und die Verarbeitungstemperatur. Passen Sie das Umrühren und die Prozessdauer an Ihre Bedingungen an. Höhere Temperaturen verkürzen die Reaktionszeiten und erleichtern die Durchmischung wegen geringerer Viskosität, aber man benötigt mehr Energie durch die Verwendung der Heizung. Die Vor- und Nachteile dafür muss jeder selbst abwägen. Wie lange man umrühren oder pumpen muss, hängt von der Motorleistung der verwendeten Maschinen, von den Abmessungen des Reaktionsgefäßes und von der eingesetzten Ölmenge ab. Bleiben Sie bei der angegebenen Verarbeitungstemperatur und bei den üblichen Verhältnissen zwischen Methanol und Katalysator-Lauge.

Die Umwälzung erfolgt in der Regel über Pumpen oder Rührer. Beim Rührer kann man Geschwindigkeit, Form und Anordnung der Flügel variieren, bei Pumpen gibt es nicht so viele Variationsmöglichkeiten. Eine beliebte Wahl ist die Wasserpumpe mit 1 Zoll- (= 2,54 cm) Öffnung, welche meist auf ¾ Zoll reduziert wird. Man reduziert die Öffnung durch käufliche Reduzierstücke, die man beim Sanitärbedarf in einem Baumarkt findet. Engere Öffnungen erhöhen die Fließgeschwindigkeit und das führt wiederum zu einer besseren Verwirbelung und Durchmischung. Die Obergrenze der Verarbeitungsmenge solcher Pumpen liegt etwa bei 80 l, maximal sind 100 l möglich. Leider werden diese Pumpen jedoch auch für 200 l Ansätze verwendet, das kann zu Problemen beim Waschen führen. Wenn man die Öffnung bei der Größe von 1 Zoll lässt, ist eine Verarbeitungsmenge von 100 l gut möglich, es muss nur die Verarbeitungszeit verlängert werden. Für größere Ansätze sollte man eine leistungsfähigere Pumpe verwenden.

Zur Temperaturkontrolle: Wenn das Öl erst einmal die erforderliche Temperatur erreicht hat, muss es, wenn der Tank isoliert ist, während der Verarbeitung nicht weiter aufgeheizt werden. Die Temperaturkontrolle hilft dabei Fehler zu vermeiden, ein Thermostat ist daher nützlich, aber nicht unbedingt nötig. Ein weiterer Vorteil bei der Verwendung eines Thermostats ist sein Sicherheitsfaktor: Falls man einmal vergisst, die Heizung abzuschalten, heizt sich das Öl weiter auf und bringt das Methanol zum Verdampfen. Die Verdampfung bricht den Prozess ab und baut Druck im Reaktor auf. Bei einem Thermostat kann man die gewünschte Temperatur einstellen und der Prozess läuft von alleine richtig weiter.

1. Herstellung von Biodiesel

Gefahren

Zu den Hauptgefahren beim Herstellungsprozess zählen giftige Dämpfe, gefährliche Chemikalien und Feuer.

Schutz vor giftigen Dämpfen: Wenn Sie geschlossene Reaktoren verwenden, lassen Sie giftige Dämpfe nicht an sich herankommen. Für die praktische Arbeit bedeutet das, entweder die Arbeit mit geschlossenen Prozessoren, die auch etwas Druck aushalten oder die Installation eines Abluftventilators, der die schädlichen Dämpfe nach außen abführt.

Schutz vor Feuer: Es gibt im Internet mehrere Berichte über die Entstehung von Feuern beim Verarbeitungsprozess: Ein Bediener verlor z.B. seinen Prozessor, seine Unterkunft und verbrannte sich auch noch leicht. Lassen Sie sich dadurch nicht von Ihrem Vorhaben abbringen, denn der besagte Bediener gab zu, dass seine eigene Sorglosigkeit Schuld daran war und alles nicht hätte passieren müssen, wenn er achtsam gehandelt hätte. Es ist einfach, Feuer zu vermeiden: Besonders wichtig ist es, wie bereits erwähnt, geschlossene Reaktionsgefäße zu verwenden.

Die Hauptursache für Feuer ist meist ein offener Reaktor oder schlechte Belüftung in Gegenwart einer Zündquelle. Zündquellen sind Heizbrenner mit offener Flamme (betrieben mit Propan, Methan, Heizöl oder Holz), die den Kraftstoffbehälter direkt erhitzen, anstelle einer Heizquelle mit Wärmetauscher, deren Flamme weit weg und gut abgeschirmt vom Prozessor positioniert ist. Weitere Zündquellen können offene Elektromotorgehäuse (anstelle von abgeschirmten explosionsgeschützten Motoren), das Abschalten elektrischer Geräte durch Steckerziehen (anstelle der Verwendung von eingebauten Schaltern) und jede Art von offener Flamme sein.

Andere mögliche Feuerquellen sind überlastete Pumpen, das Positionieren von Elektromotoren in der Nähe von brennbarem Material, zu starke Sicherungen, zu dünne Elektroleitungen und die spontane Entzündung leichter Öle (z.B. Leinöl).

Verarbeitungsgefäße

Es ist nicht schwierig, die erforderlichen Apparaturen selbst zu bauen: Man braucht weder besondere Fähigkeiten, noch Werkzeuge dafür. In Abbildung 3 sind Beispiele für Behälter zu sehen, die sich als Prozessoren eignen. Viele tausende, funktionierende Prozessoren sind auf diese Weise gebaut worden. Sie können an verschiedene Gegebenheiten angepasst und z.B. aus wieder verwendeten Ölfässern, Badeboilern, alten Propangasflaschen, Flugzeugtreibstoff(Kerosin-)tanks oder anderen geeigneten Behältern gebaut werden.

Abb. 3
Verarbeitungs-
gefäße

Die Biodieselarbeitsgruppen und Nutzerforen raten von den im Internet auf einigen Webseiten angepriesenen Geräten ab: Sie sind übertuert und die meisten funktionieren nicht richtig. Manche neigen dazu, Feuer zu fangen, viele sind nicht wirklich dicht und halten keinerlei Druck aus, der gelegentlich auftreten kann.

Ein weiteres Problem bei gekauften Geräten kann sein, dass wesentliche Elemente nicht im Lieferumfang enthalten sind, so liefert z.B. ein führender Händler für Plastikbehälter den separaten Waschtank nicht mit. Stattdessen gibt er an, dass Waschen nicht nötig ist. Besteht man dennoch auf die Lieferung eines Waschtanks muss man weitere 1.000 $ dafür zahlen. Andere lieferbare Behälter haben nicht einmal eine funktionierende Heizung, ein unzureichendes elektrisches Heizband wird nur als teure Zusatzausrüstung geliefert. In den meisten Fällen bezahlt man viel Geld für einen armseligen Prozessor, der nicht einmal sicher ist.

 Es ist daher meistens sicherer und kostengünstiger, sich den Prozessor selbst zusammenzubauen.

K.I.S.S.-Prozessor

Todd Swearingen (Mitarbeiter der Firma Appal Energy):

 Generell kommt man mit einem Verbrauch von tausend US-Gallonen (das entspricht 3.800 l) Öl im Jahr aus, das entspricht einem wöchentlichen Bedarf von etwa 20 Gallonen. Private Biodieselproduzenten aus den USA geben an, dass sie nur 60 US-Cent für eine Gallone bezahlen (das sind etwa 13 ¢/l). In den USA spart man sich im ersten Jahr daher schon ca. 1.000 US-$, in den meisten anderen Ländern deutlich mehr.

Das gesparte Geld muss jedoch nicht zwangsläufig in einen Prozessor gesteckt werden. Ein K.I.S.S.-Prozessor (keep it simple stupid) reicht vollkom-

1. Herstellung von Biodiesel

men. K.I.S.S. bedeutet, ins Deutsche übersetzt, „mache es möglichst einfach". Der K.I.S.S.-Prozessor ist also der einfachste und preiswerteste Weg um 15 bis 20 Gallonen-Ansätze (das entspricht ca. 60 bis 80 Liter) zu produzieren. Für so einen Prozessor benötigt man z.B. Stahlfässer für den Gebrauchtölsammler, für den Abtrenner und weiters für den Prozessor (mit angebrachtem Motor und Rühreinrichtung), die über einen Schlauch miteinander verbunden werden: Der Altölsammler ist mit dem Prozessor über einen Schlauch verbunden und wird von dem Sammler mit Öl beschickt. Vom Prozessor führt ein weiterer Schlauch zum Abtrenner. Das Methoxid-Mischgefäß sollte ein 20 Liter Kanister aus HDPE sein, der Reaktor sollte einen Ablauf für das Glycerin haben und für die Waschvorgänge kann man ein 200 Liter Fass verwenden.

Zum Erhitzen des Reaktors und des Sammelbehälters eignet sich z.B. ein Tauchsieder (zum Entwässern des gebrauchten Öls) und zusätzlich der Anschluss einer Umwälzpumpe, die sonst für den Warmwasserkreislauf im Haus benutzt wird. Eine kleine Tauchpumpe mit flüssigkeitsdichter, anvulkanisierter Elektrozuleitung und Anschlüssen für flexible Schläuche eignet sich z.B. sehr gut, man kann sie vielseitig anwenden und je nach Bedarf Wasser, Glycerin oder Öl damit pumpen. Auf diese Weise kommt man mit einer einzigen Pumpe aus, statt für jeden Tank eine Extrapumpe zu benutzen.

Ein K.I.S.S.-System kann sich über Jahre gut in der Eigenproduktion bewähren, da es nur geringe Kosten verursacht.

Die Leiter der Biodiesel Arbeitsgruppe von Journey-to-forever aus Hong-Kong, die selbst Biodiesel herstellen, verwalten auch eine Biodiesel-Mailing-List. Besonders interessante Beiträge zu Unterthemen der Biodieselherstellung und -nutzung veröffentlichen sie im Internet, einige davon wurden übersetzt, ergänzt und befinden sich in nachfolgenden F.A.Q.s.

F.A.Q. Wie funktioniert die Umesterungs-Reaktion?

Um diese Frage beantworten zu können, muss man etwas weiter ausholen: Pflanzenfette oder tierische Fette sind Triglyceride (TG), diese sind zusammengesetzt aus drei Ketten von Fettsäuren, gebunden an den Alkohol Glycerin.

Triglyceride sind Ester, das sind Reaktionsprodukte von Alkoholen und Säuren, bei denen die Alkoholgruppe (-OH) des Alkoholmoleküls mit der Säuregruppe (bei Karbonsäuren -COOH), unter Abspaltung von Wasser (H_2O) reagiert. So entsteht eine Esterbindung (-COO-) zwischen den beiden Molekülen. Glycerin besitzt drei Alkoholgruppen (= dreiwertiger Alkohol), jede einzelne und auch alle drei Alkoholgruppen können mit je einer Fettsäure Ester bilden: Die Ester des Glycerins nennt man Glyceride. Bei Monoglyceriden (MG) ist nur eine Alkoholgruppe des Glycerins verestert, bei Diglyceriden (DG) zwei und bei Triglyceriden (TG) alle drei.

Bei einem vollständigen Umesterungsprozess wird jeweils ein TG-Ester in drei Monoester umgewandelt. Bei der Verwendung von Methanol entstehen Methyl-Ester, nimmt man stattdessen Ethanol, erhält man Ethylester; der Katalysator (Reaktionsbeschleuniger) dafür ist eine Lauge (Natronlauge oder Kalilauge). Die Lauge bricht die Esterbindung zwischen Glycerin und Fettsäure auf und wenn kein Methanol oder Ethanol in der Nähe ist (das neue Esterbindungen eingehen kann), bildet sie mit den Fettsäuren Alkalisalze (z.B. Natriumstearat oder Natriumoleat wenn Natronlauge mit den Fettsäuren Stearinsäure oder Oleinsäure reagiert). Fettsäuresalze nennt man Seifen, mit denen das Methanol nicht wieder zu einem Ester reagieren kann.

Bei der zweistufigen Säure-Base Reaktion gibt man Säure hinzu, damit die freien Fettsäuren keine Alkalisalze bilden. Die Natronlauge reagiert dann bevorzugt mit der Mineralsäure (Schwefelsäure = H_2SO_4), denn diese ist eine viel stärkere Säure, als z.B. Fettsäure. Wenn die Fettsäure bereits eine Seife gebildet hat, kann die Mineralsäure sie wieder aus der Bindung verdrängen. Dabei wird die Fettsäure erneut frei und kann z.B. mit Methanol reagieren. Die zweistufige Säure-Lauge-Methode liefert also eine höhere Ausbeute an Biodiesel, da sehr wenig Seife gebildet wird.

Die Umesterung der Fette geschieht in drei Stufen (Achtung: Das hat nichts mit den Präparationsmethoden, wie einstufiger oder zweistufiger Prozess zu tun!): Zuerst wird eine Esterbindung aufgebrochen und eine Fettsäure wird in einen Methylester umgewandelt, übrig bleibt ein Diglycerid. Anschließend wird erneut eine Esterbindung aufgebrochen, diesmal am Diglycerid. Es entsteht ein weiterer Methylester und übrig bleibt ein Monoglycerid. Dieses muss ebenfalls noch umgeestert werden. Schließlich wird auch die letzte Fettsäure vom Glycerin abgespalten und es entsteht wieder ein Methylester und das freie Glycerin. Erst wenn alle Triglyceride in Methylester und Glycerin umgewandelt sind, spricht man von vollständiger Umsetzung.

F.A.Q. Welche Probleme können bei der Umesterung entstehen?

Probleme können entstehen, wenn Methanol oder der Katalysator aufgebraucht sind, bevor die Reaktion vollständig abgelaufen ist oder wenn das Umrühren (sorgt für gute Durchmischung), die Temperatur (erhöht die Reaktionsgeschwindigkeit) oder die Prozessdauer nicht ausreichend waren.

1. Herstellung von Biodiesel

Die Folge einer unvollständigen Umsetzung ist, dass ein Rest vom nicht umgewandelten bzw. nur teilweise umgewandelten Material im Biodiesel zurückbleibt. Das Problem dabei sind weniger die Triglyceride, sondern eher die Mono- und Diglyceride: Sie brennen nicht gut und führen daher zu Verrußungsproblemen. Zudem sind Monoglyceride sehr agressiv, weswegen das unvollständig umgewandelte Material ein eher schlechter Kraftstoff ist.

Generell kann man sagen, dass der Anteil von Glycerin, Mono- und Diglyceriden maximal 0,1 % betragen sollte, damit der Motor die optimale Leistung bringt. Es gibt zwei Möglichkeiten, wie man nun vorgehen kann: Entweder man wandelt die Triglyceride vollständig um, oder man lässt es ganz bleiben.

Tatsächlich läuft der Prozess nie vollständig ab, nahezu immer wird das Gleichgewicht vor der kompletten Umwandlung erreicht und aus diesem Grund sind stets einige Glyceride übrig, die nicht reagiert haben. Die verschiedenen nationalen Biodiesel-Standards legen fest, wieviel erlaubt ist: Diglyceride im Bereich von unter 0,4 % bis unter 0,1 % Gewichtsanteil und Monoglyceride mit weniger als 0,8 % Gewichtsanteil.

Der erste Teil vom Prozess läuft recht schnell ab, weswegen einige Leute glauben, dass man nur ein paar Mal zu schütteln braucht und der Prozess ist abgeschlossen. Das stimmt jedoch nicht! Wenn es x Minuten dauert, bis die Hälfte der TG in DG umgewandelt ist, dann dauert es wieder die gleiche Zeit (x Minuten), um den Rest erneut zur Hälfte umzusetzen. Es handelt sich hier also um Halbwertzeiten, wie man sie vom radioaktiven Zerfall kennt. Der Prozess geht immer weiter, er wird jedoch immer langsamer und kommt nie zu einem Ende, da stets die Hälfte des Rests übrig bleibt. Irgendwann kommt der Punkt, an dem der Rest unerheblich ist und damit innerhalb der jeweiligen Standards liegt. Wenn man also auf unter 0,1 % Restprodukte kommen will, muss man 10 Halbwertszeiten abwarten ($2^{-10} = 1/1.024 \approx 0,1$ %).

Kommerziell erzeugter Biodiesel ist generell nicht besser, als jener aus Eigenherstellung, denn jeder Mensch kann Biodiesel mit hoher Qualität herstellen, wenn er sorgfältig arbeitet. Bei Analysen wurde festgestellt, dass Selbsterzeuger ohne besondere Qualifikation und ohne spezielle Ausrüstung mit den hier beschriebenen Verfahren Biodiesel herstellen, der professionell und kommerziell hergestelltem Kraftstoff in nichts nachsteht. Professionelle Mechaniker, die ihre Motoren überprüft hatten, waren begeistert, wie wenig Verschleiß und Korrosion zu sehen sind. Die Biodiesel-Herstellung ist also nicht so kompliziert, wie sie sich im Moment vielleicht anhört.

I. Biodiesel – Grundlagen

Aussage eines Biodieselhändlers:

Zur Zeit handle ich mit kommerziell hergestelltem Biodiesel in Atlanta, Georgia. In den letzten zwei Jahren habe ich gemerkt, dass die Qualität des Öls stark schwankt. Das erscheint mir etwas merkwürdig, da es sich um „kommerziell hergestellten" Biodiesel handelt. Eines der Hauptargumente gegen die Selbsterzeuger von Biodiesel, das von der Industrie vorgebracht wird, ist ja die Qualität. Im Moment ist es jedoch so, dass jedes Produkt, das ich herstelle und jedes Produkt, das ich bei anderen Selbstherstellern gesehen habe, viel besser ist, als der Kraftstoff, den ich verkaufe. Die Leute, die ihren Biodiesel in kleinen Chargen selber herstellen, scheinen wirklich sorgfältig zu arbeiten und sich mehr Zeit zu nehmen, um handwerklich gute Arbeit zu leisten.

Anfängern sei geraten, die Herstellung mit Sorgfalt zu beginnen und genau den Anweisungen zu folgen. Seien Sie penibel bei der Titration und achten Sie darauf, alle Messungen so genau wie möglich zu machen. Lernen Sie soviel über die Herstellung, wie Sie nur können, Sie werden bald ein Gefühl für die richtigen Mengen und die Herstellung bekommen. Wenn Sie mit dem Prozess erst einmal in allen Einzelheiten vertraut sind, werden Sie selbst entscheiden können, was für Sie und in Ihrer persönlichen Situation (für Öl und Geldbeutel) am besten ist. Erst dann sollten Sie entscheiden, wo Sie ein wenig entspannter arbeiten können und wo wohl überlegte Abkürzungen möglich sind.

F.A.Q. **Stimmt es, dass Biodiesel eine niedrigere Viskosität hat, als das frische oder gebrauchte Speiseöl, weil bei der Umesterung die Ketten der Fettsäuren verkürzt werden?**

Das stimmt natürlich nicht: Die Moleküle im Biodiesel sind zwar tatsächlich kleiner und weniger komplex, das kommt jedoch daher, dass bei der Umesterung aus den Dreifachestern der Triglyceride einfache Methylester gemacht werden. Die Längen der einzelnen Fettsäureketten bleiben gleich, denn die Länge hängt mit der Art und Herkunft des Öls zusammen und wird beim Umestern nicht verändert. Beim Petrodiesel beträgt die mittlere Kettenlänge etwa 13 Kohlenstoffe, beim Biodiesel sind es ein paar Kohlenstoffe mehr (um wie viel genau, hängt vom jeweiligen Öl ab, das als Ausgangsmaterial dient).

F.A.Q. **Was sind die sogenannten freien Fettsäuren und wozu sind sie da?**

Freie Fettsäuren (FFS) sind Fettsäuren, die sich von den Triglyceriden gelöst haben und Diglyceride, Monoglyceride oder freies Glycerin hinterlassen. Die Abspaltung wird verursacht durch Hitze, Wasser im Bratgut (z.B. im Fleisch selbst oder in der Pannade) oder durch Oxidation. Je heißer das Öl und je länger es gekocht wird, umso mehr FFS entstehen.

F.A.Q. Was hat die Veresterung mit freien Fettsäuren zu tun?

Eine Veresterung ist die Umwandlung eines Nicht-Esters in einen Ester. Freie Fettsäuren können durch saure Veresterung in Ester umgewandelt werden, wie es z.B. im zweistufigen Säure-Base-Prozess geschieht, mit dem einstufigen Umesterungsprozess ist dies nicht möglich. In diesem Fall müssen die FFS aus dem Prozess entfernt werden, sonst lösen sie sich im Biodiesel und erzeugen sauren Kraftstoff mit minderer Qualität.

Bei der Umesterung wird extra Lauge verwendet, um die FFS zu Seife zu machen, die in die Glycerinphase absackt (manchmal ensteht dabei so viel Seife, dass man eher von einer Seifenphase, als von einer Glycerinphase sprechen sollte). Die Grundmenge, die dabei an Lauge verwendet wird, dient als Katalysator und nicht um die FFS zu neutralisieren. Lauge greift die Esterbindung an, bricht sie auf und der Alkohol wird frei. Bei Glyceriden ist dieser Alkohol das Glycerin. Die Affinität (Bindungswilligkeit) des Ersatzalkohols Methanol oder Ethanol zur entstehenden Fettsäure ist groß genug, um zu verhindern, dass sich die Fettsäuren wieder an das Glycerin binden.

Aus diesem Grund ist es auch wichtig, dass man nur die minimale Menge an Lauge einsetzt, denn sie fährt sonst fort, Esterbindungen anzugreifen (sogar jene von Biodiesel). Die Verwendung von zuviel Lauge bricht die Biodiesel-Bindungen auf. Einige Fettsäurereste werden sich mit der Natronlauge verbinden und Seife bilden, andere werden mit Wasser reagieren und zu FFS werden. Diese überschüssige Bildung von FFS ist es, auf die sich die „Säurezahl" im amerikanischen ASTM-Standard und in der DIN Norm für Biodiesel bezieht.

Die Hersteller von Diesel-Einspritztechnik (Bosch, Delphi, Denso und Stanadyne) haben erklärt, dass die FFS ihre Einspritzapparaturen angreifen, sie verursachen zudem Filterverstopfungen und führen zu Ablagerungen an den Einspritzelementen.

F.A.Q. Welche Biodiesel-Herstellungsmethode sollte man verwenden?

Es gibt drei Möglichkeiten:

- Die einstufige Methode von Mike Pelly,
- die zweistufige Lauge-Lauge Methode von Aleks Kac und
- die zweistufige Säure-Lauge Methode von Aleks Kac.

I. Biodiesel – Grundlagen

F.A.Q. **Worin besteht der Unterschied zwischen den 3 Herstellungsmethoden?**

Wenn man vorhat Biodiesel herzustellen, sollte man auf jeden Fall mit der einstufigen Methode anfangen. Die zweistufigen Methoden sind kompliziertere Verfahren und daher nicht für Anfänger geeignet. Die einstufige Methode ist die Originalmethode und daher immer noch die am meisten genutzte, die sich mittlerweile u.a. auf Grund ihrer Einfachheit enorm bewährt hat.

Ein Nachteil des einstufigen Prozesses liegt darin, dass er zunehmend unsichere Ergebnisse liefert, je höher der Anteil an freien Fettsäuren ist. Zudem erhält man mit diesem Prozess nur einen geringen Biodiesel-Ertrag.

Die zweistufige Lauge-Lauge Methode macht eine Titration überflüssig und liefert gute Ergebnisse, selbst mit hohem Anteil an freien Fettsäuren, es ist die Methode der Wahl bei der Verwendung von tierischen Fetten.

Eine zunehmende Zahl von Do-it-yourself-Biodiesel-Herstellern geht zur wesentlich einfacheren zweistufigen Säure-Lauge Methode über, besonders bei der Verwendung von Ölen mit hohem Anteil an freien Fettsäuren. Die Vorteile dieser Methode sind die folgenden:

- Es wird weniger Katalysator benötigt.
- Es wird weniger Seife gebildet.
- Die Umesterungsraten sind höher.
- Beim Waschen wird weniger Emulsion gebildet.
- Beim Waschen gibt es weniger Kraftstoffverlust.
- Es ist weniger Waschwasser nötig.
- Man braucht beim Waschvorgang weniger Säure zum Neutralisieren.
- Man braucht weniger Säure für die Rückgewinnung von Glycerin.
- Man erhält ein qualitativ hochwertiges Produkt.

Der Nachteil dieser Methode liegt darin, dass man etwas mehr Zeit benötigt, als für die anderen beiden Methoden.

Selbst bei einem hohen Anteil an freien Fettsäuren sollte die Ausbeute nach Volumen gemessen 100 % oder mehr betragen. Der Grund dafür ist, dass Biodiesel eine niedrigere Dichte hat, als das Ausgangsmaterial.

Aleks Kac:

Halten Sie sich buchstabengetreu an das Rezept: Es stecken mehr als zwei Jahre Erfahrung dahinter. Ändern, vereinfachen oder beschleunigen Sie nichts!

1. Herstellung von Biodiesel

Der Prozess berücksichtigt alle Arten von Fetten, auch sehr stark benutzte und verunreinigte. Die festen Anteile sollten auf unter 50 % reduziert werden, da in der Säurephase die Temperatur nicht zu hoch werden sollte. Der Anteil an tierischen Fetten sollte für optimale Ergebnisse unterhalb von 25 % bei Schwein und Geflügel und unter 10 % beim Rind liegen. Wenn höhere Anteile dieser Fette verarbeitet werden sollen, ist die zweistufige Lauge-Lauge Methode am besten geeignet.

Wenn Ihr Öl jedoch recht gut ist und Titrationsergebnisse unter 3 ml liefert, können Sie auch zufriedenstellende Ergebnisse mit der einstufigen Methode erzielen.

F.A.Q. **Warum kann ich nicht einfach mit der zweistufigen Säure-Lauge-Methode anfangen?**

Manche Anfänger hören nicht auf den Rat, mit der einstufigen Methode zu beginnen und probieren noch dazu keine Testansätze. So kann es leicht passieren, dass sie nicht zum gewünschten Ergebnis kommen und 150 l nicht-verwendbare Flüssigkeit wegschütten müssen.

Die Durchführung der zweistufigen Methode hört sich einfach an, ist jedoch problembehafteter, als man denkt. Experten sind der Meinung, dass es enorm wichtig ist, die Technik der Titration zu erlernen um sich Wissen über das Öl anzueignen und das geht am besten mittels der Titration.

So meinte z.B. ein Neuling, der über gute Chemiekenntnisse verfügt, dass er auf die einstufige Methode verzichten könnte. Das Endergebnis entsprach nicht dem gewünschten und er hat versucht herauszufinden, warum es nicht geklappt hatte. Er fand sich einem Meer von Variablen ausgesetzt und weil er kein Gefühl dafür hatte, wie der Ablauf stattfinden soll, hatte er auch keine Idee, wie er herausfinden konnte, was er falsch gemacht hatte.

Es ist also wesentlich einfacher, wenn man auf möglichst wenige Fehlerquellen achten muss, denn das erleichtert eine eventuell nachfolgende Fehlersuche enorm.

Daher ist es am besten vorerst mit frischem Öl anzufangen und die einfache Methode mit einem Testansatz durchzuführen. Wenn man diesen Vorgang beherrscht, kann man mit der Verarbeitungszeit, dem Mischen, den Anteilen von Lauge und Methanol experimentieren, jedoch immer nur eine Variable zur Zeit. Auf diese Weise kann man schrittweise alles verändern, bis man gelernt hat, worauf es ankommt. Wenn man dann den Prozess gut beherrscht und sich auskennt, kann man sich an die Verar-

I. Biodiesel – Grundlagen

beitung von gebrauchtem Speiseöl heranwagen, anfangs nur mit kleinen Ansätzen, die jedoch kontinuierlich vergrößert werden können.

2. Lagerung von Biodiesel

Biodiesel der sämtliche bisher angesprochenen Schritte durchlaufen hat, kann gelagert oder direkt für die Verwendung als Autokraftstoff abgefüllt werden.

F.A.Q. Hat Biodiesel ein Verfallsdatum bzw. kann er nur innerhalb einer bestimmten Zeit genutzt werden?

Privathersteller geben im Internet an, dass sie gute Erfahrungen mit der Haltbarkeit gemacht haben, wenn bestimmte Vorsichtsmaßnahmen getroffen werden.

So wurde beispielsweise Biodiesel, der vor 6 Jahren hergestellt wurde und dann in einem HDPE Behälter mit Verschluss gelagert wurde, kürzlich geöffnet und keinerlei Abbau bemerkt. Andere Benutzer berichten von Biodiesel, der vier Jahre in einem Stahlfass gelagert wurde (160 Liter in einem 200 Liter Fass), während Winter mit Rekord-Minustemperaturen und einigen Aufheizzyklen im Sommer. Im Öl war etwas Trübung zu sehen, die jedoch durch ein bisschen Umrühren beseitigt werden konnte.

Andere Hersteller berichten, dass Biodiesel schneller oxidiert als Petrodiesel, und die Lagerung in offenen Behältern verkürzt die Nutzungsdauer enorm. Auch die Luftmenge, die sich zwischen Biodiesel und Behälterdeckel befindet, hat eine Auswirkung auf die Haltbarkeit: Je weniger Luft sich dort befindet, desto haltbarer ist der Biodiesel.

Aus einer Studie zur Stabilität von Methyl- und Ethylestern im Sonnenblumenöl geht hervor, dass Biodiesel in luftdichten Behältern bei einer Lagerungstemperatur von unter 30 Grad aufbewahrt werden sollte, als Material für die Behälter eignet sich besonders rostfreier Stahl.

Der US Industrieverband National Biodiesel Board (NBB) empfiehlt, den Biodiesel innerhalb von 6 Monaten zu verbrauchen, wenn er selbst erzeugt wurde; bei industriellen Produkten wird zur Vorsicht geraten.

3. Nutzung von Biodiesel

Allgemeines

Biodiesel kann in Dieselmotoren gut verwendet werden, jedoch sind hierfür einige Anpassungen notwendig.

Filterwechsel und Zusatzfilter

Konventioneller fossiler Petrodiesel hinterlässt schmutzige Rückstände im Tank und im Kraftstoff-Verteilungssystem. Biodiesel ist nicht nur sauber, sondern auch ein guter Reiniger: Er löst den Schmutz vom fossilen Brennstoff und säubert sowohl die Kraftstoffleitungen, als auch den Tank. Der gelöste Schmutz schwimmt dann jedoch im Kraftstoff mit und beginnt den Filter zu blockieren. Wenn man also auf Biodiesel wechselt, sollte man die Kraftstofffilter oft prüfen und wenn notwendig auch wechseln (besonders wichtig ist das in den ersten paar Wochen). Einige Leute bringen einen zweiten billigen Filter an (oberhalb das eigentlichen Filters), den sie dann nach den ersten Wochen wieder entfernen.

Wenn ein Auto lange Zeit mit Petrodiesel im Tank gestanden hat (das passiert regelmäßig bei Gebrauchtwagen, die zum Verkauf stehen), kann der Tank anfangen zu rosten, denn der Wassergehalt ist ein bekanntes Problem bei Petrodiesel. Biodiesel wird den Rost lösen und das könnte den Partikelfilter im Tank verstopfen. Schlimmstenfalls bleibt das Auto dann einfach stehen, weil der Motor keinen Kraftstoff mehr bekommt. Wahrscheinlicher ist es, dass der Motor merkbar an Leistung verliert, bevor der Motor still steht und man kann rechtzeitig eingreifen.

Es ist wahrscheinlich nicht nötig, als Vorsichtsmaßnahme gleich den Partikelfilter aus dem Tank zu nehmen, bevor irgendwelche Rostprobleme auftreten. Man sollte es jedoch machen, wenn Probleme auftreten; zuvor zahlt es sich meistens nicht aus, denn bei einigen Autos ist es nicht einfach, den Partikelfilter aus dem Tank zu holen.

Einspritzsteuerung

Man sollte die Einspritzsteuerung um 2 bis 3 Grad (Kurbelwellendrehwinkel) verzögern, um die Wirkung der höheren Cetan-Zahl auszugleichen, die der Biodiesel gegenüber dem normalen fossilen Diesel besitzt. Macht man das nicht, so verschwendet man etwas von der zusätzlichen Leistung, die der Biodiesel gegenüber fossilem Dicsel besitzt, der Motor läuft jedoch ruhiger und der Kraftstoff verbrennt bei niedrigerer Temperatur (das reduziert die NO_x-Emissionen).

I. Biodiesel – Grundlagen

Empfindlichkeit von Gummibauteilen

> **Achtung:** Gummibauteile des Kraftstoffsystems können schneller angegriffen werden, wenn man dauerhaft mit 100 % Biodiesel (B100) fährt. Neuere Autos (seit Mitte der neunziger Jahre produziert) verwenden ohnehin keine Gummibauteile mehr. Biodiesel wurde auch schon in vielen alten Motoren ohne jegliche Probleme verwendet, am besten haben sich Bauteile aus Viton-Kunststoff bewährt, die meisten anderen sind dennoch fast genauso gut. Tatsächlich gesehen, sind diese Probleme relativ selten – es lohnt sich, einfach umzustellen und abzuwarten. Falls Probleme auftreten, machen sich diese langsam bemerkbar und sind daher auch schnell behebbar.

Der kommerzielle Biodiesel-Hersteller Camillo Holecek von der Biodiesel Raffinerie GmbH, Österreich kann alle Biodiesel Nutzer beruhigen.

Camillo Holecek:

Als kommerzieller Hersteller kann ich meinen Kunden sagen, dass jedes Dieselfahrzeug von europäischen Herstellern seit 1996 zu 100 % Biodiesel-tauglich ist. Frankreich mischt bereits 5 % Biodiesel all seinem normalen Petrodiesel hinzu, der an den Tankstellen verkauft wird. In der Tschechischen Republik sind 30 % Biodiesel im 'Bio-Naphta' enthalten, der dort jedem an der Tankstelle verkauft wird. Auch möchte keiner der Autohersteller einen schlechten Ruf für seine Marke bekommen, weil seine Automarke auf diesen bedeutenden Märkten versagt. Übrigens hat auch Nissan seinen Primera für 100 % Biodiesel-tauglich erklärt.

Terry de Winne aus Großbritannien fügt hinzu:

Die ULSD-Kraftstoffe (extrem wenig Schwefel) leiden unter zwei Dingen: Fehlender Schmierwirkung, wegen des Schwefelverlusts und Aggressivität gegenüber gummihaltigen Komponenten. Weil Europa in den Jahren 1993/1995 zu den ULSD-Kraftstoffen übergegangen ist, wurden alle Autokomponenten, die Kraftstoff führen von Gummi auf Viton oder ähnlichen Kunststoff umgerüstet.

Auch bei alten Autos passiert es selten, dass Bauteile angegriffen werden, selbst Autos die seit Anfang der achtziger Jahre produziert wurden, haben wahrscheinlich keine Schwierigkeiten mit 100 % Biodiesel betrieben zu werden. Die Autohersteller suchen natürlich nach Schlupflöchern, um sich aus Gewährleistungen herauszuhalten und die Mineralölindustrie verbreitet Gerüchte, da sie natürlich lieber ihre eigenen Produkte verkauft.

3. Nutzung von Biodiesel

Biodiesel in Benzinmotoren
Biodiesel kann auch in Benzinmotoren (mit Zündkerze) verwendet werden, jedoch nur als Zusatz. Die Erfahrungen damit sind jedoch erst experimenteller Natur und eine Garantie für das Funktionieren gibt es noch nicht.

Biodiesel in Zweitaktern (2T)
Viele Leute haben Biodiesel als Ersatz für das 2T-Schmieröl in Zweitakt-Benzinmotoren verwendet. Ein Schreiber aus Australien hat es z.B. im Verhältnis von 1 : 20 mit Benzin gemischt und für seine Kettensäge verwendet.

Auf den Philippinen hat ebenfalls jemand 2T-Schmieröl durch Biodiesel ersetzt, auch im Verhältnis von 1 : 20 mit Benzin verdünnt und in einem Yamaha 125 cc Motorrad, Baujahr 1983 verwendet. Vor der Anwendung wurden die Gummizuleitungen und die Dichtungen ausgetauscht, der Tank gereinigt und eine neue Zündkerze besorgt. Anschließend gab es keine Probleme beim Fahren mit dem Biodiesel-Gemisch. Mit dem Biodiesel läuft die Maschine sogar besser und entwickelt weniger Rauch. Die alte Yamaha schnitt bei einem Emissionstest besser ab, als eine neue Maschine, die herkömmliches 2T-Öl als Schmieröl verwendet.

Biodiesel in Viertaktern
Ein Nutzer aus Taiwan hat einen Anteil von 15 % Biodiesel in seinem Viertaktmotor verwendet und konnte mit dieser Konzentration auch bei anderen Automotoren keinerlei Probleme feststellen.

Andere Hersteller sind viel zurückhaltender und verwenden nur 200 bis 300 ml in 50 Litern (das entspricht einem Anteil von ca. 0,5 %) bei mehreren Autos verschiedener japanischer Hersteller. Der Biodiesel verbessert spürbar die Verbrennung im Motor, es entsteht u.a. kein Geruch unverbrannter Kohlenwasserstoffe. Autos, die zuvor viele Abgase ausstießen und deshalb keine Chance auf Wiederzulassung hatten, kamen auch mit dem geringen Anteil an Biodiesel bei Emissionsprüftests locker durch, oft mit weniger als der Hälfte der erlaubten Grenzwerte.

Biodiesel und Umwelt
Biodiesel hat eine höhere Cetan-Zahl und brennt daher besser als normaler Petrodiesel. Falls man an der Zündeinstellung nichts ändert, erzeugen die höheren Brenntemperaturen jedoch auch höhere Stickoxidwerte. Wenn man die Zündung anpasst und damit die Arbeitstemperatur etwas reduziert, liegen alle Abgaswerte für Biodiesel unterhalb jener von Petrodiesel. Beim Biodiesel sind sowohl die Stickoxidwerte um 10 % geringer, auch die Gesamtkohlenwasserstoffe und das Kohlenmonoxid sind halbiert und der Rußpartikelausstoß wird um 14 % erhöht.

Andere Verwendungen für Biodiesel

Biodiesel kann in Lampen und Öfen verwendet werden, ist als Holzpflegemittel geeignet und einige Hersteller benutzen ihn auch als Detergenz (= Lösungsmittel für wasserunlösliche Stoffe) wie z.B. Reinigungsbenzin.

Biodiesel ist auch gut geeignet als Schmiermittel für Petrodiesel mit niedrigem Schwefelgehalt. Bei Dieselmotoren werden die oberen Motorteile durch das Öl selbst geschmiert. Durch die Verwendung von schwefelarmen Kraftstoffen (*low-sulphur*, LS, Grenzwert 500ppm) ist die Schmierwirkung herabgesetzt und die Dieselmotoren halten nicht mehr so lange. Noch problematischer sind die neuen ULSD *ultra-low-sulphur Diesel* (15 ppm), bei denen durch Zugabe von 1 % Biodiesel die Schmierwirkung um 65 % erhöht wird. Forschungsergebnisse führen zu dem Schluss, dass etwa 0,4 % bis 0,5 % Biodieselanteil für die erforderliche Schmierung ausreichen. In Frankreich ist die Zusetzung sogar verpflichtend, Petrodiesel wird nur mit 3 % bis 5 % Biodieselanteil verkauft.

Strom erzeugen mit Biodiesel

Man kann Biodiesel auch zur Erzeugung von elektrischem Strom verwenden, indem man z.B. einen Dieselgenerator damit betreibt. Da Biodiesel eine regenerative Energiequelle ist, kann man aus dem Energieeinspeisungsgesetz (EEG) Nutzen ziehen: Die normalen Stromvergütungen sind ziemlich gering, an der Strombörse kostet die Kilowattstunde etwa 4,30 ¢ bis 4,50 ¢. Für Strom, der durch regenerative Energiequellen erzeugt wird, gibt es höhere Vergütungen und das EEG wird ständig novelliert. Für Strom aus Biomasse sind es nach der zurzeit gültigen Fassung (2005) bei Generatorleistungen unter 150 kW 11 ¢/kW. Wenn man den Strom und die Wärme nutzt (Wärme-Kraft-Kopplung, WKK), indem man das Kühlwasser des Motors zur Warmwasseraufbereitung und zum Heizen verwendet, gibt es 16 ¢ pro kWh (EEG § 8, Abs. 3). Doch diese zusätzliche Vergütung bekommt nur jemand, der zuvor eine spezielle Zulassung beantragt hat und von den Behörden anerkannt ist. Jemand, der Strom und Wärme nur für den Eigenbedarf erzeugt, erhält keine WKK-Zulassung, das ist jedoch kein Problem, da er sie ohnehin nicht braucht.

Bei 50 kW mechanischer Leistung verbraucht ein Generator etwa 11 bis 12 Liter Diesel pro Stunde. Generatoren in diesem Leistungsbereich haben einen Wirkungsgrad von etwa 90 %, daher müssen für eine elektrische Leistung von 50 kW etwa 13 Liter Diesel pro Stunde eingesetzt werden. Je nach Vergütung bekommt man umgerechnet zwischen 42 ¢ und 61 ¢ pro Liter Biodiesel Einspeisevergütung. Bei WKK wird der höhere Ertrag erzielt. Dazu kommt noch der Heizwert und die so erzielte Energieeinsparung bei den Heizkosten. Man müsste jedoch die Kosten für einen Generator, den man noch nicht besitzt, gegenrechnen. Für diesen sollte man zwischen

3. Nutzung von Biodiesel

9.000 € und 35.000 € kalkulieren. Es handelt sich hierbei um Preise für Neugeräte, gebraucht kann man sie deutlich günstiger erwerben. Die untere Preisgrenze bezieht sich auf den Alleinpreis für den Generator, die höheren Preise sind für komplette WKK-Anlagen im Bereich von 50 kW zu kalkulieren. Die Generatoren halten durchaus 100.000 Betriebsstunden, das sind selbst bei einem durchgehenden 24h-Betrieb mehr als 11 Jahre.

II. Biodiesel – Praxis

1. Standardrezept von Mike Pelly

Mike Pelly kommt aus dem Nordwesten der U.S.A. Sein Motto ist: „Ich lebe für erneuerbare Energie-Projekte". In den letzten fünf Jahren hat er sich seinen eigenen Kraftstoff aus gebrauchtem Speiseöl hergestellt und ihn in mehreren Autos gefahren. Er findet ihn deutlich besser, als den herkömmlichen, fossilen Kraftstoff.

Mike hat einen vollständigen Bericht verfasst, in dem er beschreibt, was er in den vergangenen fünf Jahren an praktischer Erfahrung über die eigene Dieselherstellung gemacht hat. Weiters hat er Beiträge von anderen Experimentatoren mit eingebracht und stellt diesen Gesamtbericht allen Interessierten zur Verfügung.

Gebrauchtes Speiseöl, Bratfett, tierische Fette und Talg sind oft kostenlos zu haben. Alles was man zusätzlich noch braucht, sind einige gewöhnliche Chemikalien und eine Ausrüstung, die man günstig kaufen oder selber machen kann. Das Ergebnis ist ein billiger, sauber brennender, ungiftiger, erneuerbarer, qualitativ hochwertiger Diesel-Autokraftstoff, den man ohne Bedenken in einem normalen Dieselmotor verwenden kann.

> **Vorsicht!** Tragen Sie immer Schutzhandschuhe, Kittel und eine Schutzbrille für die Augen.
>
> Atmen Sie keine Dämpfe ein: Methanol kann schon beim bloßen Einatmen zu Erblindung und Tod führen, zudem kann er auch über die Haut aufgenommen werden. Natriumhydroxid (Natronlauge) kann schwere Verbrennungen erzeugen und sogar töten. Zusammen bilden diese beiden Chemikalien Natrium-Methoxid, eine extrem ätzende Chemikalie. Diese Chemikalien sind gefährlich. Behandeln Sie sie daher auch so und sorgen Sie dafür, dass Sie immer einen Wasseranschluss in der Nähe haben. Der Verwendungsort muss gut belüftet sein und weder Kinder, noch Haustiere sollten Zutritt haben.

II. Biodiesel – Praxis

Zutaten für das Gemisch: Gebrauchtes Speiseöl, Methanol (99 %) und Natriumhydroxid (verwenden Sie Natronlaugeperlen, denn das Natriumhydroxid muss trocken sein).

Zutaten für die Titration: Isopropanol (99 %) und eine Phenolphthalein Lösung, die nicht älter als ein Jahr ist.

Zutaten fürs Waschen: Essig und Wasser.

Herstellungsverfahren (die genaue Beschreibung der einzelnen Teilschritte befindet sich auf den nachfolgenden Seiten):
1. Filtern: Das gebrauchte Öl muss durch Filtern von Schmutzpartikeln befreit werden.
2. Enwässern (optional): Das Öl wird erwärmt, um Wasser daraus zu entfernen.
3. Titrieren: Das Öl wird titriert, um herauszufinden, wieviel Katalysator nötig ist.
4. Methoxidherstellung: Das Methoxid wird aus Methanol und Natronlauge hergestellt.
5. Anwärmen des Öls: Während des Anwärmens unter Rühren das Methoxid hinzugeben und gut durchmischen.
6. Absetzen lassen: Das frei gewordene Glycerin trennt sich durch Absetzen vom Öl.
7. Waschen und Trocknen: Das Öl muss gewaschen werden, d.h. wasserlösliche Stoffe (z.B. Seifen) werden abgetrennt. Anschließend muss das Restwasser entfernt werden.

Umesterung

Wenn man Methanol mit Natronlauge mischt, bilden sich Natrium-Methoxid und Wasser. Natrium und Methoxid sind über eine ionische, d.h. eine stark polare Bindung, miteinander verbunden, die nur zwischen Metallen (z.B. Natrium) und Nichtmetallen vorkommt. Wenn man diese stark polare Verbindung mit dem gebrauchten Speiseöl mischt, bricht sie die Esterbindungen am Glycerin auf. Das Natrium geht ans Glycerin und das Methoxid verbindet sich mit der frei werdenden Fettsäure zu Methylester. Da Glycerin drei Fettsäuren binden kann, muss dies drei Mal passieren, damit das Glycerin frei wird. Es bilden sich also Methylester, Glycerin und etwas Seife (wenn man nicht aufpasst). Wenn man statt Methanol Ethanol (Trinkalkohol) verwendet hätte, dann wäre das Ergebnis Ethylester gewesen und nicht Methylester.

Filtern

Das gebrauchte Speiseöl enthält immer auch Schmutzpartikel, die man zuerst entfernen muss: Dazu erwärmt man das Öl etwas, damit es flüssiger wird

1. Standardrezept von Mike Pelly

und filtert es anschließend durch mehrere Lagen Mull oder durch Kaffeefilter für Großküchen.

Entwässern

Viele Leute entwässern das gebrauchte Öl vor der Verarbeitung erst einmal. Die Öle enthalten oftmals noch etwas Wasser und dieses kann die Reaktion herabsetzen und zu Seifenbildung führen. Je weniger Wasser im Öl enthalten ist, umso besser.

Eine gebräuchliche Methode der Entwässerung ist die folgende: Erhitzen Sie das Öl auf 100 °C und rühren Sie zugleich um, damit sich nicht Dampfblasen im Öl bilden, die dann womöglich explodieren und heißes Öl aus dem Behälter schleudern. Man kann auch Wasserpfützen, die sich auf dem Boden sammeln, einfach ablassen. Öl das dabei mit herauskommt, kann man später wieder zurückgewinnen.

Wenn die Temperatur nachlässt (das Öl also nicht mehr kocht), kann man sie kurz (ca. 10 Minuten) auf 130 °C erhöhen und dann das Öl abkühlen lassen.

Mit etwas Glück finden Sie eine Speiseölquelle, bei der man das Öl nicht zuerst erhitzen muss, um das Wasser zu entfernen. In diesem Fall (wenn nur wenig Wasser das Öl verunreinigt) verzichten Sie auf das Kochen, denn das kostet Energie und Zeit. Mike Pelly verzichtet z.B. auf das Entfernen des Wassers und spart sich auf diese Weise die zusätzlichen Energiekosten. Wenn Sie jedoch nicht sicher sind, dass es entbehrlich ist, machen Sie es lieber, um sicherzugehen, dass alles klappt.

Titration

Das gebrauchte Öl enthält freie Fettsäuren, die durch das wiederholte Erhitzen entstehen und davon reagiert das Öl sauer. Die freien Fettsäuren reagieren gern mit der Natronlauge, man braucht die Natronlauge aber dennoch als Katalysator. Wenn man also die freien Fettsäuren nicht vorher absättigt, dann bleibt zu wenig Katalysator übrig. Die Titration dient dazu, den Anteil der freien Fettsäuren im Öl herauszufinden und zu bestimmen, wieviel Natronlauge man braucht, um diese abzupuffern.

Um die richtige Menge an Natronlauge zu bestimmen, muss man eine Titration mit dem Öl durchführen, das umgeestert werden soll. Das ist der schwierigste Schritt von allen und der kritischste Schritt im ganzen Prozess, daher sollten Sie die Titration so genau wie möglich durchführen.

II. Biodiesel – Praxis

> **Wichtig:** Die Natronlauge muss trocken sein. Halten Sie diese von Wasser fern und bewahren Sie die Chemikalie in einem luftdichten Behälter auf.

Stellen Sie eine Lösung aus einem Gramm Natronlauge auf einen Liter destilliertes Wasser her. Überzeugen Sie sich davon, dass alles vollständig gelöst ist. Dieses Muster ist dann als Testreferenz für den Titrationsprozess geeignet. Geben sie darauf Acht, dass die Lösung nicht verunreinigt wird, denn sie kann für viele Titrationen verwendet werden.

1. Mischen Sie 10 ml Isopropanol mit 1 ml des gebrauchten Öls und versichern Sie sich, dass es genau ein Milliliter ist. Nehmen Sie die Titrationsprobe aus dem Reaktionsgefäß, nachdem das Öl angewärmt und umgerührt ist.
2. Geben Sie zu dieser Lösung zwei Tropfen Phenolphthalein. Das ist ein Säure-Base-Indikator, der in Säure farblos ist und in Basen rot wird.

> **Wichtig:** Phenolphthalein hat eine Brauchbarkeitsdauer von etwa einem Jahr und ist sehr lichtempfindlich. Daher liefert es nach einiger Zeit keine korrekten Ergebnisse mehr. Man kann einen skalierten Augentropfer benutzen, mit zehntel Milliliter Einteilung (Augentropfer erhält man beim Handel für medizinischen Bedarf bzw. in der Apotheke). Man muss sich gut merken (ablesen), wieviele Tropfen man braucht. Es werden einige zehntel Milliliter sein, die man von der Natronlaugelösung in die Mischung aus Speiseöl, Isopropanol und Phenolphtalein geben muss.

3. Nach jedem zugegebenen Tropfen muss man gut rühren oder schütteln, damit alles gut durchgemischt wird. Bei kaltem Wetter kann das Öl fest werden, darum sollte man die Titration (spätestens dann) in einem warmen Raum durchführen. Wenn die Bedingungen schließlich stimmen, färbt sich die Lösung rosa und bleibt für ca. 10 Sekunden so. Das zeigt an, dass der pH-Bereich zwischen 8 und 9 liegt. Es ist wichtig, genau das erforderliche Volumen zu finden und nicht zuviel zu tropfen.

Es ist ratsam, diese Prozedur mehrfach durchzuführen, damit man sicher sein kann, dass man die richtigen Werte ermittelt hat. Mike Pelly hat herausgefunden, dass abhängig vom verwendeten Öltyp (wie heiß das Öl geworden ist, was darin gebraten wurde und wie lange es in Gebrauch war) 1,5 bis 3 ml Natronlaugelösung erforderlich sind, bis es zum Farbumschlag kommt. Man kann zur Bestimmung des richtigen Mischverhältnisses auch pH-Papier oder ein pH-Meter verwenden. Sie können Ihre ersten Mischversuche auch mit frischem Speiseöl, das sollte sehr viel weniger von der Natronlaugelösung benötigen, um auf einen pH-Wert von 8 bis 9 zu kommen.

Berechnung

Als nächstes sollte man die Menge feststellen, die man für die eigentliche Umesterung braucht. Nehmen Sie die Anzahl der Milliliter, die Sie für die Titration benötigt haben in Gramm Natronlauge und multiplizieren Sie diese mit der Anzahl an Litern Speiseöl, das Sie umestern wollen. Somit haben Sie die Menge NaOH bestimmt, die für die Neutralisation der freien Fettsäuren nötig ist.

Es gibt noch einen weiteren Faktor zu bedenken: Jeder Liter sauberes Speiseöl (selbst ganz frisches) erfordert 3,5 g Natronlauge für die Reaktion. Also für jeden Liter, der umgeestert werden soll, muss man noch einmal 3,5 g Natronlauge hinzufügen. Diese Lauge ist als Katalysator (Reaktionsbeschleuniger) für die Umesterung erforderlich.

Beispiel

Die Titration ergibt, dass 2,4 ml für die Titration nötig sind, um einen pH-Wert von 8 bis 9 zu erreichen. Wenn Sie nun 150 Liter Öl umestern möchten, sollten Sie folgende Rechnung machen:

2,4 g × 150 Liter ergibt 360 g Natronlauge

plus 3,5 g × 150 Liter ergibt 525 g Natronlauge

360 g + 525 g = 885 g Natronlauge

Wenn bei der Titration 1,8 ml nötig gewesen wären, um auf einen pH-Wert von 8 bis 9 zu kommen, dann hätte man für die Reaktion insgesamt 795 ml gebraucht.

Im Lauf der Zeit hat Mike Pelly herausgefunden, dass man pro Liter Öl im Allgemeinen zwischen sechs und sieben Gramm Natronlauge braucht.

Chargen Testen

Die ersten paar Male, vor Durchführung dieses Prozesses mit großen Mengen, sollten Sie erst einmal die ermittelten Natronlaugewerte mit einem Liter Öl ausprobieren. Benutzen Sie dazu einen Küchenmixer. Das funktioniert gut und man muss das Öl nicht stark erwärmen, gerade so, dass es im Mixer gut umgewirbelt wird. Mixer mischen gründlich, darum ist das Erhitzen nicht so kritisch.

Beginnen sollte man mit dem Mischen von Natronlauge und Methanol im Mixer.

> **Achtung:** Nehmen Sie einen Mixer, den Sie nie wieder für Lebensmittel verwenden werden.

Vergewissern Sie sich zuerst, dass der Mixer sauber und trocken ist. Die Reaktion der beiden Chemikalien zu Methoxid ist exotherm, d.h. es wird Wärme dabei frei und der Mixer wird sich daher ein bisschen erwärmen. Mischen Sie weiter, bis die Natronlauge vollständig aufgelöst ist. Wenn das Methoxid präpariert ist, gibt man einen Liter des gebrauchten Speiseöls hinzu. Vergewissern Sie sich, dass die Gewichte und Volumenmaße genau sind. Wenn man sich unsicher ist mit den Ergebnissen der Titration, dann nimmt man als Richtwert 6 bis 6,25 g. Chargen, die im Mixer präpariert werden, braucht man nicht sehr lange zu rühren. In 15 bis 20 Minuten ist in der Regel alles passiert und man kann den Mixer wieder abschalten. Die Lösung kann gleich nach dem Mischen in einen anderen Behälter umgefüllt werden, denn der Trennvorgang dauert eine gewisse Zeit.

Man kann verschiedene Ansätze mit variierenden Mengen von Natronlauge testen und dann den Ansatz wählen, der die besten Ergebnisse erbracht hat.

Wenn man zuviel Natronlauge nimmt, erhält man ein Gel, mit dem man kaum etwas anfangen kann. Wenn man nicht genug Natronlauge verwendet, dann geht die Reaktion nicht weit genug und etwas unverändertes Öl wird sich mit dem Biodiesel und dem Glycerin mischen. Dann erhält man drei Schichten: Oben Biodiesel, dann eine Lage unreagiertes Öl und unten Glycerin. Wenn zuviel Wasser im Öl ist, dann bildet sich noch eine Seifeschicht und diese liegt als vierte Schicht direkt über dem Glycerin. Es ist nicht sehr leicht diese Schicht zu entfernen bzw. sie vom nicht reagierten Öl und dem Glycerin zu trennen.

Präparieren des Natrium-Methoxids

Im Allgemeinen beträgt die Methanolmenge, die man braucht, etwa 20 % des Öls bezogen auf das Gewicht. Die Dichten der beiden Flüssigkeiten sind in etwa gleich. Somit liegt man ziemlich richtig, wenn man sich am Volumen orientiert und einfach 20 % des Volumens nimmt. Um ganz sicher zu sein, muss man jeweils einen halben Liter entnehmen, ihn wiegen und die Gewichte vergleichen. Dann kann man genau 20 % des Gewichts berechnen. Die verschiedenen gebrauchten Öle können unterschiedliche Dichten haben, je nachdem, welches Öl ursprünglich wofür verwendet wurde und wie lange es in Benutzung war.

1. Standardrezept von Mike Pelly

Beispiel
Wenn man 100 Liter Speiseöl umestert, dann braucht man dafür 20 Liter Methanol.

Das Methanol wird mit der Natronlauge gemischt und bildet in einer exothermen Reaktion das Methoxid. Es wird warm, wenn die Verbindung gebildet wird. Alles Zubehör, das mit der Natronlauge in Berührung kommen kann, muss so trocken wie möglich sein.

> **Achtung:** Behandeln Sie das Methoxid mit äußerster Vorsicht. Sie dürfen auf keinen Fall irgendwelche Dämpfe einatmen. Wenn es auf Ihre Haut spritzt, wird es Sie verbrennen, ohne dass Sie es merken (es tötet die Nerven ab). Sollte dies dennoch einmal passieren, waschen Sie sofort die betreffende Stelle mit großen Mengen fließendem Wasser. Halten Sie immer einen Wasseranschluss bereit, wenn Sie mit Methoxid umgehen.

Natrium-Methoxid korrodiert Farben sehr stark. Natronlauge reagiert mit Aluminium, Zinn und Zink. Verwenden Sie Glas, Emaille oder Edelstahlgefäße (Edelstahl eignet sich am besten). Händler für gebrauchte Restaurant-Ausstattungen und der Schrotthandel sind Quellen für derartiges Material. Anschlussrohre und Abläufe kann man nach Bedarf anlöten.

Heizen und Mischen

Heizen Sie das Abfallspeiseöl vom Auffangbehälter eines Restaurants auf etwa 48 °C bis 54 °C vor.

Ein Propeller oder ein Farbmischer gekoppelt an einen Bohrer und gesichert durch einen Halter ist ein guter Mischer. Zu starkes Rühren verursacht Spritzer und Blasen und reduziert die Durchmischung. Man sollte gerade noch einen Wirbel an der Oberfläche erkennen, dann ist die Durchmischgeschwindigkeit optimal.

Wenn Sie mit einem leiseren Prozessor arbeiten wollen, können Sie eine Umwälzpumpe anschließen und einen Mischkreislauf erzeugen. Bringen Sie die Pumpe oberhalb des Niveaus an, an dem das Glycerin geliert, damit die Pumpe nicht verklumpt.

Geben Sie das Methoxid zum Öl unter Rühren hinzu. Rühren Sie die Mischung etwa 50 Minuten bis eine Stunde. Die Reaktion ist zwar oft schon nach 30 Minuten abgeschlossen, jedoch wirkt eine längere Durchmischung besser.

Der Umesterungsprozess trennt die Methylester vom Glycerin. Die Methoxyl-Gruppe (CH_3O) beschließt die Esterkette und das Hydroxyl (OH) von der Natronlauge stabilisiert das Glycerin.

Absetzen und Trennen

Geben Sie dem Gemisch Zeit sich abzukühlen und zu trennen, mindestens acht Stunden, vorzugsweise länger. Die Methylester (Biodiesel) werden oben schwimmen und das dichtere Glycerin wird sich unten absetzen. Manchmal bildet es eine harte, gelatineartige Masse. Daher muss die Mischpumpe über diesem Niveau angebracht sein.

Eine andere Möglichkeit ist es, die Reaktionslösung für mindestens eine Stunde in Ruhe zu lassen, aber die Temperatur über 38 °C zu halten. So bleibt das Glycerin zähflüssig und man kann den Diesel vorsichtig abheben.

Abtrennen kann man die Reaktionslösung am besten durch einen Ablauf am Boden des Gefäßes über einen durchsichtigen Schlauch. Das halbflüssige Glycerin hat eine dunkelbraune Farbe, der Biodiesel ist wie Honig gefärbt. Beobachten Sie, was durch das Seitenrohr fließt: Wenn der heller gefärbte Diesel kommt, leiten Sie ihn in einen extra Behälter um. Wenn etwas Diesel beim Glycerin ist, macht das nicht viel aus. Man kann ihn leicht zurückgewinnen, wenn das Glycerin fest ist.

Wenn Sie die Mischung im Tank gelassen haben, bis das Glycerin geliert ist, dann heizen Sie den Tank noch einmal auf, bis das Glycerin wieder flüssig ist (Sie dürfen nun allerdings nicht mehr umrühren!), dann können Sie es ablassen.

Glycerin

Das Glycerin vom gebrauchten Speiseöl ist braun und wird gewöhnlich fest bei Temperaturen unter 38 °C. Glycerin von frischem Öl ist oft auch bei niedrigen Temperaturen flüssig.

Wiedergewonnenes Glycerin:-ester kann kompostiert werden, wenn man es drei Wochen lang an der Luft aufbewahrt hat (in dieser Zeit verdunstet das Methanol). Oder man erhitzt es auf 66 °C, um das Methanol abzudampfen. Es kann wieder aufgefangen werden, wenn man es erneut kondensieren lässt.

Eine andere Möglichkeit mit dem Glycerin umzugehen, wäre die Trennung in die verschiedenen Bestandteile, allerdings ist diese Methode enorm aufwändig. Die Bestandteile sind im wesentlichen Methanol, reines Glycerin und Wachs. Das reine Glycerin kann man durch Destillation gewinnen, doch es hat, selbst im Vakuum, einen hohen Siedepunkt.

Weitere Möglichkeiten für die Verwendung von Glycerin wären entweder das Verwenden für Pyrolyse oder die Vergärung zu Methan.

Seifenreste

Im Diesel können auch noch seifige Reste enthalten sein. Diese Seifen entstehen, wenn zuviel Natronlauge verwendet wurde. Dann reagieren die Fettsäuren bei der Umesterung bevorzugt mit der Natronlauge anstatt mit dem Methanol und so entstehen die Salze der Fettsäuen (Seife) anstelle der Methylester.

Waschen und Trocknen

Es gibt mehr als eine Lehrmeinung darüber, wie man Diesel von dieser Stufe zum Benzintank bekommt. Eine davon ist, den Biodiesel erst einmal eine Weile stehen zu lassen (etwa eine Woche), und den Seifenresten Gelegenheit zu geben, sich abzusetzen, bevor man den Kraftstoff in den Autotank füllt.

Eine andere Möglichkeit ist es, die Seifen aus dem Diesel herauszuwaschen, einmal oder mehrmals. Wenn man den Diesel das erste Mal wäscht, ist es ratsam, ein wenig Essig in das Waschwasser zu geben. Der Essig bringt den pH-Wert der Waschlösung dann näher an den Neutralpunkt. Es neutralisiert eventuell vorhandene überschüssige Natronlauge und salzt sie so aus.

Man kann das mehrmals machen. Das dritte Waschwasser kann für das erste Waschen bei der nächsten Charge genutzt werden. Die Seifen können konzentriert werden. Sie sind biologisch abbaubar und können zum Reinigen Verwendung finden.

Umgeesterter Biodiesel wird mit der Zeit immer klarer, wenn sich die verbliebenen Seifen am Boden absetzen. Eine andere Idee wäre es, das Öl zu kühlen, so setzt sich die Seife schneller am Boden ab.

Blasenwäsche

Einige Experimentatoren haben gute Ergebnisse mit der sogenannten Blasenwäsche erzielt. Es braucht etwas länger, aber man benötigt weniger Wasser. Diese Wäsche ergibt ebenfalls ein sauberes Produkt.

Geben Sie ungefähr 30 Milliliter Essig auf 100 Liter Biodiesel und etwa die Hälfte Wasser dazu. Lassen Sie dann einen Blasenstein (für Aquarien) zu Boden sinken und pumpen Sie Luft hindurch. Die Luft ist in eine Wasserblase eingeschlossen und perlt durch das Öl, dabei nimmt sie die Seife auf.

An der Oberfläche platzt die Blase und das Wasser sinkt mit der Seife zu Boden. Wenn die Mischung nach ein paar Stunden noch immer trüb ist, sollten Sie mehr Essig dazu geben. Das Blasenwaschen muss 12 Stunden oder länger (bis zu 24 Stunden) durchgeführt werden. Dann sollte man das Waschwasser ablassen und das Wachs von der Oberfläche abschöpfen. Diesen Waschvorgang sollte man noch zwei weitere Male wiederholen. Das Wasser vom zweiten und dritten Waschgang kann beim nächsten Mal für den ersten und zweiten Waschgang benutzt werden.

Bei starker Seifenbildung erhitzt man zuerst die Diesel-Seife-Mischung auf 50 °C und gibt genug Essig hinzu, um den pH-Wert unter 7 zu bringen. Danach sollte man für eine halbe Stunde rühren und die Mischung abkühlen. Anschließend fährt man mit dem Blasenwaschen und Trocknen wie üblich fort.

Nachteile der Blasenwäsche (Fettsäureoxidation) werden im allgemeinen Teil zur Biodieselherstellung besprochen, siehe Kapitel „Biodiesel – Grundlagen" auf Seite 19.

Qualität

Die Qualität des Kraftstoffs kann durch visuelle Inspektion und durch pH-Messung erfolgen. Der pH-Wert des Endprodukts sollte neutral sein. Es sollte wie klares Speiseöl mit leicht braunem Schimmer aussehen, in etwa so ähnlich wie Apfelsaft.

Das Endprodukt sollte keine Schicht, keine Partikel und auch keine Trübungen enthalten. Ein feiner Film im Öl zeigt Seifen an und sollte ebenfalls nicht vorkommen. Ist dennoch eine Verunreinigung sichtbar, muss man nochmals Waschen oder Filtrieren. Trübungen zeigen Wasser an, ist dies der Fall, muss man das Öl noch einmal erwärmen. Übriggebliebene Partikel deuten auf einen defekten Filter hin.

Alle Öle werden deutlich klarer, wenn man sie erwärmt, daher muss die Qualitäts-Prüfung nach dem Abkühlen erfolgen. Wenn es noch trüb ist, dann sollte man es für eine oder zwei Wochen absetzen lassen, während dieser Zeit sollte es klar werden. Für die abschließende Filterung sollte man einen Eintauch-Ölfilter verwenden. Mike Pelly hat längere Zeit nur durch Mull gefiltert, bis er nacheinander einige verstopfte Ölfilter erhielt; seitdem ist er sorgfältiger und verwendet die besseren Filter.

Der Biodiesel löst auch die Verschmutzungen, die der Mineraldiesel im Tank und im Motor hinterlässt. Darum sollte man zuerst die Filter wechseln, wenn man von herkömmlichem Diesel auf Biodiesel wechselt. Man kann auch einen kleinen Durchflussfilter aus klarem Plastik verwenden, den man dicht vor den eigentlichen Kraftstofffilter setzt. Dieser dient dann als Vorfilter und ist wesentlich kostengünstiger zu ersetzen, als der eigentliche Filter. So kann man auch leicht sehen und kontrollieren, ob sich Verunreinigungen ansammeln.

Einschränkungen

1. Biodiesel hat ein paar Besonderheiten: Erstens gibt es Startprobleme bei kaltem Wetter, denn Biodiesel kann abhängig vom Öltyp, ab etwa 4 °C bis 5 °C abwärts anfangen, sich zu verfestigen. Eine Abhilfe dafür ist es, bei niedrigeren Temperaturen mit etwas normalem Diesel zu mischen oder man schließt einen kleinen Elektroheizer an.

> **Tipp:** Denken Sie daran, dass beheizte Garagen ebenfalls von Vorteil sein können.

Einige Biodiesel-Hersteller sagen, dass Gefrierschutzmittel auch gut funktioniert, andere sagen jedoch, es ist nicht zuverlässig.

> **Achtung:** Beachten Sie bitte, dass solche Mittel hoch toxisch sind und man sorgfältig mit ihnen umgehen muss.

Eine andere Idee gegen die Probleme bei kalter Witterung ist eine weitere Herstellungsmethode für den Biodiesel: Die Zwei-Stufen-Methode. Aleks Kac aus Ljubljana (Laibach) in Slowenien hat die Erfahrung gemacht, dass der so erzeugte Biodiesel weniger Probleme bei kaltem Wetter macht.

2. Man sollte die Einspritzsteuerung für den Zündzeitpunkt um 2-3 Grad (Kurbelwellendrehwinkel) verzögern, um die Wirkung der höheren Cetan-Zahl auszugleichen, die der Biodiesel gegenüber dem normalen fossilen Diesel besitzt. So verschenkt man etwas von der zusätzlichen Leistung, die der Biodiesel gegenüber fossilem Diesel besitzt, aber der Motor läuft ruhiger und der Kraftstoff verbrennt bei niedrigerer Temperatur, das reduziert die NO_x-Emissionen.

3. Gummibauteile des Kraftstoffsystems können schneller angegriffen werden, wenn man dauerhaft mit 100 % Biodiesel fährt. Neue Autos verwenden keine Gummibauteile mehr. Biodiesel wurde auch in vielen alten Mo-

toren ohne jegliche Probleme verwendet. Am besten haben sich Bauteile aus Viton-Kunststoff bewährt, aber andere sind fast genauso gut.

2. Zwei-Stufen-Modifikation nach Aleks Kac

Viele Biodiesel-Nutzer verwenden diese Methode und sie berichten von qualitativ hochwertigem Kraftstoff. Die Zwei-Stufen Prozesse sind Methoden für Fortgeschrittene, nicht für Anfänger. Die Basismethode von Mike Pelly ist das geeignete Verfahren für Anfänger. Im folgenden Abschnitt finden Sie Anmerkungen von Aleks Kac zu seinem Rezept der Zwei-Stufen-Modifikation und Empfehlungen, die er auf einer englischsprachigen Internetseite gegeben hat.

Einführung

Seit einiger Zeit wächst die Zahl jener, die versucht haben aus gebrauchtem Bratöl (Abfall-Speiseöl) Diesel-Kraftstoff herzustellen und die dabei Erfolg hatten. Es gibt viele gute Quellen im Internet, die zeigen, wie man selbst diesen Kraftstoff herstellen kann. Einer dieser Vorschläge stammt von Aleks Kac, mit dessen Methode man einen sauberen Biodiesel erhält, der auch im Winter gut verwendbar ist, da bei dieser Modifikation weniger Wachs entsteht und damit auch weniger Zündungsprobleme auftreten.

Aleks Kac:

Ich war nicht immer ganz glücklich mit meinem Produkt. Lassen Sie mich erklären, warum: Ich bin ein Chemie-Techniker und ich habe einige Berechnungen angestellt, bevor ich meine ersten Biodiesel-Chargen hergestellt habe. Ich habe etwas mehr Glycerin erwartet, nicht viel, aber für mich war das Standardverfahren etwas „unsaubere Chemie". Ich habe überlegt, gewogen, gemessen, Artikel gelesen, nochmals gelesen, nochmals überlegt und dann habe ich ein Dieselauto gekauft und den Diesel ausprobiert.

Da niemand in unserer Biodiesel-Diskussionsgruppe sich über fehlendes Glycerin beklagt hatte, nahm ich an, ich hätte mich bei meiner Kalkulation etwas vertan und verwendete daher meinen Diesel in meinem Jeep. Ich startete den Motor und machte eine Fahrt, Motor und Pumpe machten keine Probleme. Glücklich genoss ich den Duft und machte mich an die Arbeit, mehr von dem Diesel herzustellen.

Mit der Zeit bemerkte ich jedoch ein etwas härteres Klopfen des Motors an kühleren Morgen und ich machte mich auf die Suche. Nach einiger Zeit stieß ich auf ein E-Mail von Camillo Holecek, der relativ bekannt ist, weil er einen kontinuierlichen Prozess zur Biodieselherstellung entwickelt hat und sein Beitrag gab mir mehrere gute Hinweise.

2. Zwei-Stufen-Modifikation nach Aleks Kac

Theorie

Wer sich an den Chemieunterricht erinnert, dem fällt vielleicht ein, dass bei chemischen Reaktionen oft ein Gleichgewicht entsteht, zwischen den Ausgangsstoffen und den Endprodukten. Es gibt auch Reaktionen, die nur in eine Richtung gehen, allerdings werden diese hier im Moment außer Acht gelassen. Das Gleichgewicht könnte man folgendermaßen mithilfe einer Formel darstellen: A + B → C + D und A + B ← C + D.

Wie man leicht sehen kann, ist die Reaktion umkehrbar (reversibel) und dies ist auch bei der Umesterung der Fall. Sobald sich die Ausgangsstoffe und die Endprodukte im Gleichgewicht befinden, hört die Reaktion auf (in der Chemie spricht man vom dynamischen Gleichgewicht, das bedeutet, dass die Reaktion immer weitergeht, aber nach außen hin ändert sich nichts, weil gleichzeitig genausoviele Reaktionen in die eine, wie in die andere Richtung erfolgen). Bei der Dieselherstellung ist es nicht wünschenswert, dass die Reaktion irgendwann aufhört, da das bedeutet, dass Speiseöl nicht weiter umgewandelt wird. Diesel besteht nicht nur aus unverändertem, gebrauchtem Speiseöl, sondern auch aus Methylestern. Man kann diese zwei Stoffe nicht einfach voneinander trennen, da sie sich gut miteinander mischen. Es ist allerdings bekannt, dass man einen normalen Dieselmotor nicht mit unerhitztem Speiseöl fahren darf, darum muss man hier etwas unternehmen. Die normale Methode geht auch unter besten Bedingungen nur bis zu einem Punkt voran, der weit entfernt ist von der vollständigen Umesterung. Der Grund dafür ist, dass je mehr Endprodukte entstehen, umso mehr Reaktionen in der Gegenrichtung stattfinden (Rückreaktionen), aus den gewünschten Endprodukten werden also vermehrt wieder die Ausgangsstoffe. Irgendwann halten sich die beiden Reaktionen die Waage. Deswegen kann das Produkt der Reaktion gar nicht sauber sein, weil man immer Gemische von Ausgangsstoffen und Endprodukten (Methanol und Speiseöl vs. Methylester und Glycerin) erhält. Diese Gemische (Speiseöl und Methylester) sind aber weder ein guter Kraftstoff, noch lassen sie sich leicht trennen, meint Aleks Kac. Während man Biodiesel (Methylester) im normalen Dieselmotor fahren kann, muss man zum Fahren mit Speiseöl dieses erst vorheizen, aber normale Dieselfahrzeuge sind mit der dafür erforderlichen Heizeinrichtung nicht ausgerüstet. Man trennt nicht durch Erhitzen, sondern man sorgt dafür, dass die Umesterungsreaktion möglichst vollständig abläuft, indem man beispielsweise einen Teil der Reaktionsprodukte entfernt (Glycerin). Wenn das Glycerin entfernt ist, kann es nicht mit den Methylestern wieder zu Methanol und Speiseöl reagieren.

Anpassung

Es gibt zwei Abhilfen für diese Schwierigkeit: Gehen wir davon aus, dass die Buchstaben C und D in der Reaktionsformel oben für Fettsäuremethylester und Glycerin stehen (A und B stehen für gebrauchtes Speiseöl und Methanol). Um die Reaktion weiter in die Richtung der Endprodukte zu bringen, d.h. möglichst viel (am besten alles) Öl umzuestern, kann man folgendes machen:

- Mehr Methanol zugeben – das bringt die Reaktion in Richtung Endprodukt, oder
- das unerwünschte Produkt Glycerin abziehen – auch das verschiebt das Gleichgewicht in die gewünschte Richtung.

Aleks Kac:

Das Hinzufügen von Methanol hilft wenig, es sei denn man „übertreibt". Das bedeutet, man muss mehr als das Doppelte der benötigten Menge hinzugeben, um einen kleinen Effekt bemerken zu können. Das würde jedoch den Preis für selbst gemachten Biodiesel stark erhöhen. Allerdings hilft die Entfernung des Glycerins dabei, ein Drittel mehr Diesel zu erhalten (es wird also mehr Speiseöl umgeestert). Wenn man das Glycerin während der Reaktion abziehen will, muss man noch mehr Geld investieren, da man dafür eine flüssig-flüssig Zentrifuge braucht. Ich habe die Idee der Glycerin-Entfernung beinahe verworfen, als Camillo Holecek eine gute und einfache Lösung vorschlug. Sein Tipp: Mache es in 2 Schritten.

Herstellungsprozess

Bevor die Details beschrieben werden, wird hier eine Kurzfassung des Ein-Phasen-Prozesses von Mike Pelly dargestellt, um den direkten Vergleich zu ermöglichen:

1. Titration
2. Anwärmen des gebrauchten Speiseöls
3. Präparieren des Methoxids
4. Mixen des Öls mit dem Methoxid
5. Absetzen-lassen und Auslassen des Glycerins
6. Waschen und Trocknen

Der Zwei-Stufen-Prozess unterscheidet sich nur in zwei Punkten von der einstufigen Methode von Mike Pelly: Es gibt keine Titration und Methoxid wird mit gebrauchtem Speiseöl vermischt. Warum gibt es keine Titration? Jeder analytische Chemiker ist davon überzeugt, dass man keine genauen Resultate erhält, wenn man nicht mit ganz frischen Materialien arbeitet und nicht wenigstens drei Parallelversuche macht. Aleks Kac hat herausgefunden, dass sich für seine Ansätze 6,25 g NaOH pro Liter gebrauchtem Speiseöl gut eignen. Für den zweiten Schritt braucht man keine extra Ausrüstung, nur etwas mehr Zeit.

2. Zwei-Stufen-Modifikation nach Aleks Kac

> **Vorsicht:** Tragen Sie saubere und chemikalienfeste Handschuhe, Kittel, Augenschutz und atmen Sie keine Dämpfe ein.

Erster Schritt

- Man misst sein altes Speiseöl (wird hier auch als Altöl bezeichnet) ab und füllt es in ein Reaktionsgefäß.
- Das Methoxid stellt man her, indem man reines Methanol (25 % des Volumens an Altöl) mit 6,25 g NaOH pro Liter Altöl mischt.
- Anschließend sollte man das Altöl auf 48 °C bis 52 °C erwärmen.
- Geben Sie etwa ¾ des vorbereiteten Methoxids hinzu. Bewahren Sie den Rest in einem luftdicht verschlossenen Behälter auf; außer Reichweite von Kindern, Flammen und Funken, oder präparieren Sie eine neue Charge frisch für den nächsten Schritt. Berechnen Sie zuerst die anteilig benötigten Chemikalien, dann teilen Sie diese auf in ¾ und ¼.
- Mischen Sie für 50 bis 60 Minuten und halten Sie die Temperatur auf Ausgangsniveau.
- Lassen Sie die Mischung für 12 Stunden ruhen.
- Trennen Sie das Glycerin vom Methylester ab. Sie werden bemerken, dass zu diesem Zeitpunkt das Glycerin (normalerweise) noch dünn ist.

Zweiter Schritt

- Füllen Sie das Reaktionsgefäß mit den Fettsäuremethylestern aus der ersten Stufe.
- Erhitzen Sie diese auf 48 °C bis 52 °C.
- Fügen Sie das verbleibende Viertel des Methoxids hinzu.
- Mischen Sie für 50 bis 60 Minuten und halten Sie dabei die Temperatur im angegebenen Bereich.
- Lassen Sie die Mischung für 12 Stunden ruhen.
- Als nächstes sollten Sie das Glycerin von den Methylestern trennen und dadurch eine gelatinöse Masse erhalten. Oben auf der Glycerinschicht finden Sie eine dicke Lage von abgesetzten sahnefarbenen Wachsen, diese sollten Sie nicht weiterverarbeiten. Denken Sie daran, dass solche Materialien die Einspritzdüse verstopfen können.
- Waschen und trocknen Sie mit ihrer bevorzugten Methode, eine Möglichkeit ist z.B. die Idaho-Blasenwaschmethode.

Blasenwaschmethode der University of Idaho

Aleks Kac:

Ich möchte diese Methode gerne hier erklären, weil es wichtig ist, dass Ihr Produkt gewaschen wird. Bitte versuchen Sie nicht, Ihr Auto mit Kraftstoff zu fahren, der nach der beschriebenen Methode erzeugt wurde, ohne dass Sie ihn vorher waschen. Der Kraftstoff ist nach dem Ablauf der zweiten Stufe stark ätzend und könnte die Benzinpumpe beschädigen.

Sie benötigen ein großes Plastikgefäß mit einem Fassungsvermögen, das etwa dem doppelten Volumen des Reaktionsgefäßes entspricht. Eine einfache Aquariumpumpe mit genügend Luftdurchsatz, einen großen Blasenstein und genügend Schlauch um beides miteinander zu verbinden. Weiters brauchen Sie ein pH-Meter oder pH-Papier oder einen digitalen pH-Indikator. Der pH-Indikator ist das billigste Instrument, falls man mehr als 20 Chargen machen möchte.

Zum pH-Wert: Der pH-Wert gibt an, ob die untersuchte Flüssigkeit eine Säure, eine Lauge oder keins von beiden, also neutral, ist. Neutrale Flüssigkeiten haben einen pH-Wert von 7, Säuren haben einen niedrigeren pH-Wert und sie sind umso stärker, je niedriger der Wert ist. Laugen haben einen pH-Wert über 7 und sie sind umso stärker, je höher der pH-Wert ist. Sowohl Säuren, als auch Laugen sind aggressiv, darum ist ein neutraler pH-Wert wünschenswert.

Der pH-Wert der Methylesterpräparation wird oberhalb von 7 liegen, da Natronlauge eine starke Lauge ist. Wenn wir jetzt den Methylester waschen, säuern wir das Waschwasser vorher an, damit die Säure und die Lauge sich gegenseitig neutralisieren. Als Ergebnis sollte ein pH-Wert von 7 herauskommen.

Waschvorgang

Zuerst muss man den pH-Wert der Methylester messen, hierfür braucht man Geduld, denn es dauert etwas länger als bei wässrigen Lösungen. Den ermittelten Wert sollte man sich notieren und dann das Waschgefäß vorbereiten. Füllen Sie es zur Hälfte mit Wasser oder mit dem gleichen Volumen wie der Methylester. Beides muss die gleiche Temperatur haben, Raumtemperatur eignet sich. Waschen und trocknen Sie anschließend die Elektrode des pH-Wert-Anzeigegeräts, stecken Sie es in das Wasser, gießen Sie Essig hinein und mischen Sie es, bis die Flüssigkeit einen pH-Wert anzeigt, der genau so weit unterhalb von 7 liegt, wie der Wert des Methylesters oberhalb von 7 ist.

Wenn man davon ausgeht, dass die Methylester einen pH-Wert von 8,7 haben, dann muss die Waschlösung einen pH-Wert von 5,3 erhalten (7 + 1,7 = 8,7 und 7 − 1,7 = 5,3). Als nächsten Schritt sollten Sie die Methylester zum angesäuerten Waschwasser gießen und die Pumpe anwerfen. Bald wird man einen steten Strom von

Blasen aufsteigen sehen, es handelt sich dabei um Luft, die in einer dünnen Haut aus Wasser eingeschlossen ist. Dieses Wasser wird an die Oberfläche gebracht. Wenn die Blasen platzen und das Wasser absinkt, nimmt es wieder Seifen und Methanol mit nach unten.

Lassen Sie es mindestens 6 Stunden lang blubbern und stellen Sie dann die Pumpe ab und warten weitere 12 Stunden. Das Wasser wird ganz absinken und weiß werden, gleichzeitig wird sich der Methylester aufhellen. Nehmen Sie den Methylester aus dem Behälter, z.B. über einen Ablaufhahn. Heizen Sie nun den Kraftstoff auf 100 °C, bis keine Dampfblasen mehr entweichen. Der pH-Wert des Kraftstoffs wird im Bereich von 7 +/− 0,25 liegen, was gut genug ist. Kühlen Sie ihn ab, füllen Sie ihn in den Tank und schon können Sie damit fahren.

Die Nachteile der Blasenwäsche liegen in der mangelnden Gründlichkeit und der Oxidation der Fettsäuren durch die eingeblasene Luft.

Schlussbemerkung von Aleks Kac:

Ich habe diesen Biodiesel gründlich in meinem Jeep Cherokee 2.1 l Turbodiesel getestet. Er verhält sich besser als klassischer Biodiesel und sogar besser als Petrodiesel.

3. Drittes Biodieselrezept nach Aleks Kac

Diese Methode ist benutzt worden, um tausende von Gallonen (1 US-Gallon entspricht 3,8 l) qualitativ hochwertigen Biodiesels aus allen möglichen Materialien herzustellen. Viele Eigenproduzenten von Biodiesel haben sie zu ihrer Standardmethode gemacht. Bei zwei professionellen Biodiesel Analysen im Abstand von mehreren Jahren wurde festgestellt, dass Biodiesel, der nach dieser Methode hergestellt wird, den Deutschen DIN 51606 Standard für Biodiesel erfüllt. Das bedeutet, dieser Diesel ist als Treibstoff für VW zugelassen und die Garantiebedingungen werden nicht verletzt, wenn man diesen Treibstoff verwendet. Man kann also DIN und ASTM (amerikanisches Pendant zu DIN) gerechte Kraftstoffe mit dieser Methode herstellen, wenn man die Anweisungen genau befolgt. Laut Aleks Kac werden folgende Normen eingehalten: US ASTM D-6751, DIN 51606, Österreichische ÖNORM, europäische Norm EN14214 (siehe: www.journeytoforever.org/biofuel.html).

Aleks Kac:

Dies ist die idiotensichere Methode, um Biodiesel herzustellen. Es ist keine Titration nötig und man muss weder eine extra Ausrüstung noch Sondergeräte kaufen. Ein Thermometer ist nützlich, aber ein pH-Meter wird nicht gebraucht. Dies ist ebenfalls ein Herstellungsprozess, der zwei Schritte erfordert: Zuerst die Säurebehandlung und dann die Laugenbehandlung. Das Verfahren ist geeignet für den höchsten Gehalt freier Fettsäuren in gebrauchtem Speiseöl, aber es kann mit jeder Art von gebrauchtem Pflanzenöl oder tierischem Fett verwendet werden, ob es einen hohen oder niedrigen Anteil freier Fettsäuren besitzt oder nicht. Der Prozess verbessert die Ausbeute drastisch! Ich rate Ihnen, diesen Prozess als Standardmethode zu verwenden, wenn Sie mit den anderen Methoden bereits Erfahrung gesammelt haben.

Einführung

Um Biodiesel aus Pflanzenölen oder tierischen Fetten mit hoher Ausbeute zu erzeugen, müssen wir ein Hauptproblem vermeiden: Seifenbildung. Seife wird gebildet, wenn man die laugenkatalysierte Umesterung wählt, d.h. wenn man Natronlauge als Katalysator verwendet. Die Alkalilaugen, wie Natronlauge (NaOH) oder Kalilauge (KOH) bilden mit den freien Fettsäuren sogenannte Alkylester. Diese haben die unangenehme Eigenschaft, nicht nur selbst in die wässrige Phase zu gehen, sondern auch die Methylester mit an die wässrige Phase zu binden. Wenn das geschieht, verringert sich die Ausbeute. Diese gebundenen Ester werden beim Waschprozess mit ausgewaschen, aber sie erschweren die Abtrennung des Wassers und erhöhen den Wasserverbrauch.

Aleks Kac:

In einem meiner ersten Testversuche für diese Methode mischte ich 50 % gebrauchtes Speiseöl mit 50 % Schweineschmalz. Das Ergebnis war ein sau-

3. Drittes Biodieselrezept nach Aleks Kac

beres Produkt mit absolut keiner Spur von Seife. Der Biodiesel sah sauber aus und roch gut, so als wäre er aus frischem Öl hergestellt.

Dies ist eine einfache Prozedur: Der Prozess der ersten Stufe ist keine Umesterung, sondern eine einfache Veresterung und die Veresterung wird gefolgt von einer Umesterung. Unter sauren Bedingungen geschieht das wesentlich langsamer, als unter den ätzenden Bedingungen mit konzentrierter Lauge und es würde keine komplette Umwandlung von Öl zu Methylester stattfinden, weil diese Reaktion viel mehr im Gleichgewicht ist, als die vorher beschriebenen. Ohne Methanolrückgewinnung wäre das eine ganz teure Angelegenheit und selbst mit Rückgewinnung von Methanol wäre es sehr viel teurer als die andere Methode. Darum muss man in diesem Fall die Zwei-Stufen Methode anwenden.

In der ersten Stufe bildet man eine Lösung aus Alkohol und Säure. Der Alkohol ist wiederum Methanol aber der Katalysator der Reaktion ist eine Säure, hier ist es z.B. konzentrierte Schwefelsäure (H_2SO_4). Man braucht mindestens 95 % reine Säure, höher konzentrierte ist noch besser, aber teurer. Andere starke Mineralsäuren (Salzsäure oder Salpetersäure) taugen dafür nicht, es muss Schwefelsäure sein. Die zweite Phase erfordert wiederum Natronlauge, aber nur die Hälfte der Menge, die man sonst benötigen würde.

Die Sulfat-Ionen der Schwefelsäure verbinden sich mit den Natrium-Ionen der Natronlauge und bilden so Di-Natriumsulfat, ein wasserlösliches Salz, das beim Waschen entfernt wird. Es bleibt wirklich kein Schwefel im Biodiesel-Endprodukt.

Ausrüstung

Man braucht keinen speziellen Prozessor für die „idiotensichere Methode", am besten eignet sich ein Reaktionsbehälter mit Bodenauslass, der oben verschließbar ist. Hohe, schmale Behälter funktionieren besser als breite und flache und eine Umwälzpumpe eignet sich besser als ein mechanischer Rührer. Die Pumpe sollte die Mischung dicht am Boden aufnehmen und oben auf die Oberfläche spritzen. Für einen 35 Liter Reaktor reicht eine 100 W Waschmaschinenpumpe, zusammen mit einem 1,5 kW Waschmaschinen-Heizstab, um die Mischung anzuheizen. Besorgen Sie sich einen Heizstab, der mit Edelstahl überzogen ist. Sie könnten auch einen Thermostat benutzen, ein normales Thermometer reicht jedoch eigentlich.

Gewöhnliche Eisen- oder Stahlwerkzeuge und -behälter rosten nach einiger Zeit, wegen der Säure, die bei diesem Prozess verwendet wird. Sie können aber weiterhin das übliche 55 Gallonen (200 l) Fass verwenden, denn der Anteil an Säure der hier verwendet wird, ist ziemlich gering. Man sollte ein unbeschichtetes Fass ein Jahr lang benutzen können, bevor zuviel Rost entsteht. Jedes Plastik, das sich bei 100 °C nicht verformt, ist dafür geeignet (z.B. ein Polypropylen Reaktionsgefäß). Bei Plastikgefäßen muss man einen Tauchsieder benutzen, für Edelstahlbehälter kann man mit Gas heizen. Bei Edelstahlbehältern muss man nur unmittelbar vor der Zugabe des Methanols auf einen Tauchsieder umsteigen.

Chargen Testen

Jedes Mal, wenn man eine neue Methode testet, sollte man erst einmal kleine Testchargen von 1 Liter (oder weniger) ausprobieren, bevor man sich an größere Ansätze heranwagt. Viele Hersteller benutzen einen Küchenmixer für diesen Zweck.

> **Achtung:** Verwenden Sie diesen Mixer danach nicht mehr für Lebensmittel!

Herstellungsprozess

Beginnen Sie, wie üblich, mit dem Filtern des gebrauchten Speiseöls. Für eine erfolgreiche Reaktion muss das Öl frei von Wasser sein. Zur Wasserentfernung haben sich zwei Methoden bewährt:

1. Man lässt das Wasser absetzen und spart so Energie. Dafür erhitzt man das gebrauchte Speiseöl für 15 Minuten auf 60 °C und gießt es dann in einen Absetztank. Darin lässt man es für 24 Stunden, damit sich das Wasser absetzen kann.

2. Bei der zweiten Methode kocht man das Wasser ab. Diese Methode verbraucht mehr Energie und fördert die Bildung freier Fettsäuren. Das Öl wird auf 100 °C erhitzt, wodurch das Wasser verdampft (man erkennt das an den aufsteigenden Dampfblasen). Bei gleich bleibender Temperatur sollte man warten, bis keine Dampfblasen mehr aufsteigen.

Erste Stufe der Säure-Base-Methode

Zuerst sollten Sie das Öl bzw. Fett abmessen, das verarbeitet werden soll. Erhitzen Sie dann das Öl auf 35 °C und vergewissern Sie sich, dass alle festen Fette geschmolzen sind. Geben Sie anschließend Methanol zum angewärmten Öl, verwenden Sie dafür 99 %+ Methanol und messen Sie 0,08 Liter Methanol für jeden Liter Öl (8 % Vol.) ab. Mischen Sie die beiden Substanzen für 5 Minuten: Die Mischung wird trüb werden, weil das Methanol eine polare Verbindung ist und Öl stark unpolar, wodurch sich eine Suspension bildet. Geben Sie danach für jeden Liter Öl 1 Milliliter 95 % Schwefelsäure hin-

3. Drittes Biodieselrezept nach Aleks Kac

zu. Benutzen Sie dafür einen Augentropfer, eine Einwegspritze mit Einteilung oder eine Pipette.

> **Achtung:** Seien Sie vorsichtig, wenn Sie mit der konzentrierten Schwefelsäure umgehen!

Mischen Sie die Flüssigkeit bei niedriger Umdrehungszahl (es darf nicht spritzen) während Sie die Temperatur auf 35 °C halten. Schalten Sie nach einer Stunde die Heizung ab und rühren Sie die unbeheizte Mischung für eine weitere Stunde. Lassen Sie nach diesen zwei Stunden die Lösung für mindestens 8 Stunden ruhen.

In der Zwischenzeit können Sie das Natrium-Methoxid präparieren: Dazu messen Sie 120 ml Methanol für jeden Liter Öl ab (12 % Vol.) und wiegen 3,1 g bis 3,5 g (je nach Reinheit) von der Natronlauge (NaOH) für jeden Liter Öl ab. Mischen Sie die Natronlauge zum Methanol, bis sich alles vollständig aufgelöst hat.

> **Achtung:** Beachten Sie, dass Methoxid eine gefährliche Chemikalie ist. Sie sollten alle Vorsichtsmaßnahmen treffen, wenn Sie mit Methanol, Natronlauge und Natrium-Methoxid umgehen. Tragen Sie eine Schutzbrille, Schutzhandschuhe und Schutzkleidung und sorgen Sie immer für fließendes Wasser in der Nähe.

> **Anmerkung:** Dieser Prozess verbraucht nur etwa die Hälfte der Natronlauge, weil weniger Fett zum Umestern übrig ist. Verwenden Sie 99 %+ reines Natriumhydroxid (NaOH). Nach dem Öffnen des Behälters, schließen Sie ihn unverzüglich wieder, damit keine Feuchtigkeit hineingelangen kann. Wiegen Sie die Natronlauge sorgfältig, denn wenn man zuviel nimmt, erschwert das den Waschprozess.

Nach der 8-stündigen Ruhephase bzw. am nächsten Morgen geben Sie die Hälfte des präparierten Methoxids in die unbeheizte Ölmischung und mischen Sie das alles für 5 Minuten. Dieser Vorgang wird die Säure neutralisieren und die basische Katalyse beschleunigen. Wenn Sie festes Fett umestern, wird das Fett wahrscheinlich während der Ruhephase fest geworden sein. In diesem Fall erwärmen Sie das Fett vorsichtig, bis es flüssig ist.

> ### Methoxid auf einfache Art
> Das Mischen von Natronlauge und Methanol liefert eine exotherme Reaktion, d.h. Wärme wird erzeugt. Die beiden Chemikalien sind nicht einfach zu mischen, noch dazu muss dieser Vorgang gründlich durchgeführt werden und das ganze Natriumhydroxid muss gelöst sein, bevor man es verwenden kann.

Achtung: Beachten Sie alle nötigen Vorsichtsmaßnahmen

Verwenden Sie einen stabilen, dicken Behälter aus HDPE (high density polyethylen). Normalerweise ist so ein Behälter am Boden mit HDPE gekennzeichnet und trägt zusätzlich den internationalen Code 2. Der Behälter muss einen dichten Verschluss mit Schraubkappe haben. Messen sie das erforderliche Methanol ab, geben Sie es in den Behälter und füllen Sie die erforderliche Menge an Natronlauge hinzu. Wenn Sie große Mengen präparieren, geben Sie es nacheinander in kleinen Mengen hinzu und schwenken den Behälter leicht (aber nur mit aufgesetztem und festgedrehtem Verschluss). Wenn sich noch ungelöstes Natriumhydroxid im Behälter befindet, setzen Sie die Verschlusskappe wieder auf und wirbeln Sie die Lösung nochmals auf. Lassen Sie die Mischung dann stehen und wiederholen Sie das Aufwirbeln alle paar Stunden, mindestens vier bis sechs Mal insgesamt. Es sollte sich maximal 24 Stunden später vollständig gelöst haben.

Das Verhältnis von NaOH zu Methanol ist bei der Herstellung von Biodiesel klein, besonders bei der „idiotensicheren Methode". Wenn Sie aus irgendwelchen Gründen viel größere NaOH Anteile verwenden, dann sollten Sie das Methoxid nicht nach dieser Methode präparieren.

Zweite Stufe

Erwärmen Sie die Ölmischung auf 55 °C und halten Sie die Temperatur für die weiteren Reaktionen. Geben Sie die zweite Hälfte des präparierten Natrium-Methoxids unter Rühren zur erwärmten Mischung hinzu und beginnen Sie damit, die Lösung bei der gleichen niedrigen Umdrehungszahl von 500 bis 600 Umdrehungen pro Minute durchzumischen.

> **Achtung:** Vorsicht beim Umgang mit Methoxid – bitte beachten Sie alle nötigen Vorsichtsmaßnahmen!

Optional: Wenn das Reaktionsgefäß die Möglichkeit bietet, lassen Sie 20 bis 25 Minuten nach der Zugabe des Methoxids etwas Glycerin ab. Am besten geht das, wenn man mit einer Pumpe mischt. Nachdem man die Pumpe bzw. den Mischer für eine Weile abgestellt hat, kann sich das Glycerin absetzen. Wiederholen Sie diesen Vorgang nach 10 Minuten noch einmal. Passen Sie auf und seien Sie vorsichtig, denn das Glycerin ist ziemlich heiß und ätzend.

Für alle Nutzer: Nehmen Sie regelmäßig Proben in Gläsern mit 1 Zoll bis 1,5 Zoll Durchmesser. Achten Sie auf eine strohgelbe Farbe in der Esterzone. Glycerin (braun und klebrig) wird sich am Gefäßboden absetzen. Wenn die gewünschte Farbe erreicht ist, das wird etwa 1,5 bis 2,5 Stunden dauern, schalten Sie den Heizer und den Mixer ab. Anstatt ständig Proben zu nehmen, können Sie auch einen durchsichtigen Schlauch für die Umwälzpumpe verwenden und darin die allmähliche Verfärbung zu strohgelb verfolgen.

Warten Sie eine Stunde ab, bis sich die Mischung abgesetzt hat.

Optional für einfacheres Waschen: Lassen Sie Glycerin ab. Messen Sie etwa 25 % des Glycerins, einschließlich der eventuell vorher bereits abgelassenen Flüssigkeit, ab und mischen Sie das ganze mit 10 Millilitern 10%iger Phosphorsäure (H_3PO_4) pro Liter Öl. Das Umrühren kann durchaus auch mit einem Holzlöffel in einem Plastikbehälter erfolgen. Geben Sie dann das angesäuerte Glycerin zurück in den Reaktor und rühren Sie 20 Minuten lang, ohne zu heizen. Lassen Sie die Mischung für mindestens sechs Stunden stehen und lassen Sie danach die Glycerinfraktion vollständig ab.

Waschen

Am besten ist es, wenn Sie die Blasenwaschmethode verwenden, den pH-Wert müssen Sie nicht weiter verfolgen. Geben Sie nur ein wenig 10%ige Phosphorsäure zum Waschwasser hinzu, ca. 2 bis 3 ml pro Liter sollten reichen, um sicherzugehen, dass wirklich keine Natronlauge durch die Kraftstoffpumpe des Autos fließt. Wenn Sie das Ergebnis des Waschens sehen möchten, können Sie normales Lackmuspapier in das gewaschene Öl halten. Das Papier wird Ihnen grob angeben, welchen pH-Wert das Öl hat, er sollte einem Wert von ca. 7 (= neutral) entsprechen, oder schwach darunter liegen.

Für den Waschvorgang sollten Sie etwa ein Drittel des Biodiesel-Volumens an Wasser nehmen und sicherstellen, dass beides ca. die gleiche Temperatur hat. Wenn die Temperaturen übereinstimmen, können Sie den Biodiesel zum Wasser füllen und die Aquariumspumpe in Betrieb nehmen. Lassen Sie die Mischung mindestens 24 Stunden sprudeln. Nach dem Abstellen der Pumpe, sollten Sie die Mischung eine halbe Stunde ruhig stehen lassen. Das Wasser wird sich am Boden absetzen und ganz weiß werden, der Kraftstoff wird eine deutlich hellere Färbung annehmen. Lassen Sie das Wasser ab und wiederholen Sie die Waschprozedur noch zwei Mal. Entfernen Sie anschließend den Biodiesel aus dem Gefäß und achten Sie darauf, kein Wasser mitzuleeren. (siehe Kapitel „Blasenwäsche" auf Seite 57, Probleme sind die mangelnde Durchmischung und Oxidationsprodukte).

Lassen Sie den Biodiesel für etwa drei Wochen stehen und verwenden Sie ihn erst, wenn er kristallklar ist. Geben Sie eine Probe in ein Marmeladenglas und warten Sie, bis sie vollständig klar ist. Stellen Sie das Glas auf die Fensterbank und freuen Sie sich daran, wie der Inhalt mit der Zeit klarer wird. Wenn Sie schneller zum Endprodukt kommen wollen, heizen Sie den Biodiesel auf 45 °C auf und lassen Sie ihn dann abkühlen.

Anmerkung: Es kann sich ein Niederschlag am Boden bilden, während man auf das Klären des Diesels wartet. Dieser Niederschlag darf nicht in den Kraftstofftank eines Autos gelangen!

F.A.Q. Warum mischt man das Methanol mit der Schwefelsäure nicht bevor man es zum Öl gibt?

Dafür gibt es zwei wesentliche Gründe: Erstens, ist die Reaktion zwischen Methanol und konzentrierter Schwefelsäure sehr heftig und es könnte spritzen. Zweitens, könnte sich Dimethylether bilden und das wäre gefährlich, denn dieser ist bei Raumtemperatur gasförmig und hoch explosiv.

F.A.Q. Was ist, wenn man beim Ablassen des Glycerins weniger als 100 ml pro Liter Öl erhält?

Wenn Sie weniger als 100 ml Glycerin pro Liter Öl erhalten, dann ist der Prozess nicht weit genug abgelaufen, selbst wenn die Farbe strohgelb ist.

Dieser Umstand liegt relativ sicher an karbonisierter Natronlauge. Natronlauge hat nur eine begrenzte Verwendungsdauer, das CO_2 aus der

3. Drittes Biodieselrezept nach Aleks Kac

Luft neutralisiert die Natronlauge und bildet mit der Zeit Natriumkarbonat. Karbonisierte Natronlauge ist deutlich weißer als reines NaOH, das beinahe durchsichtig ist. Das Karbonat stört die Reaktion nicht, aber man benötigt mehr davon, um zum gewünschten Ergebnis zu kommen.

Die Lösung: Wiederholen Sie die Methoxidbehandlung mit 30 ml Methanol und 0,75 Gramm Natronlauge pro Liter Öl. Heizen Sie den Biodiesel wieder auf 55 Grad, geben Sie das frische Methoxid hinzu und mischen Sie wie vorher. Diesmal braucht man das Glycerin nicht während der Reaktion abzuziehen und die Farbe muss ebenfalls nicht beachtet werden. Mischen Sie für eine Stunde, lassen Sie die Reaktion ruhen, ziehen Sie das Glycerin ab und fahren Sie fort.

Wenn Sie beabsichtigen, weiterhin die karbonisierte Natronlauge zu verwenden, versichern Sie sich, dass Sie statt der normal üblichen Menge NaOH etwa 25 % mehr von dem karbonisierten Material nehmen, wenn Sie wieder Biodiesel herstellen. Lagern Sie das NaOH bei Raumtemperatur und unter trockenen Bedingungen und achten Sie darauf, dass die Behälterdichtung wirklich gut schließt.

Methanolrückgewinnung

Um die Kosten niedrig zu halten, versuchen einige Amateur-Dieselhersteller das nicht-verbrauchte Methanol zu retten. Es gibt zwei Hauptverfahren, mit denen man dies erreichen kann:

- **Hitzeextraktion:** Erhitzen Sie das Endprodukt der zweiten Stufe in einem abgeschlossenen System auf 70 °C und leiten Sie die Dämpfe über einen Kühler ab. Sammeln Sie das kondensierte Methanol in einem Auffanggefäß.

> **Achtung:** Passen Sie gut auf, denn Methanol ist leicht entflammbar und die Dämpfe sind hochentzündlich (explosiv)!

Die Temperatur muss erhöht werden, wenn der Anteil des nicht reagierten Methanols in der Mischung abnimmt.

- **Vakuum und Hitzeextraktion:** Das ist prinzipiell der gleiche Vorgang wie bei der Hitzeextraktion, aber er erfordert weniger Energie. Der Nachteil dieser Methode ist, dass man ein spezielles Gefäß und extra Ausrüstung dafür benötigt. Ein gutes Beispiel ist der Reaktor von Dale Scroggins im Internet (www.journeytoforever.org/biofuel.html). Nachdem man den Reaktor gebaut hat, sollte man erst einmal mit dem Prozess vertraut werden und sich dann mit der Methanol-Rückgewinnung beschäftigen.

Ca. ein Viertel des Methanols kann zurückgewonnen werden, also etwa 50+ ml pro Liter Öl. Mischen Sie es mit frischem Methanol, wenn Sie die nächste Methoxid Präparation machen.

Qualitätsprüfung

Dieselmotoren brauchen Qualitätskraftstoff. Man kann nicht einfach Biodiesel minderer Qualität in den Tank kippen und erwarten, dass der Motor ohne Probleme weiterläuft. Vier gefährliche Stoffe mindern die Qualität drastisch: Freies Glycerin, Mono-, Di- und Triglyceride (schlechte Umesterung) bilden gummiartige Ablagerungen um die Einspritzdüsen und Ventilköpfe und Natronlauge kann die Einspritzpumpe beschädigen. Der Schlüssel zu gutem Kraftstoff liegt darin, den Herstellungsprozess richtig durchzuführen und zu Ende zu bringen. Benutzen Sie reine Chemikalien (Schwefelsäure, Natronlauge und Methanol) und messen Sie diese genau ab. Folgen Sie den Anweisungen sorgfältig, das verhindert eine schlechte Umesterung. Ordentliches Waschen sollte das Glycerin entfernen und die Natronlauge neutralisieren.

Es gibt auch Testkits, die in der Motorindustrie verwendet werden, mit denen man Ethylenglykol im Motoröl nachweisen kann. Der Test ist einfach und zeigt mit einer lila Farbe an, ob freies Glycerin vorhanden ist. Analysieren Sie den Diesel einfach, als wäre er Motoröl (Glykol und Glycerin geben die gleiche Reaktion im Test)! Gebrauchtwagenhändler verwenden den Test z.B. um zu prüfen, ob Lecks im Kühlsystem sind.

4. Herstellung von Ethanol-Biodiesel

Die Herstellung von Ethylester-Biodiesel mit Ethanol ist ein schwieriger Prozess und nicht so einfach, wie die Herstellung von Methylestern mit Methanol. Dennoch ist es machbar und es gibt bereits einige technische Veröffentlichungen zu dem Thema, sowie gute Ratschläge von dem versierten Biodiesel-Hersteller David Max in Eigenproduktion, der routinemäßig seinen eigenen Ethylester-Biodiesel herstellt. Das Rezept stammt von Ken Provost.

David Max:

Sammeln Sie zuerst einmal viel Erfahrung mit Biodiesel auf Basis von Methanol, bevor Sie sich an die Herstellung mit Ethanol heranwagen. Werden Sie vertraut mit der Titration von Fettsäuren im Öl, denn das braucht man wenn man Ethanol benutzen möchte.

4. Herstellung von Ethanol-Biodiesel

Versuchen Sie, eine Quelle für Kalilauge (KOH) aufzutreiben, wenn Sie mit Ethanol arbeiten wollen. Natronlauge funktioniert zwar ebenfalls, aber sie löst sich sehr schlecht in Ethanol. Wenn man NaOH nimmt, braucht man 7 g pro Liter sauberes Öl, aber 10 g pro Liter sauberes Öl, wenn man KOH nimmt. Da das Öl nicht sauber ist, benötigt man mehr. Um wieviel mehr das sein muss, hängt von der Titration ab.

Das Ethanol muss extrem trocken (wasserfrei) sein (99,5 % oder reiner, wirklich absoluter Alkohol), denn wenn mehr als ½ Prozent Wasser im Alkohol enthalten ist, wird die Reaktion gestoppt. Vergällungsmittel, wie Methanol oder Isopropanol stören nicht, aber Wasser darf nicht enthalten sein. So trockenes Ethanol ist schwer zu finden, insbesondere zu einem leistbaren Preis. Wenn man es selber produzieren will, braucht man Molekularsiebe, Kalziumoxid (quicklime, CaO) oder Ähnliches, zur chemischen Trocknung. Destillation alleine reicht nicht aus um den Wassergehalt unter 5 % zu senken.

Wenn Sie aus Umweltgründen an Ethanol interessiert sind, denken Sie daran, dass auch wasserfreier Alkohol aus fossilen Brennstoffen bestehen kann. z.B. vergällte Alkohole, die von Malern oder für Industrieprozesse verwendet werden, können wasserfrei sein, aber sie sind aus Erdöl. Tatsächlich ist es so: Da man für die alkoholische Gärung Wasser braucht, ist es einfacher und billiger, wasserfreies Ethanol aus Petroleum herzustellen.

Auch das Öl muss extrem trocken sein: Erhitzen Sie es auf 120 °C und halten Sie es bei dieser Temperatur, bis Sie abstellen können, wenn nur noch vereinzelt Blasen aufsteigen, die Blasenbildung stoppt sofort. Sie können anschließend etwas Katzenstreu (Bentonit-Ton) oder Silicagel (Kieselgur) hineingeben, um das restliche Wasser aufzusaugen. Lassen Sie es einen halben Tag lang setzen und schöpfen Sie das Öl von oben ab.

Das Öl muss auch arm an freien Fettsäuren sein. Sie müssen eine Titration für jede Charge machen, um sicher gehen zu können, dass alles passt. Alles was bei einer Titration mit 0,1 % w/v NaOH mehr als 2 ml ergibt, kann bewirken, dass sich das Glycerin schlecht abtrennen lässt. Das meiste Altöl enthält zuviele freie Fettsäuren und muss daher erst mit NaOH versetzt werden, oder mit sauberem Öl verschnitten werden, um die freien Fettsäuren zu verdünnen.

Man benötigt mehr Ethanol, um eine vollständige Umwandlung zu erreichen, zwischen 275 ml und 300 ml Ethanol pro Liter Öl reichen für die meisten Öle, nur Kokosöl braucht mehr (ca. 350 ml). Eigentlich sollten theoretisch 180 ml ausreichen, der Rest ist Überschuss, um die Reaktion in die richtige Richtung zu bringen.

Selbst wenn man das alles korrekt durchgeführt hat, ist die Abtrennung des Glycerins eine Glückssache: Manchmal geht es so schnell, wie bei Methanol, ein anderes Mal kann es passieren dass man Glycerin erst nach 8 Stunden sieht. In seltenen Fällen kann es sogar vorkommen, dass es sich überhaupt nicht abtrennt. Solange man die Abtrennung nicht geschafft hat, ist das Ergebnis allerdings auch kein Biodiesel.

Wenn eine Trennung nicht stattfindet, kann man sie manchmal erzwingen, indem man eine Methoxid-Mischung hinzugibt. Man kann die Trennung auch wahrscheinlicher machen, indem man von Anfang an etwas Methanol hinzugibt. Man könnte z.B. versuchen, einen Mix von 5 bis 7 Teilen Ethanol und einen Teil Methanol zu verwenden, dann sollte man der Mischung ein paar Stunden Zeit zum Trennen geben. Wenn nichts passiert, kann man reines Methoxid hinzugeben, bis das Verhältnis Ethanol zu Methanol bei 3 : 1 liegt, dann gibt man noch 2 g KOH pro Liter Öl hinzu. Dieser Vorgang startet normalerweise die Trennung innerhalb einer Stunde. Frisches raffiniertes Speiseöl kann gleich beim ersten Mal mit reinem Ethanol funktionieren. Wenn man eine Mischung von Ethanol und Methanol benutzt, kommt man mit 275 ml Mischung pro Liter Öl aus.

Wasserfreies Ethanol

Um Ethyl-Ester herzustellen, muss das Ethanol wasserfrei sein, 99 %+ rein, mit weniger als einem Prozent Wassergehalt. Der sauberste Alkohol, den man mit normaler Destillation erhalten kann, ist nur 95,6 % rein (der Rest ist Wasser, das bei der Umesterung stört), meistens erhält man bei Hausdestillation überhaupt nur 85 % bis 95 % reinen Alkohol.

Einige Biodieselhersteller haben mit Ethanol von 85 % Ethyl-Ester erzeugt, indem sie das überschüssige Wasser mit quicklime (CaO, Kalziumoxid) entfernt haben.

Eine einfachere Methode ist die Verwendung eines 3A (A = Angström = $= 10^{-10}$ m) Zeolith Molekularsiebs, das man im Feinchemikalienhandel erhält. Die porösen Partikel des Siebs nehmen Wasser, aber keinen Ethanol auf, z.B. 4–8 Mesh von der Firma Adcoa aus Kalifornien (dieses Sieb gibt es auch bei der Firma Merck in Darmstadt, aber auch hier muss man es im Chemikalienhandel bestellen). Das sind kleine Kugeln von etwa 3 mm Durchmesser, die 20 % ihres Gewichts an Wasser aufnehmen können. Zu einem Liter 95 % Ethanol gibt man 250 g dieser Kugeln. Unter gelegentlichem Umrühren kann man die Flüssigkeit über Nacht stehen lassen und am nächsten Tag durch ein Sieb abgießen, wodurch man wasserfreien Alkohol erhält. Es ist in der Anschaffung nicht teuer, man bezahlt etwa 10 € für 5 kg und man kann das Material auch wiederverwenden indem man es einfach erhitzt.

5. Weitere Teilrezepte

Wiedergewinnung von Methanol

Abhängig vom Öl, das man verwendet, sind 110 bis 160 ml Methanol pro Liter Öl erforderlich, um die Methylester zu bilden. Man benötigt jedoch einen Methanolüberschuss, um die Reaktion in Richtung einer vollständigen Umsetzung zu verschieben, darum setzt man meist etwa 200 ml Methanol pro Liter Öl ein.

Viel von dem überschüssigen Methanol kann man nach dem Abschluss der Reaktion zurückgewinnen indem man die Mischung in einem geschlossenen Behälter erwärmt, der nur einen Ausgang besitzt. Anschließend kann man die Methanolgase wieder abkühlen und kondensieren lassen.

Methanol siedet bei 64,7 °C, aber es fängt bereits an zu verdampfen, bevor der Siedepunkt erreicht ist. Im Gegensatz zu Ethanol bildet Methanol keine sogenannten azeotropen Gemische mit Wasser, daher kann recht reines Methanol durch Destillation gewonnen werden, das beim nächsten Ansatz wieder verwendet werden kann.

Das Methanol kann am Ende des Prozesses zurückgewonnen werden oder man erhält es vom Glycerin Nebenprodukt, denn mindestens 70 % des überschüssigen Methanols sind in der Glycerinphase enthalten. Das bedeutet auch viel weniger Energieeinsatz, da man viel weniger aufheizen muss. Das Methanol am Ende des Prozesses wiederzugewinnen scheint logisch, denn die Mischung ist bereits warm und man erhält gleichzeitig Methanol und Glycerin. Dies kann jedoch die Reaktion umkehren und aus Biodiesel können wieder Glyceride werden.

Prof. Michael Allen (University of Idaho, U.S.A.):

Das Entfernen des Methanols aus dem Reaktionsprodukt ist etwas, das man keinesfalls machen sollte, weil es die Reaktion rückgängig macht, die man gerade erreicht hat bzw. erreichen wollte. Ohne den Methanolüberschuss werden Ester und Glycerin ein Gleichgewicht bilden, das nicht gewünscht ist. Der Überschuss an Methanol erfüllt also einen wichtigen Zweck. Wenn das Glycerin jedoch vollständig abgetrennt ist, kann die Rückreaktion nicht mehr stattfinden und man kann das überschüssige Methanol zurückgewinnen. Es ist das Beste, das Methanol getrennt vom ungewaschenen Methylester und vom Glycerin zurückzugewinnen.

Wenn man Methanol aus dem Nebenprodukt erhalten will, muss man dieses auf 65 °C bis 70 °C erhitzen. Wenn das Methanol verdampft, bleibt immer weniger davon im Glyceringemisch zurück und man muss die Wärmezufuhr erhöhen, denn der Siedepunkt steigt auf über 100 °C an. Dann fängt das Glycerin an zu schäumen und verfärbt sich braun, man erhält ein braunes Nebenprodukt im Methanol. Bevor das geschieht, hat man allerdings schon den größten Teil des Methanols abgetrennt.

Wenn man die Möglichkeit hat, Kaliumdünger und/oder technisches Glycerin (80 % bis 90 % rein) zu verwenden, dann kann dies die zusätzlichen Ausgaben für Phosphorsäure senken. In diesem Fall ist es das Beste, die Nebenprodukte zuerst zu trennen. Die Zugabe von Phosphorsäure trennt die Seifen und die freien Fettsäuren vom Glycerin und befreit den Katalysator, die Seifen werden jedoch ohne Methanol nicht abgetrennt. Nach der Abtrennung der Seifen bleibt das Methanol in der Glycerinfraktion und kann abdestilliert werden.

Es ist wahrscheinlich besser, einen Vakuumverdampfer zu verwenden, um das Methanol aus dem Biodiesel oder dem Nebenprodukt zurückzugewinnen.

Natronlauge oder Kalilauge

Der Katalysator, den man für die Umesterung von Pflanzen- oder Tierfetten verwendet, ist Lauge. Entweder handelt es sich um Natronlauge (NaOH, Ätznatron) oder Kalilauge (KOH, Kaliumhydroxid). Natronlauge ist meist einfacher zu bekommen und preiswerter einzusetzen, aber KOH ist einfacher in der Anwendung und es mischt sich viel leichter mit Methanol. Daher sind viele der Meinung (u.a. die Biodiesel-Arbeitsgruppe „Journey-to-forever" in HongKong), dass KOH besser ist.

Lauge ist hygroskopisch, sie absorbiert Wasser aus der Luft. Darum muss man unbedingt sicher gehen, dass man sie in einem gut verschlossenen Behälter aufbewahrt.

Wenn man die Laugeperlen abwiegt, soll man sie nicht länger als nötig der Luft aussetzen.

Abb. 4
Karbonisierte Lauge

5. Weitere Teilrezepte

Sobald die Lauge ausgewogen ist, sollte man den Behälter verschließen und die abgewogene Lauge mit dem Methanol mischen.

Lauge nimmt auch Kohlendioxid aus der Luft auf und wird karbonisiert, wenn es nicht ordnungsgemäß aufbewahrt wird. Karbonisierte Lauge ist kreideweiß, siehe Abbildung 4: Verklumpte Perlen, rechts oben, frische Lauge ist fast durchsichtig. Man kann auch die karbonisierte Lauge verwenden, sollte dann aber etwa 25 % mehr davon nehmen.

Man kann sowohl Natronlauge als auch Kalilauge von Zulieferern für Seifehersteller und vom Chemikalienhandel erwerben. Man bekommt die Lauge meist in Flocken, Perlen oder halben Perlen, die bei NaOH etwa 99 %+ rein sind. Wenn die Reinheit bei 96 % liegt oder besser ist, kann man alle davon verwenden. Man sollte aber keine anderen NaOH-haltigen Granulate nehmen, die gefärbt sind, denn sie enthalten Metalle und sind ungeeignet für die Herstellung von Biodiesel.

KOH ist nicht so eine starke Lauge wie NaOH.

> **Anmerkung:** Bezogen auf das einzusetzende Gewicht stimmt das. Der eigentliche Grund ist allerdings, dass Kalium ein höheres Atomgewicht hat als Natrium, darum wiegt NaOH 40 g/mol und KOH wiegt 56,1 g/mol und der Unterschied ist ziemlich genau der Faktor 1,4 den man vom KOH mehr nehmen muss.

Man muss die NaOH Menge mal 1,4 nehmen, um zum gleichen Ergebnis zu kommen, die Titration ist jedoch gleich. Man nimmt 0,1 % w/v KOH Lösung und verwendet dann 1 Gramm KOH pro ml Titrationslösung für die Behandlung des Öls. KOH ist nicht so rein, wie NaOH, meist ist es nur 92 % rein oder sogar weniger. Sehen Sie sich die Beschreibung daher genau an. Viele Anwender verwenden halbe Perlen mit 85%iger Reinheit und erhalten gute und zuverlässige Ergebnisse. Es gibt KOH auch mit 99%iger Reinheit, dieses Produkt ist jedoch recht teuer und Material, das weniger rein ist, kann man genausogut verwenden.

Beachten Sie beim Abwiegen die jeweilige Reinheit der Produkte. Wenn man z.B. bei einem reinen Produkt 4,9 Gramm verwendet, braucht man 5,8 Gramm für 85%iges KOH oder 5,3 Gramm für 92%iges KOH.

KOH löst sich in Methanol viel leichter als NaOH und es klumpt nicht zusammen, wie NaOH. Wenn man KOH verwendet, wird das Glycerin-Nebenprodukt flüssig und verfestigt sich nicht. KOH ist also einfacher zu benutzen: Es ist flexibler und anpassungsfähiger und es ist der bessere Katalysator.

Bei der Seifenherstellung nimmt man Natronlauge, um feste Kernseife herzustellen und Kalilauge verwendet man bei der Herstellung von flüssiger Schmierseife (z.B. Grüne Seife).

Laugenmenge

Man braucht 3,5 Gramm NaOH oder die entsprechende Menge KOH pro Liter Öl als Katalysator für die Umesterung von frischem unbenutztem Öl. Gebrauchtes Speiseöl erfordert mehr Lauge als neues Öl, zur Neutralisierung der freien Fettsäuren, die sich beim Braten und Frittieren bilden (die freien Fettsäuren können die Umesterung verlangsamen oder abbrechen).

Man muss das Öl titrieren, um den Gehalt an freien Fettsäuren bestimmen zu können und damit auch festzustellen, wieviel Lauge man benötigt. Die freien Fettsäuren säuern das Öl an, es reagiert daher nicht mehr neutral, sondern sauer, das heißt, sein pH-Wert liegt unterhalb von 7.

Die zusätzliche Lauge macht aus den freien Fettsäuren Seife, diese setzt sich später mit dem Glycerin zusammen ab. Zuviel Lauge erzeugt zusätzliche Seife, hebt den pH-Wert auf über 8,5 an, macht also stark alkalisch (laugenartig, basisch). Das ergibt entweder schwer zu waschenden Biodiesel mit geringerer Ausbeute, oder die ganze Reaktion geht schief. Zu wenig Lauge bedeutet, dass einiges Öl unverändert bleibt, als Mono-, Di-, oder Triglycerid.

Gebrauchtes Speiseöl mit guter Qualität, das nicht zu oft benutzt und nicht zu hoch erhitzt wurde, ist recht unempfindlich in dieser Beziehung, aber bei Öl mit niedriger Qualität und mit vielen freien Fettsäuren, ist eine genaue Titration wichtiger. Je mehr freie Fettsäuren enthalten sind, umso empfindlicher ist die Reaktion und umso genauer muss man titrieren und arbeiten. Man braucht dann auch mehr Reaktionsmittel und die Ausbeute wird geringer.

Einfache Titration

Ein elektronisches pH-Meter eignet sich am besten zur Anwendung, aber es muss gelegentlich geeicht werden und dazu braucht man eine spezielle Eichlösung. Man kann für die Titration auch Lackmus-Papier verwenden: Es ist im sauren Milieu gelb, wird im neutralen Bereich graubraun und ist im basischen Bereich blau. Eine dritte Möglichkeit ist die Verwendung einer Phenolphthalein-Lösung, die man im Chemikalienhandel und Aquarienbedarf erhält.

Anleitung: Lösen Sie 1 Gramm Lauge in 1 Liter destilliertem oder entionisiertem Wasser auf. Das ergibt eine 0,1%ige w/v Laugen-Lösung.

> **Info:** Die Bezeichnung w/v bedeutet weight/volume, bzw. Gewicht pro Volumen. Damit ist gemeint, dass man die Lauge abwiegt (Gramm = Gewicht) und das Wasser in Millilitern bzw. Litern abmisst (Liter = Volumen, Rauminhalt). Bei Wasser beträgt das Volumen in Millilitern praktisch das Gewicht in Gramm, denn es hat etwa die Dichte 1 (ist etwas temperaturabhängig). Das ist aber bei anderen Flüssigkeiten nicht so: Diesel hat etwa eine Dichte von 0,85.

Lösen Sie in einem schmalen Becherglas 1 ml entwässertes, gebrauchtes Speiseöl in 10 ml reinem Isopropanol (Isopropylalkohol, Propanol-2). Erwärmen Sie den Becher ein wenig, indem Sie ihn in etwas heißes Wasser stellen. Rühren Sie um, bis sich das Öl vollständig gelöst hat und die Mischung klar wird. Wenn Sie Phenolphthalein-Lösung verwenden, geben Sie zwei Tropfen hinein.

Benutzen Sie eine graduierte Spritze und geben Sie die 0,1%ige Laugelösung tropfenweise in die Öl-Alkohol-Phenolphthalein-Lösung und rühren Sie dabei ständig um. Diese kann etwas trüb werden, rühren Sie weiter um und geben Sie weiterhin die Lauge hinzu, bis die Lösung etwa 15 Sekunden lang rosa (magenta) bleibt.

Merken Sie sich, wieviel Milliliter der 0,1%igen Lösung Sie gebraucht haben, um die rosa Färbung zu erhalten. Die Anzahl der Milliliter entspricht der Menge Lauge in Gramm, die Sie zur Neutralisierung der freien Fettsäuren in einem Liter Öl brauchen. Dazu benötigen Sie noch jeweils 3,5 g Lauge (im Falle von Natronlauge, entsprechend mehr) für einen Liter Öl. Multiplizieren Sie die Summe dieser beiden Zahlen mit der Literanzahl des Öls, das Sie umestern wollen: Das ist die erforderliche Laugenmenge.

Wenn man ein pH-Meter oder einen Teststreifen verwendet, geht man genau so vor, nur lässt man das Phenolphthalein weg. Man gibt soviel verdünnte Lauge hinzu, bis das pH-Meter den Wert 8,5 anzeigt, oder bis der Farbton des Lackmuspapiers dem pH-Wert von 8,5 entspricht.

Bessere Titration

Wenn Sie nicht eine sehr genaue Waage besitzen, ist es schwierig, genau ein Gramm Lauge abzuwiegen. Außerdem ist die Lauge kein feines Pulver, Sie können also die Lauge nur stufenweise abwiegen. Am besten ist es, die Lauge mit einigen Plättchen abzuwiegen, bis sich etwa 5 Gramm ergeben und dann mit einem Messzylinder (ca. 500 ml) Wasser (entionisiert oder destilliert) hinzugeben. So erhält man eine Stammlösung, die man in einem verschlossenen Gefäß aufbewahren kann.

Vor der Titration nimmt man 5 ml von der Stammlösung und gibt 45 ml Wasser hinzu: So erhält man die erforderliche 0,1%ige Titrationslösung.

Es ist auch nicht einfach, genau 1 ml Öl abzumessen. Anstelle von 1 ml Öl und 10 ml Isopropanol, mischen Sie am besten 4 ml Öl in 40 ml Isopropanol. Wenn man Isopropanol sparen will, kann man auch 2 ml in 20 ml Isopropanol lösen, das ist immer noch doppelt so genau.

Erwärmen Sie dann die gesamte Lösung und titrieren sie. Teilen Sie dann das Ergebnis durch 4 bzw. durch 2 (je nachdem ob Sie 40 ml oder 20 ml Isopropanol verwendet haben) und Sie erhalten eine genaue Titration.

Genaue Messungen

Wenn Anfänger Schwierigkeiten haben bei ihren ersten Testchargen und nicht die gewünschte Qualität erreichen, dann liegt es meistens daran, dass sie ungenau gemessen haben oder die restlichen Anweisungen nicht genau befolgt haben. Nachfolgend finden Sie einige allgemeine Hinweise zum genaueren Arbeiten.

Gewichte

Wirklich genaue Waagen sind sehr teuer. Es gibt aber elektronische Waagen, die einigermaßen preiswert, jedoch nicht geeicht sind. Prüfen Sie diese mit frischen Münzen. Frische Münzen haben ein vorgegebenes Gewicht, mit dem sie die Waagen prüfen und eichen können. Versuchen Sie, auf ein zehntel Gramm genau zu wiegen (besser auf ein hundertstel Gramm genau).

Meiden Sie als Anfänger bei ihren ersten Chargen auf jeden Fall Öl, das mit mehr als 3 ml 0,1%iger NaOH titriert. Speiseöl, das höher titriert, ist nicht so einfach zu verwenden und daher auch nicht so fehlertolerant. Warten Sie mit der Verarbeitung solcher Chargen, bis Sie mehr Erfahrung haben.

Kleine Testchargen mit Titrationsergebnissen von 6 oder 7 ml sind einfacher zu handhaben mit Waagen, die auf hunderstel Gramm genau anzeigen und man muss vielleicht die zweistufige Behandlung mit Säure und Lauge wählen, die ebenfalls nicht für Anfänger geeignet ist.

5. Weitere Teilrezepte

Volumina

Wenn Sie ein Standard Millilitermaß besitzen und wissen, dass es genau ist, verwenden Sie dieses um alle ihre Flaschen, Spritzen und Pipetten damit zu prüfen. Wenn Sie Spritzen oder Pipetten verwenden, um 1 ml Öl abzumessen, oder die Titrationsmenge zu bestimmen, dann sollten Sie wenigstens mit einer Einteilung in zehntel Milliliter arbeiten, je genauer, desto besser.

Kleine Spritzen sind genauer für die Titration: 5 ml Spritzen sind zu groß, 2,5 ml Spritzen können verwendet werden. Am besten eignen sich klare 1 ml Plastikspritzen mit 0,01 ml Einteilung. Die Messskala ist 5,5 cm lang und kann gut abgelesen werden. Solche Spritzen kann man in Bastelläden kaufen, die dazugehörigen Nadeln braucht man nicht.

Arbeiten Sie bei guter Beleuchtung und auf einer weißen Unterlage. Ziehen Sie den Stempel der Spritze etwa 2 mm auf, um etwas Luft aufzusaugen. Geben Sie die Spritze dann in die NaOH Lösung und füllen Sie die Spritze. Halten Sie den Füllstand auf Augenhöhe, am besten mit einer hellen, gut beleuchteten Wand im Hintergrund. Halten Sie die Spritze senkrecht und drücken Sie vorsichtig ein paar Tropfen nacheinander hinaus, bis die untere Wölbung des oberen Flüssigkeitsrands genau auf der 1 ml Einteilung liegt. Wenn Sie die Spritze ausleeren, dann tun Sie das nicht restlos, denn das Volumen endet mit der Einteilung; es bleibt also ein Rest im Auslass. Entleeren Sie daher nur bis zur Null-Marke, also bis die untere Wölbung des oberen Flüssigkeitsrands auf der Höhe der Null-Marke steht.

Verwenden Sie Messflaschen bzw. Messkolben auf die gleiche Weise. Halten Sie diese aufrecht vor gut beleuchtetem, hellem Hintergrund und mit der Ablesemarke auf Augenhöhe.

> **Achtung:** Halten Sie Ihre Glaswaren und anderes Messbesteck immer sauber! Kaum sichtbare Verunreinigungen eingetrockneter ätzender Überreste oder anderer Chemikalien können Ihre Messungen wertlos machen.

pH-Wert-Messung

Leider kann man keine verlässliche pH-Messung bei der Titration vornehmen und auch den pH-Wert des Biodiesels nicht genau bestimmen, weil man in beiden Fällen keine wässrige Lösung vorliegen hat.

Anwender haben drei verschiedene pH-Meter getestet, eines davon war deutlich teuer als die beiden anderen. Mit allen drei pH-Metern erhielten sie übereinstimmende Werte und die stimmten gut mit den Testproben überein. Es wurde auch frisches Öl verschiedener Herkunft geprüft und wiederum gab es gute Übereinstimmung, wie bei den Test-Chargen. Bei Phenophthalein erhielt man jedes Mal etwas höhere Messwerte, doch die Test-Chargen wurden gut genug bestimmt. Die Teststreifen landeten weit abgeschlagen auf Platz drei. Es gibt zwar Leute, die sie mit Erfolg verwenden, aber der Großteil der Anwender glaubt, dass sie einfach nicht genau genug für eine Ttration sind.

Phenolphthalein

Das Phenolphthalein wird oft mit Phenolrot (Phenolsulfonphthalein) verwechselt. Man erhält es bei Schwimmbadausrüstern und es wird zur Wasserprüfung verwendet. Es ist jedoch nicht das gleiche und Phenolrot ist ungeeignet für die Titration von gebrauchtem Speiseöl. Sein pH-Wert-Anzeigebereich geht von pH 6,6 bis pH 8,0 und ist besonders genau um pH 7,4. Für eine genaue Titration muss man aber einen pH-Wert von 8,5 bestimmen können.

Phenolphthalein ist farblos bis zu einem pH-Wert von 8,3, danach färbt es sich rosa (magenta) und bei einem pH-Wert von 10,4 schließlich rot. Wenn es anfängt, rosa zu werden und dies auch 15 Sekunden lang bleibt, dann ist es bei pH 8,5.

Man verwendet eine 1%ige Phenolphthaleinlösung (w/v) in 95 % Ethanol, diese hält etwa ein Jahr (Datum vermerken), wenn man sie kühl und dunkel aufbewahrt.

Vergleich pH-Meter und Phenolphthalein

F.A.Q. Was ist besser, ein pH-Meter oder Phenolphthalein?

Jim MacArthur (lehrt Chemie am ThreeRivers Community College in Montana, U.S.A.):

Ich kann etwas Klarheit in die Diskussion bringen, was aus der Sicht eines Chemikers besser für die Titration ist, pH-Meter oder Phenolphthalein (PHTH).

Wenn Säuren schwächer werden, ist es wichtig, sich den Indikator, z.B. PHTH, sorgfältig auszusuchen, weil die pH-Wert-Änderung viel langsamer stattfindet, als bei der Titration einer starken Säure. PHTH wird meistens für die Titration von starken Säuren eingesetzt, weil es einen sehr klaren Farbumschlag liefert. Glücklicherweise liefert es gerade bei dem pH-Wert den Farbumschlag, an dem der Gleichgewichtspunkt für die freien Fettsäuren liegt.

5. Weitere Teilrezepte

Die Schwierigkeit jeder Methode ist zu wissen, wo der Gleichgewichtspunkt liegt. Das variiert mit dem Öltyp und dem Grad der Wasserstoffsättigung (keine Doppelbindungen in den Fettsäuren = vollständig gesättigt, viele Doppelbindungen = stark ungesättigt). Ich erwarte nicht, dass es große Unterschiede gibt, aber es werden welche auftreten. Wenn der Ziel-pH-Wert-Bereich etwa zwischen 8 und 9 liegt, dann ist PHTH so gut wie ein pH-Meter. Wenn man eine genauere Vorstellung davon hat, wo der Gleichgewichtspunkt der freien Fettsäuren liegen soll, dann eignet sich ein pH-Meter besser.

Hoher Anteil freier Fettsäuren

Die meisten Leute berichten, dass ihr gebrauchtes Speiseöl im Allgemeinen Titrationen von 2-3 ml liefert; einige Öle können jedoch viel höhere Anteile an FFS besitzen. Allerdings wurde auch schon von Titrationen mit über 9 ml berichtet (ein Anwender hat sogar schon ein Titrationsergebnis von 16 ml erzielt). Bei solchen Ergebnissen, sollte man über seine Bezugsquelle von Öl nachdenken und lieber nicht in dem betreffenden Restaurant essen, denn freie Fettsäuren sind schädlich für den Menschen.

Man kann dennoch aus einem Öl mit einem Titrationsergebnis von 9,6 ml verdünnter Natronlauge Biodiesel herstellen, es ist jedoch nicht einfach, mit einem solchen Öl im einstufigen Prozess umzugehen. Meistens erhält man nur die Hälfte der üblichen Ausbeute und dennoch kein gutes Produkt. Wenn man allerdings wirklich genau arbeitet und alle Anweisungen strikt befolgt, kann man es schaffen, eine etwa 75%ige Ausbeute im einstufigen Prozess zu erzielen.

Das Öl muss zuerst gründlich getrocknet (entwässert) werden. Spuren von Wasser machen einen großen Unterschied bei hohem Anteil an freien Fettsäuren, weil die Lauge aus dem Methoxid mit Wasser reagieren kann. Außerdem liefert die Neutralisierung der freien Fettsäuren mit Lauge wiederum Wasser.

Der bessere Weg in einem solchen Fall ist der zweistufige Säure-Base-Prozess, der gut mit hohen Anteilen an freien Fettsäuren fertig wird und trotzdem gute Ausbeuten liefert, mit wenig Einsatz von Chemikalien und einem einfachem Waschprozess.

Eine weitere Möglichkeit wäre es, das Öl zu entsäuern.

Entsäuern

Bei kommerzieller Öl-Raffinierung wird dies mit Lauge (üblicherweise NaOH) durchgeführt, welche die freien Fettsäuren verseift. Die Seife kann anschließend entfernt werden, wofür man eine Zentrifuge benötigt. Es gibt auch eine andere Methode, für die keine Zentrifuge nötig ist.

Man nimmt die Menge NaOH, die man bei der Titration ermittelt hat (ohne die 3,5 g pro Liter, die für den Katalyseprozess nötig sind), beispielsweise 9,6 g NaOH für ein 9,6 ml Öl. Man mischt es mit jeweils 40 ml Wasser pro Liter Öl. Die Lösung wird daraufhin heiß. Verwenden Sie einen Edelstahlbehälter, denn das Gemisch ist sehr aggressiv und treffen Sie alle Vorsichtsmaßnahmen, einschließlich des Tipps, Wasser bereitzuhalten.

Wenn die Natronlauge vollständig gelöst ist, geben Sie die Lösung zum Öl, das Raumtemperatur haben sollte. Rühren Sie vorsichtig per Hand (Rührlöffel), bis alles gut gemischt ist.

Lassen Sie die Mischung über Nacht ruhen und die (Roh-)Seife setzt sich am Boden ab. Das Wasser bleibt bei der Seife. Filtern Sie, um die Seife zu entfernen, ein feines Sieb (Teesieb) reicht hierfür.

Nun können Sie das filtrierte, gebrauchte Öl wie frisches Öl mit 3,5 g NaOH pro Liter Öl verarbeiten. Nehmen Sie jedoch 25 % Methanol und führen Sie die Reaktion bei 55 °C und bei guter ständiger Umwälzung durch.

Versuche mit diesen Werten ergaben ein gutes Produkt und die Ausbeute war bei 80 %. Für Öl mit viel freien Fettsäuren ist dies ein viel einfacherer Prozess als die einstufige Reaktion. Es ist auch angenehm, nicht so eine starke Methoxid-Lösung herstellen zu müssen, die der normale einstufige Prozess mit solch einem Öl erfordern würde. Nachteilig ist, dass man nicht so eine hohe Ausbeute erzielt, wie mit dem zweistufigen Säure-Base-Prozess, mehr Katalysator gebraucht wird und mehr Nebenprodukte entstehen; dafür geht es schneller und einfacher.

Es ist auch eine brauchbare Methode für die Herstellung von Ethylester-Biodiesel, bei dem man Ethanol anstelle von Methanol verwendet. Ethylester kann man kaum herstellen, wenn man Öle verarbeitet, die eine Titration von mehr als 2 ml ergeben.

> **Achtung:** Wie immer, beim Ausprobieren einer neuen Methode, sollten Sie vorsichtig sein. Arbeiten Sie mit einem kleinen Ansatz, von ca. 1 Liter Öl. Rühren Sie vorsichtig um, denn zu starkes Rühren kann dazu führen, dass es keine leichte Trennung gibt. Sollte das passieren, versuchen Sie es mit vorsichtigem Anheizen und rühren Sie das nächste Mal langsamer.

Man kann auch die abgetrennte Rohseife später mit der Glycerinfraktion zusammengeben, die man nach der Abtrennung erhält. Dann kann man neutralisieren und Katalysator, Glycerin und freie Fettsäure erhalten.

Die Rohseife lässt sich auch zur Herstellung richtiger Seife verwenden oder in Kalzium-Seife verwandeln. Diese ist recht nützlich, sie ist extrem schlecht löslich in Wasser. Man gibt nur Kalziumchlorid hinzu und erhält dann eine ziemlich saubere NaCl (Kochsalz)-Lösung. Mit Kalziumseife kann man z.B. Gussformen herstellen.

Geht es auch ohne Titration?

Einige Anwender behaupten, dass Titration nicht notwendig ist, wenn man folgendermaßen vorgeht:

- Verwenden Sie die zweistufige Base-Base Reaktion.
- Benutzen Sie die zweistufige Säure-Base Reaktion (die „idiotensichere" Variante).
- Führen Sie eine Reihe von Testansätzen durch und benutzen Sie abgemessene Mengen von NaOH. Beginnen Sie mit 6 Gramm, wenn alles gut geht, können Sie fortfahren. Wenn nicht, probieren Sie es nacheinander mit 6,5 g, dann mit 7 g und schließlich mit 7,5 g, bis Sie gute Ergebnisse erhalten. Das Ergebnis ist dann zufriedenstellend, wenn man eine gute und saubere Trennung erzielt und ein Produkt erhält, das klar ist und nicht viel Seife enthält. Ebenso sollte man eine gute Ausbeute erhalten und das Endprodukt sollte sich leicht waschen lassen, ohne zu schäumen.

Für den Moment scheint dieses Verfahren ohne Titration zu reichen, allerdings eignet es sich auf Dauer nicht, denn man kann damit ca. 30.000 km mit einem Diesel-Motor fahren, die normale Laufleistung eines Diesels liegt jedoch weit höher, bei etwa dem Zehnfachen und kann nur durch Titration erreicht werden. Die Unterschiede bei den Ölen, die Sie verwenden können groß sein, auch wenn sie von derselben Quelle kommen, ausser es ist ein Lebensmittelhersteller mit einem festen Produktionsablauf. Bei einem gewöhnlichen Restaurant oder einer Kantine, erhält man stets etwas unterschiedliches Öl.

Die Titration kann einiges über das Öl sagen und je mehr man über das Öl weiß, desto einfacher wird es, guten Diesel herzustellen.

Standardmenge für Lauge

3,5 Gramm entsprechen der Menge an Lauge (NaOH, Natriumhydroxid), die man als Katalysator für die Umesterung benötigt, wenn man frisches

Speiseöl verwendet. Bei gebrauchten Ölen, kann man über die Titration herausfinden, wie viel man noch dazu nehmen muss, um die freien Fettsäuren zu neutralisieren. Tatsächlich sind die 3,5 Gramm eine empirisch gefundene Menge, also ein Durchschnittswert. Verschiedene Öle haben leicht abweichende Ansprüche, andere Schätzungen betragen 3,1 Gramm, 3,4 Gramm oder sogar 5 Gramm pro Liter.

Generell kann man so vorgehen: Für die meisten frischen Öle und gebrauchten Öle mit wenig freien Fettsäuren (Titrationen von weniger als 2 bis 3 ml) benutzt man am besten 3,5 Gramm pro Liter, mit gutem Erfolg. Für Öl mit einem größeren Anteil an freien Fettsäuren benutzt man mehr Lauge, oft bis zu 4,5 Gramm. Probieren Sie mit kleinen Ansätzen aus, was am besten funktioniert!

Verschiedene Öle erfordern auch verschiedene Mengen an Methanol. Kokosnussöl, Palmkernöl sowie Talg, Schmalz und Butter erfordern mehr Methanol und mehr Lauge. Probieren Sie wieder zuerst mit kleinen Ansätzen aus, welche Menge sich besonders eignet.

Mischen des Methoxids

Man kann die einfache Variante mit 15 Liter HDPE Kanistern wählen, oder ähnliche Gefäße mit Schraubverschluss und vorzugsweise mit Griffen. Geben Sie zuerst das Methanol in den Kanister und fügen Sie dann allmählich die Natronlauge hinzu. Mischen Sie die Substanzen durch Schütteln und Drehen der Behälter!

Wenn Sie viel schütteln, kann es sich viel schneller lösen, meist dauert es dann nur wenige Stunden, manchmal auch nur eine halbe Stunde (die Dauer hängt natürlich auch von der Menge ab). Verwenden Sie das Methoxid keinesfalls, wenn noch nicht alles gelöst ist. Wenn man einen durchsichtigen HDPE Kanister benutzt, kann man die ungelöste Lauge gut am Boden des Kanisters erkennen.

KOH (Kalium Hydroxid, Kalilauge) löst sich wesentlich schneller in Methanol als Natronlauge, so kann z.B. schon in 10 Minuten alles gelöst sein.

Man kann z.B. eine Aquarium-Luftpumpe verwenden, um das Methoxid über einen durchsichtigen, mit Gewebe verstärkten Plastikschlauch in das Reaktionsgefäß zu pumpen. Auf die gleiche Weise kann man auch das Methanol vom Vorratsgefäß in den Kanister übertragen. So hat man keinerlei Kontakt mit dem Methanol, wodurch diese Methode sauber, sicher und einfach ist.

5. Weitere Teilrezepte

Methoxid Stammlösung

Das Anfertigen einer Stammlösung von Methoxid ist sehr nützlich, wenn man Testansätze in Serien macht und dafür einen Mixer benutzt. Anstatt immer wieder winzige Mengen Methanol und Natronlauge abzuwiegen, geht man von einer Stammlösung aus (1 Liter Methanol und 50 Gramm Lauge). dann kann man für Testzwecke die jeweils geeignete Verdünnung schnell mischen.

Wenn die Titration beispielsweise 3 ml ergeben hat, dann braucht man 3 + 3,5 g NaOH pro Liter Öl. Das sind 6,5 g/l und wenn man mit Ansätzen von einem halben Liter arbeitet, braucht man 3,25 Gramm NaOH. In die Stammlösung sind 50 g pro Liter NaOH gelöst. Also ist 1 g NaOH in 20 ml gelöst. Wir brauchen daher 3,25 × 20 ml NaOH Lösung = 65 ml. Wir verwenden aber für das Methoxid insgesamt 20 % Methanol. Bei einem halben Liter = 500 ml, sind 20 % genau 100 ml. Damit man sowohl die richtige Menge NaOH als auch die richtige Menge Methanol einsetzt, muss man zu den 65 ml Stammlösung, die bereits die erforderliche Menge NaOH enthält, aber in 65 ml Methanol gelöst ist, noch 35 ml reines Methanol hinzufügen, um auf 100 ml Methanol zu kommen. Dann erhält man genau die gewünschte Konzentration und Menge für den Testansatz.

Einmal gemischtes Methoxid hält nicht ewig, aber man kann es einige Wochen lang verwenden. Stellen Sie keine großen Mengen davon her! Ein Liter reicht gut für ein dutzend oder mehr Tests. Wenn man daran zweifelt, ob die Lösung noch brauchbar ist, sollte man eine neue ansetzen und den Rest der Stammlösung für die nächste ordentliche Umesterung mitverwenden.

Kostengünstige Titration

Bei dieser Methode stellt man ein halbes Dutzend Halblitergläser in einer Reihe auf und gibt in jedes Glas 200 ml des Öls. Anschließend gibt man Methoxid in unterschiedlichen Konzentrationen dazu.

Der einfachste Weg ist es, sich zunächst eine Stammlösung anzulegen. Man mischt sie etwas weniger konzentriert, als die oben angegebene: 20 g NaOH in 400 ml Methanol. Dann mischt man sich davon die Konzentrationen, die den folgenden Mengen von NaOH/Liter entsprechen: 5 g; 5,5 g; 6 g; 6,5 g; 7 g und 7,5 g. Um die dafür erforderlichen Mengen Stammlösung und Ergänzung mit Methanol zu berechnen, die für 20 % Methanol im Öl nötig sind, folgt man am besten dem nachstehend angegebenen Rezept.

Hier ist die Mischung einmal für 5 g pro Liter NaOH durchgerechnet. Da man 200 ml Öl in jedem Glas hat, braucht man nur 1 g NaOH. Die Stammlösung enthält 20 g in 400 ml und man braucht 1/20 davon, in 20 ml sind genau 1 g NaOH. Damit wir auf 20 % Methanol des Gesamtvolumens kommen, muss das Öl 80 % des Volumens ausmachen. Wenn 200 ml 80 % sind, dann sind 20 % genau ein Viertel davon, also 50 ml. Das ist die Menge Methanol, die man zugeben muss, also zu den 20 ml der Stammlösung kommen nun 30 ml reines Methanol hinzu.

Hier sind alle Angaben für die 6 verschiedenen Konzentrationen an NaOH:
- Für 5,0 g/l NaOH braucht man 20 ml Stammlösung + 30 ml Methanol.
- Für 5,5 g/l NaOH braucht man 22 ml Stammlösung + 28 ml Methanol.
- Für 6,0 g/l NaOH braucht man 24 ml Stammlösung + 26 ml Methanol.
- Für 6,5 g/l NaOH braucht man 26 ml Stammlösung + 24 ml Methanol.
- Für 7,0 g/l NaOH braucht man 28 ml Stammlösung + 22 ml Methanol.
- Für 7,5 g/l NaOH braucht man 30 ml Stammlösung + 20 ml Methanol.

Wenn alle Methoxid Portionen präpariert sind, geben Sie die Portionen in die Gläser und schrauben Sie diese richtig dicht zu. Schütteln Sie die Gläser dann 50 Mal und wiederholen Sie dies über einen Zeitraum von 10 Minuten mehrmals.

Lassen Sie die Proben absetzen, am besten geht das in einem Wärmebad mit etwa 49 °C.

Beobachten Sie, was passiert! Der Grund für die Verwendung gleichartiger Flaschen ist der, dass man so besser untereinander vergleichen kann. Der Ansatz, der das meiste Glycerin liefert, ist der beste.

Um noch mehr Glycerin zu erhalten, können Sie den besten Ansatz noch etwas abwandeln, indem Sie zwei weitere Mischungen ansetzen: Eine, die 0,25 g/l weniger NaOH hat als die bis dahin beste und eine, die 0,25 g/l mehr NaOH enthält.

PET Flaschen-Mixer

Obwohl gelegentlich das Gegenteil behauptet wird, lässt sich sagen, dass die Biodieselherstellung mit PET Flaschen nicht zu empfehlen ist. Diese Form der Herstellung ist nützlich für Demonstrationszwecke, doch erscheint es da leichter, als es in Wirklichkeit ist.

PET Flaschen sind durchsichtige Plastikflaschen für alkoholfreie Getränke und solche mit geringem Alkoholgehalt. Meistens sind sie in Größen von einem halben, 1 und 2 Litern zu finden, PET steht für Poly Ethylen Terephthalat.

Die Methode der PET Flaschen-Fans: Sie wärmen das Öl (manche auch nicht), füllen es mit einem Trichter in die Flasche, geben die Methoxid-Lösung hinzu, schrauben die Kappe auf, schütteln die Flasche 10 Mal bis 40 Mal und lassen sie für eine Stunde stehen.

Mit diesem Rezept kommen Sie häufig zu einer unvollständigen Reaktion.

Für Testansätze kann man eine bessere Methode anwenden: Erwärmen Sie das Öl auf 55 °C, gießen es in die PET Flasche, geben das Methoxid hinzu, verschrauben die Verschlusskappe und schütteln mindestens 40 Mal kräftig auf und ab. Stellen Sie die Flasche dann in ein Wasserbad, um die Temperatur zu halten und schütteln Sie erneut alle 5 Minuten, zwei Stunden lang. Halten Sie die Temperatur die ganze Zeit aufrecht, denn so ist die Chance größer, dass kein unreagiertes oder teilweise reagiertes Material in der Mischung verbleibt.

Biodiesel-Hersteller Greg Yohn, der diese Methode als erster praktiziert hat, sagt sie sei nur brauchbar für Vorführungszwecke. So kann man zwar das Prinzip zeigen, aber mehr ist nicht möglich.

Glycerin

F.A.Q. Wie viel Glycerin ist zu erwarten? Warum ist es nicht fest?

Anfänger, die ihre ersten paar Chargen umestern, meinen manchmal, dass alle sschief gelaufen ist, weil ihr Glycerin nicht fest wurde. Andere wiederum meinen, es hat nicht geklappt, weil es nicht genug Glycerin gegeben hat.

Es gibt keinen festgelegten Anteil an Nebenprodukten, den man erwarten muss, wie beispielsweise 200 ml pro Liter und es gibt auch keine Regel die besagt, dass das Nebenprodukt bei Raumtemperatur fest sein muss.

Wichtig ist, dass eine gute Trennung stattfindet. Das heißt, dass sich das Glycerin vom Öl abgesetzt hat und an den Boden gesunken ist. Wer alles andere nach Vorschrift durchgeführt hat, der wird einen guten Diesel bekommen, der sich nur noch fertig absetzen und gewaschen werden muss.

F.A.Q. Wie viel Glycerin soll es also sein?

Generell kann man mit etwa 79 ml Glycerin pro Liter Öl (7,9 %) rechnen. Rohes Glycerin ist nicht fest bei Raumtemperatur, aber die sogenannte Glycerinschicht besteht nicht nur aus Glycerin. Sie ist eine variable Mischung aus Glycerin, Seifen, überschüssigem Methanol und dem Katalysator (Lauge). Die Mengen schwanken je nach Öl (mehr bei stark und häufig benutztem Öl), nach dem Prozess, den man gewählt hat (weniger bei der Säure-Base zweistufigen Methode) und dem Anteil an Methanol Überschuss (das meiste landet in der Nebenprodukt Schicht).

F.A.Q. Warum ist das Glycerin nicht fest?

Meistens sind es die Seifen kombiniert mit dem Glycerin, die bewirken, dass sich die Nebenproduktschicht verfestigt. Seifen von gesättigten Fetten, wie Stearin sind fester als die von ungesättigten Fetten, wie Olein. Daher spielt auch der benutzte Öltyp eine Rolle bei der Verfestigung. Ein wichtiger Faktor ist, wie viel Seife vorhanden ist: Je mehr Seife, desto wahrscheinlicher ist es, dass sich die Schicht mit den Nebenprodukten verfestigt, unabhängig davon, welchen Öltyp man verwendet hat.

Einflüsse anderer Faktoren sind der Überschuss an Methanol, der das Nebenprodukt dünner macht und ein zuviel an Lauge kann ebenfalls einen Überschuss an Seife bewirken. Wenn man Kalilauge anstatt von Natronlauge verwendet, entsteht ein Nebenprodukt, das sich nicht verfestigt.

Mehr zum Glycerin

Glycerin (Glycerol) ist das mengenmäßig bedeutendste Nebenprodukt der Biodiesel-Herstellung. Sein Name kommt von dem griechischen Wort glykys, das für „süß" steht. Es ist eine farblose, geruchlose, viskose, ungiftige Flüssigkeit mit süßem Geschmack und wird für viele verschiedene Zwecke genutzt. Das heißt, reines Glycerin hat viele verschiedene Anwendungszwecke und das Biodiesel Nebenprodukt ist roh (es ist nicht farblos und besteht nicht nur aus Glycerin).

Dieses Glycerin kann man auf eigenen Märkten verkaufen, allerdings nur, wenn man es erst einmal von den Seifen und der Natronlauge abgetrennt und vielleicht sogar destilliert hat. Keines dieser Reinigungsverfahren ist billig und man kann das Glycerin nur verkaufen, wenn man regelmäßig Tonnen davon produziert. Ausser dem Verkauf kann man jedoch auch noch andere Dinge mit dem Glycerin machen.

Glycerin zum Verbrennen

Das Glycerin, das man als Nebenprodukt der Biodiesel Herstellung gewinnt, brennt gut, aber wenn man es nicht bei hohen Temperaturen verbrennt, setzt es giftige Acrolein-Dämpfe frei, die sich etwa bei 200 °C bis 300 °C bilden. Man kann das Glycerin z.B. dazu verwenden, gebrauchtes Speiseöl vor der Verarbeitung aufzuheizen.

Tony Clark:

Wir haben daraus eine Art Brikett gemacht, mit Sägemehl zusammen ergibt das Glycerin eine trockene Paste, die man in einen gebrauchten Milchkarton geben kann. Das kann den Bedarf an Feuerholz deutlich reduzieren, denn ein solcher Karton voll ergibt mehr als die doppelte oder dreifache Wärme, die das gleiche Gewicht an Feuerholz liefern würde.

Wir haben etwa 450 Gramm Sägespäne in einen 1 Liter Milchkarton gesteckt und dann etwa 750 Gramm Glycerin hineingegossen. Mit drei solcher Milchkartons konnten wir unseren alten japanischen Badekessel aufheizen, also 80 Liter Badewasser von Raumtemperatur in 45 Minuten auf 60 °C aufheizen. Bei Minustemperaturen im Winter brauchte man fünf anstatt drei solcher Kartons. Zuerst heizten wir das Feuer mit Holz an und dann haben wir unsere Briketts dazu gegeben. Auf diese Weise haben wir das Bad schon mehr als zwei Jahre lang geheizt.

Brenner für Glycerin

Das Glycerin direkt in einem Brenner zu nutzen wäre wirklich eine lohnende Methode, wenn sie funktionieren würde.

Prof. Michael Allen (University of Idaho):

Vollständig und sauber brennt das Nebenprodukt erst bei Temperaturen über 1.000 °C und man muss es im Mittel etwa 5 Sekunden lang dieser Hitze aussetzen, evtl. sogar vorheizen und zerstäuben. Mit den einfachen Brennern, die man normalerweise zur Verfügung hat, ist das nicht möglich. Eine andere Möglichkeit ist es, das Nebenprodukt als Zusatzmaterial für eine Biogasanlage zu nutzen, die daraus Methan bilden kann.

Glycerin und Biogas

Ein Nutzer hat Glycerin in seine Biogasanlage gegeben und damit wirklich gute Erfolge erzielt: Die Produktion vom Biogas stieg stark an, aber man musste das Glycerin langsam dazu geben, sonst schäumte es. Das Glycerin war nicht das Rohprodukt aus der eigenen Biodiesel-Herstellung, sondern von einem kommerziellen Biodiesel-Hersteller. Es war für die Landwirtschaft zugelassen und hatte die Farbe und Konsistenz von dünnem Ahornsirup, der pH-Wert war kein Problem.

Abtrennung des Glycerins

Was während der Absetzphase auf den Boden des Biodieselprozessors sackt, ist eine Mischung, bestehend aus Glycerin, Methanol, Seifen und Lauge. Der größte Teil des überschüssigen Methanols und das meiste vom Katalysator befinden sich in dieser Schicht. Nach dem Abtrennen von der Biodieselphase braucht man nur Phosphorsäure (H_3PO_4) hinzuzugeben, der Katalysator fällt aus und die Seifen werden in freie Fettsäuren umgewandelt, die obenauf schwimmen. Man erhält einen leicht gefärbten Niederschlag (Präzipitat) am Boden; Glycerin, Methanol und Wasser in der Mitte sowie die freien Fettsäuren obenauf. Das Glycerin wird etwa 95 % rein sein, wenn man es vom Methanol und Wasser getrennt hat. Das ist für Raffinerien ein attraktiveres Produkt, allerdings ist es leider, wie bereits oben erwähnt, recht teuer, wirklich reines Glycerin herzustellen.

So wie die Schicht nun ist, kann man sie als Reinigungsmittel verwenden oder kompostieren.

Waschen

F.A.Q. Ist die Behandlung des Biodiesels auch ausreichend, wenn man nicht wäscht, sondern durch einen Automobil-Ölfilter und einen 3 micron Filter filtert und das Öl danach für einige Tage stehen lässt?

Nein, das ist nicht angemessen, denn das Absetzen-lassen entfernt weder Seife, noch Katalysator, noch Glycerin, noch das überschüssige Methanol.

F.A.Q. Methanol ist ein guter Brennstoff, warum soll man das überschüssige Methanol also wegwaschen?

Methanol ist ein guter Kraftstoff, jedoch nur in speziell dafür vorbereiteten Rennwagenmotoren (das sind keine Dieselmotoren!). Überschüssiges Methanol im Biodiesel schadet, denn es greift die Einspritzanlage an. Gewinnen Sie also das Methanol zurück oder entfernen Sie es durch Waschen.

F.A.Q. Welche Art zu waschen, ist die beste?

Zuerst einmal sollte man sich darüber klar werden, was eine Emulsion ist und warum sie wichtig ist. Öl und Wasser mischen sich nicht und gut hergestellter Biodiesel sollte sich schnell und sauber vom Waschwasser trennen. Wenn der Biodiesel aber nicht so gut gemacht ist, dann enthält er noch restliche Seifen und unvollständig umgeesterte Glyceride, die ebenfalls als Emulgatoren (Lösungsvermittler) wirken. Emulgatoren werden verwendet, um stabile Mischungen aus Öl und Wasser zu bilden. Sind solche Emulgatoren vorhanden, dann kann keine schnelle Phasentrennung zwischen Öl und Wasser stattfinden, manchmal klappt dies

5. Weitere Teilrezepte

nicht einmal nach Wochen. In einem solchen Fall hat man ein Emulsionsproblem.

Tatsächlich ist das Waschen ein Qualitätstest: Wenn man keine schnelle und klare Trennung bekommt, dann muss man sein Herstellungsverfahren überarbeiten. Sanfte und sehr sanfte Waschtechniken, wie Blasenwaschen oder Sprühnebelwaschen können das Problem verschleiern, dass der Biodiesel nicht ordentlich hergestellt wurde. Denn mit diesen sanften Methoden kann man gar keine gute Durchmischung erreichen, die nötig ist, um eine Emulsion herzustellen.

Wenn der Biodiesel gut gemacht ist kann man ihn ruhig durch kräftiges Rühren gründlich durchmischen, ohne dass man dauerhafte Emulsionen bekommt.

Sprühnebelwaschen

Das Waschverfahren wird Sprühnebelwaschen genannt, wenn man extrem feine Tröpfchen auf das Öl versprüht, die dann heruntersacken, ohne dass man rühren muss. Es wäscht den Biodiesel, ist allerdings langsam und verbraucht viel Wasser.

Blasenwaschen

Man lässt Wasser ins Öl laufen (etwa die Hälfte oder ein Viertel des Volumens an Öl) und gibt dann einen Blasenstein in das Wasser, der mit einer Aquariumpumpe verbunden ist. Damit wäscht man in drei bis vier Gängen, zu jeweils 6 bis 8 Stunden. Das Waschen ist fertig, wenn Biodiesel und Waschwasser klar sind und das Waschwasser einen pH-Wert von 7 hat.

Einige billige Blasensteine sind nicht dieselfest und zerkrümeln sofort bzw. sehr bald, vor allem die blauen. Man sollte keramische Blasensteine nehmen, denn diese halten ewig.

Vorteile der Blasenwäsche: Es ist einfach, es funktioniert und es macht wenig Mühe. Man gibt einfach Wasser hinzu, schaltet die Belüftung an, kommt später wieder und wiederholt es noch einmal, noch bequemer geht es mit einer Zeitschaltuhr.

Nachteile der Blasenwäsche: Es macht nicht viel Mühe, aber es erfordert viel Zeit. Es gibt wesentlich schnellere (und bessere) Methoden.

Die Blasenwäsche ist sanft, aber es kann unvollständige Umesterung verbergen, während ein Rühren das sofort enthüllen würde. Es ist immer gut, etwas Öl mit Wasser zu mischen und gut zu rühren oder in einem geschlossenen Gefäß durchzuschütteln, um zu sehen, ob es eine gute Trennung gibt.

Oxidation und Polymerisation können ebenfalls ein Problem werden, wenn man die Blasenwäsche benutzt. Nicht alle Öle sind gleich, einige sind trocknende Öle (z.B. Leinsamenöl, was daher auch für Farben und Lacke benutzt wird). Wenn es trocknet, polymerisiert es und wird zu einer festen unlöslichen, plastikartigen Masse. Bei hohen Temperaturen in den Verbrennungsmotoren wird dieser Prozess beschleunigt. Stetige Anhäufungen von Filmen aus festen, unlöslichen Partikel sind etwas, das man garantiert nicht in seinem Motor oder der Einspritzpumpe haben möchte.

Polymerisation geschieht, wenn Doppelbindungen in den ungesättigten Fettsäuren durch Sauerstoff aus Luft oder Wasser aufgebrochen werden. Das Öl oxidiert und bildet Peroxide, diese sind hochreaktiv. Sie können sich miteinander verbinden und können auch Elastomere, wie Gummi oder Weichplastik in Dichtungen und Schläuchen angreifen. Ohne Sauerstoff kann das Öl nicht polymerisieren.

Ein Aquariumbelüfter pumpt Luft ins Wasser, um es mit Sauerstoff zu sättigen, damit die Fische atmen können. Blasenwaschen macht das gleiche mit dem Öl: Es pumpt Sauerstoff hinein.

Oxidation und Polymerisation beeinträchtigen nicht nur die trocknenden Öle, sondern auch einige halbtrocknende Öle, von denen auch manche im Biodiesel vorkommen (z.B. Sonnenblumenöl und Sojabohnenöl).

Gesättigte Öle polymerisieren nicht, ungesättigte hingegen schon. Ungesättigte Öle besitzen Fettsäuren mit Doppelbindungen und mehrfach ungesättigte Fettsäuren besitzen mehrere Doppelbindungen. Die Anzahl der Doppelbindungen in einem Öl bestimmt man mit der sogenannten Jodzahl: Je höher die Jodzahl, desto ungesättigter das Öl, desto schneller oxidiert es und umso mehr polymerisiert es. Leinsamenöl und Tung-Öl sowie einige Fischöle haben Jodzahlen von 170 bis 185, während Kokosnussöl die Jodzahl 10 besitzt und nicht polymerisiert.

Wenn man die ungesättigten Öle in Biodiesel umwandelt, verringert man die Polymerisierung, aber verhindern kann man sie dadurch nicht.

Der EU Standard für Biodiesel, die Europäische Norm EN 14214 aus dem Jahr 2003, die bereits von Australien und Japan übernommen wurde, legt Maximalwerte für die Jodzahl und für die Oxidationsstabilität fest. Der Grenzwert für die Jodzahl liegt bei 120, das schließt Sojabohnenöl und Sonnenblumenöl als einzige Quelle für Standard-Biodiesel in Europa aus. Rapsöl, das Hauptöl der Dieselproduktion, ist dagegen kein Problem. Soja ist die Hauptölpflanze in den USA und die US Norm ASTM D-6751 legt keine Obergrenzen für Jodzahl oder Oxidationsstabilität fest.

Das Blasenwaschverfahren verstärkt sicherlich die Oxidation. Daher gibt es zahlreiche Berichte, in denen dokumentiert wurde, dass Biodiesel, der mit der „idiotensicheren Methode" hergestellt wurde, alle Anforderungen erfüllt, außer der Oxidationsstabilität und daher wird das Blasenwaschverfahren kaum mehr verwendet.

Wer also die Blasenwäsche beibehalten möchte, der sollte den Kraftstoff bald benutzen, besonders dann, wenn die Quelle für den Biodiesel Sonnenblumenöl oder ein anderes halbtrocknendes Öl ist. Es gibt viele Einflüsse, die Oxidationsstabilität fördern oder herabsetzen können, nämlich die Ölart, die Lagerung, das Wetter usw. Bewahren Sie das Öl in einem vollgefüllten, luftdichten Behälter, kühl und dunkel auf. Es besteht auch die Möglichkeit, Antioxidationsmittel, wie Tocopherol (Vitamin E) hinzuzugeben, allerdings wurden mit dieser Methode erst wenige Erfahrungen gemacht.

Beschleunigtes Waschverfahren

Das beschleunigte Waschverfahren umfasst die folgenden Schritte:

- Den Sprühnebelwäscher und den Blasenwäscher können Sie wegpacken, Sie werden beide nicht brauchen, wenn Sie sich für diese Methode entscheiden.
- Vergewissern Sie sich, dass Sie nicht versuchen, eine unvollständige Reaktion zu waschen. Dazu müssen Sie ein kleines klares und verschließbares Gefäß nehmen, etwas Öl einfüllen, Wasser hinzu geben, verschließen und gut durchschütteln. Dann sollten Sie abwarten.
- Zum Rühren können Sie einen Motorantrieb mit einem Farbmischer verwenden und so lange Mischen, bis die Wasser-Öl-Mischung homogen erscheint, das dauert etwa 5 Minuten.
- Warten Sie dann eine Stunde, bis sich die Phasen trennen.
- Saugen Sie die Ölphase vorsichtig ab und wiederholen Sie dann das Waschen noch zwei Mal.
- Lassen Sie das Öl trocknen oder erwärmen Sie es noch einmal.

Man kann die ganze Prozesszeit so auf 24 Stunden verkürzen. Es gibt eigentlich nur Vorteile dieser Methode und sie wurde mittlerweile von vielen erprobt, die alle guten Erfolg damit hatten.

Nach dem Umesterungsprozess sollte man 12 (besser noch 24) Stunden abwarten, bevor man das Glycerin abtrennt und mit dem Waschen beginnt.

Waschtanks

Es ist immer besser, einen getrennten Waschtank (besser noch: zwei) zu benutzen, wenn man den Platz dafür hat. Wenn man wenig Platz hat, dann kann man das Reaktionsgefäß ebenfalls als Waschtank mit benutzen, doch das ist eher mühsam, denn man muss die Rückstände vorher beseitigen.

Der Waschtank sollte mindestens die Größe des Reaktors haben, besser wäre es, wenn er größer ist. Es ist beispielsweise gut 60 l-Chargen in 90 l-Tanks mit 20 l Wasser für jeden Waschgang zu verwenden. Dabei sollte man immer noch Platz nach oben zum Umrühren haben, ohne dass etwas überschwappen kann.

Der Tank sollte einen Bodenablauf haben, konisch zulaufende Tanks sind eine Hilfe, doch auch konvexe Tanks sind gut geeignet. Man kann auch aus ihnen das vollständige Ablaufen erreichen, indem man den Behälter am Rand etwas unterfüttert, z.B. mit Ziegelsteinen oder man drückt ihn innen mit einem Besenstiel, so dass sich der Boden nach unten beult. Manchmal hat das Ablaufgewinde einen Überstand von 1 Millimeter, das ist ärgerlich, aber nicht weiter tragisch.

Wenn es keinen Bodenablauf gibt und es sich um ein geschlossenes Fass handelt, sollte man darauf achten, dass es Füllstutzen gibt. Einer davon kann wahrscheinlich ein Standardgewinde für ein Kugelventil oder ein Schraubventil aufnehmen. Man kann den Boden herausschneiden, das Fass auf den Kopf stellen und es so als Waschfass verwenden. Man sollte das Fass auf ein Gerüst stellen, so dass man zumindest einen Eimer darunter stellen kann. Das Gerüst muss robust sein, denn es muss immerhin das Gewicht eines 200 l Stahlfasses mit Biodiesel und Waschwasser aushalten, das sind insgesamt etwa 160 kg. Schwere Schraubregale aus gelochten Winkeleisen sind dafür sicher auch geeignet.

Wiederverwendung des Waschwassers

Nur das erste Waschwasser ist wirklich gesättigt mit wasserlöslichen Bestandteilen aus dem Biodiesel, man kann es dann nicht mehr wieder verwenden. Das Wasser des 2. Waschgangs kann man aufbewahren und für den nächsten Prozess im ersten Waschgang verwenden. Das Waschwasser des dritten Waschgangs kann man für den nächsten zweiten Waschgang benutzen und nur der dritte Waschgang erhält ganz reines, neues Wasser.

Waschtemperatur

Das Waschen funktioniert besser im Sommer als im Winter, denn je kälter es wird, desto weniger effektiv ist das Waschen. Das liegt daran, dass warmes Wasser einfach besser die Stoffe löst, als kaltes. Wenn der Prozessor und der Waschtank in einem beheizten Raum stehen, sollte man keine Probleme haben. Notfalls muss man das Waschwasser aufheizen. Es ist gut, wenn die

5. Weitere Teilrezepte

Temperatur des Gemisches (Diesel und Wasser) zusammen mindestens 30 °C beträgt. Im Winter verwendet man am besten heißes Wasser.

Emulsionsprobleme

Emulsionen sollten sich nicht bilden, wenn man den Kraftstoff ordentlich behandelt hat. Wenn es dennoch passiert, ist Nachdenken über die möglichen Ursachen das erste, das man machen sollte. Denn nur so kann man beim nächsten Mal einen guten bzw. besseren Biodiesel herstellen.

Danach sollte man sich überlegen, wie man die Charge retten kann. Eine Charge von weniger gutem Biodiesel mit etwas zuviel Glycerin wird dem Motor nicht schaden (nur ständiger Gebrauch schadet), daher können sie einfach die schlechte Charge verwenden. Am besten ist es, wenn man sie mit den besseren Chargen mischt und so in den Kraftstofftank füllt.

Eine milde Emulsion bildet eine dritte Schicht zwischen dem Biodiesel und dem Waschwasser, wenn sich beide Phasen nach dem ersten Waschen getrennt haben. Eine papierdünne Schicht ist ganz normal, man kann dann einfach zum zweiten Waschen übergehen. Dickere Schichten sind hingegen nicht normal. Lassen Sie in diesem Fall die Schicht ab, zusammen mit etwas Wasser und Biodiesel von unterhalb bzw. oberhalb der Emulsionsschicht. Diese dritte Phase wird sich irgendwann ganz trennen. Wenn es bei normaler Temperatur nicht geschieht, sollte man das Gemisch etwas erwärmen. Wenn sich diese Emulsion schließlich getrennt hat, sollte man die obere Schicht (mit dem Biodiesel) abziehen und nach dem Trocknen der nächsten Biodiesel-Präparation beimischen. Mittlerweile kann man den vorher bereits sauberen Biodiesel einfach wie gewohnt weiterwaschen.

Eine starke Emulsion verwandelt den ganzen Tankinhalt in eine dritte Schicht, das sieht dann aus wie ein Fass mit Hühnerbrühe oder schmutziger Mayonaise.

Wenn man sie über Nacht oder für 24 h stehen lässt, wird sie sich schließlich trennen, allerdings wird wiederum eine dicke dritte Schicht übrig bleiben. Diese behandelt man wie oben beschrieben. Es kann länger dauern, bis sich diese Emulsion endlich trennt, mehrere Tage oder Wochen (bei kalter Witterung). In der Zwischenzeit ist Ihr Waschtank voll mit dieser dritten Schicht und Sie können nichts mehr waschen.

Es gibt mehrere Möglichkeiten, die Emulsion aufzubrechen: In der Regel klappt es mit der Erwärmung auf 50 °C bis 60 °C. Wie bereits beim Kommentar zum Trocknen angesprochen, muss man bei höheren Temperaturen vorsichtig sein, damit es keine Dampfexplosionen gibt, also platzende Wasserdampfblasen, die Öl mitreißen und herausspritzen. Ein anderer Weg zur

Trennung führt ebenfalls über Wärme. Geben Sie einfach heißes Wasser hinzu und mischen Sie, wenn genug Platz im Tank ist. Je heißer das Wasser, desto besser. Das sollte zumindest den Trennprozess einleiten und die Behandlung können Sie notfalls wiederholen.

Eine weitere Möglichkeit ist die Zugabe von Kochsalz (Natrium Chlorid, NaCl). Zuerst sollte man das Salz in Wasser auflösen und dann unter sanftem Rühren vorsichtig zugeben, solange, bis die Trennung beginnt. Das hilft zwar, die Emulsion aufzubrechen, doch das Salz ist eine Verunreinigung, die man eigentlich herauswaschen sollte, anstatt sie darunterzumischen. Es erfordert stärkeres Waschen als sonst üblich, um das Salz wieder loszuwerden. Salziges Waschwasser ist nicht so unbedenklich, wie gewöhnliches Wasser, also sollte man sich wirklich gut überlegen, wie man hier vorgeht.

Eine weitere Art, Emulsionen aufzubrechen, ist die Zugabe von Säure, die weiter unten besprochen wird. Wie auch immer man vorgeht, wenn die Emulsion erst einmal gebrochen ist, sollte man mit dem Waschen fortfahren und die gerettete Charge verwenden. In der Zwischenzeit sollte man darüber nachdenken, wie man nächstes Mal einen besseren Kraftstoff erzeugen kann.

Säuren

Einige Leute sagen, es sei ein Fehler, das Wasser mit Säure zu versetzen. Sie meinen, dass die Säure zwar die überschüssige Lauge neutralisieren kann, aber sie kann auch aus den Seifen die Fettsäuren abspalten und so wieder freie Fettsäuren bilden. Diese könnten sich dann wieder im Biodiesel lösen und da möchte man sie ja nicht haben.

Mit Säure gewaschener Diesel kann die nationalen Biodiesel-Standards erfüllen und übertrifft diese sogar. Dies ist auch eine normale Prozedur bei der kommerziellen Biodiesel Herstellung.

F.A.Q. **Stimmt es, dass die Säure aus Seife wieder freie Fettsäuren entlässt?**

Die typischen Säuremengen, die man einsetzt, sind 8 ml von 5%igem Essig auf einen Liter Waschwasser (üblicherweise ein Viertel bis die Hälfte der Ölmenge) oder man nimmt 2 ml von 10%iger Phosphorsäure pro Liter Waschwasser oder man nimmt so viel 5%ige Phosphorsäure (nicht viel), um den pH-Wert auf 7 (neutral) zu bringen. Weitere Säuren, die man entsprechend verdünnt verwendet, sind Schwefelsäure oder Zitronensäure.

Wenn man Seifen in freie Fettsäuren umwandeln möchte, sollte man sich den Absatz über die Abtrennung von Glycerin und die freien Fettsäuren ansehen, siehe Kapitel „Abtrennung des Glycerins" auf Seite 30. Kurz gefasst steht dort, dass man für ein durchschnittliches Öl, das etwa mit 3 ml NaOH Lösung titriert, etwa 9,75 ml 85%ige Phsophorsäure pro Liter Öl benötigt, um die Seife in freie Fettsäuren umzuwandeln und so die Trennung vom Glycerin zu erreichen. Das ist etwa 50 Mal soviel, wie man zum Ansäuern des Waschwassers verwendet. Daraus folgt, dass mit dem angesäuerten Waschwasser, wenn überhaupt, nur verschwindend geringe Mengen freier Fettsäuren gebildet werden.

Umgang mit gebrauchtem Waschwasser

Das gebrauchte Waschwasser ist etwa so harmlos, wie das durchschnittliche Waschwasser einer Familie. Besonders harmlos ist es, wenn man das Methanol zurückgewinnt, bevor man mit dem Waschen anfängt. Das meiste Methanol ist ohnehin in der Glycerinschicht und nicht im Waschwasser enthalten. Die Lauge ist sowieso in Abflussreinigern enthalten und jedes Abwasserbehandlungssystem kann mit Seife umgehen. Sogar Methanol muss kein Nachteil für das Abwasser sein: Es kann sogar vorteilhaft sein, denn Bakterien können recht gut damit umgehen. Eigene Experimente des Autors haben ergeben, dass Methanol von Bakterien wesentlich besser vertragen wird, als Ethanol (Trinkalkohol). Der Rest unterscheidet sich wahrscheinlich nicht sehr von einem normalen Haushaltsabwasser nach dem mittäglichen Abwaschen. Man verursacht also wenig Probleme, wenn man es einfach ins Abwasser gibt. Man kann das Wasser auch in einer einfachen Grauwasserbehandlung klären, indem man es durch Pflanzenfilter gibt.

Trocknen des Kraftstoffs

Wenn der Kraftstoff klar ist (d. h. nicht farblos), aber durchsichtig, sodass man gut hindurch sehen kann, ohne Schleier oder Trübung, dann ist er trocken. Tatsächlich ist er niemals trocken, denn er nimmt aus der Atmosphäre zwischen 1.200 und 1.500 ppm Wasser auf, aber das ist gelöstes Wasser und harmlos, also anders als suspendiertes Wasser.

Der Kraftstoff sollte in einem Zeitraum von einem Tag bis zu einer Woche nach dem abschließenden Waschgang von allein klar werden. Es hilft, den Kraftstoff in der Sonne stehenzulassen oder man erwärmt ihn auf 45 °C bis 50 °C und lässt ihn dann in einem belüfteten Behälter stehen. Wenn er wieder trüb wird beim Abkühlen, hat man wahrscheinlich nicht gut genug gewaschen und sollte noch einen Waschgang durchführen.

Viskositätstests

Viskositätswerte sind vergleichende Indikatoren für Biodieselqualitäten. Leider und trotz gegenteiliger Behauptung, ist das auch schon alles. Sogar in Industrielabors kann die Viskositätstestung allein nicht zeigen, ob der Prozess lange genug vorangeschritten ist, bevor das Gleichgewicht erreicht wurde und dass keine zu hohen Mengen schädlicher unreagierter oder teilweise reagierter Substanzen im Biodiesel enthalten sind.

Nicht umgesetzte Monoglyceride (MGs) und Diglyceride (DGs) sind Kraftstoffverunreinigungen, die die Einspritzung verrußen lassen und den Motor beschädigen können. MGs und DGs besitzen eine ähnliche Viskosität wie Biodiesel und bleiben nach einer unvollständigen Reaktion in der Lösung. Sie können nicht ausgewaschen werden. Die erlaubten Maxima sind niedrig: Weniger als 1 % für DGs und weniger als 0,5 % für MGs. Viskositätstests können nur auf 5 % genau sein, das ist viel zu wenig für eine brauchbare Qualitätsprüfung.

Gleiches gilt für Dichtemessungen. Auch beide Messungen gemeinsam, können nicht sagen, ob die Reaktion vollständig abgelaufen ist. Das einzige, was Auskunft geben könnte, wäre ein Gaschromatograph (GC) oder eine teure Laborausrüstung, die sich die meisten Biodiesel-Hersteller nicht leisten können. Wenn man keinen GC besitzt, ist der beste Indikator für eine vollständige Reaktion das Waschen. Wenn sich der Biodiesel leicht waschen lässt und ein kristallklares Produkt gibt, ist alles in Ordnung.

Dennoch kann die Viskositätsmessung ein brauchbarer Indikator sein, vor allem, für Testansätze. Man kann die Viskosität mit Hilfe einer 100 ml Pipette und einer Stoppuhr messen. Dazu füllt man die Pipette und misst die Zeit, die es braucht, bis sie vollständig geleert ist. Oder man benutzt ein Viskosimeter. Allerdings kann ein Überschuss an Methanol im Biodiesel die Viskosität erniedrigen und die Messung so wertlos machen, darum muss man den Diesel zuerst waschen. Man kann auch Petrodiesel zum Vergleich heranziehen. Die Angabe der Viskosität in Centi-Stokes ist für leichtes Heizöl Teil der Spezifikation, sie entsprechen denen für Autodiesel. Wenn die gemessene Zeit für Biodiesel etwa den Faktor 1,5 im Vergleich zum Petrodiesel beträgt, dann ist die Viskosität etwa der Faktor 1,6 Mal so groß. Die Viskosität ist temperaturabhängig, daher sollte man das bei zwei oder drei verschiedenen Temperaturen ausprobieren.

Das spezifische Gewicht (Dichte) kann man ermitteln, indem man ein festgelegtes Volumen misst. Auch diese Messung ist temperaturabhängig! Ein Liter Biodiesel sollte bei 15,5 °C etwa 880 Gramm wiegen.

III. Pflanzenöl – Grundlagen

1. Allgemeines

Nachteile der Umwandlung von Pflanzenöl in Pflanzenölmethylester (PME)

Die Umwandlung von Pflanzenölen in Methylester ist mit verschiedenen Unannehmlichkeiten verbunden. Der Umgang mit giftigen und ätzenden Chemikalien, wie Methanol und Natronlauge, ist nicht jedermanns Sache, aber für die Herstellung von Biodiesel leider unvermeidlich. Zudem braucht man die Substanzen in großen Mengen: Zu je vier Liter Pflanzenöl kommt ein Liter Methanol, für je drei Liter Biodiesel benötigt man auch bei sparsamem Wasserverbrauch mindestens einen Liter Frischwasser zum Reinigen des Produkts. Ausserdem muss man Energie für die Heizung aufwenden, man braucht Reaktionsgefäße, Rührgeräte und Pumpen sowie viel Zeit. Insgesamt ist also ein erheblicher Aufwand an Zeit, Material und Arbeitsfläche nötig, um Biodiesel herzustellen.

Der zeitliche und technische Aufwand ist jedoch nur ein Teil der Probleme, die mit der Umwandlung von Pflanzenöl in PME einhergehen. Die PME haben einen wesentlich niedrigeren Flammpunkt und sind damit leichter entzündbar, wenngleich sie noch nicht als feuergefährlich eingestuft werden. PME sind giftig und gehören zu den wassergefährdenden Stoffen (Gefahrenklasse I). Herstellung, Lagerung und Verkauf unterliegen daher den Bestimmungen für wassergefährdende Stoffe; während man hingegen Pflanzenöl in unbegrenzter Menge ohne Sicherheitsauflagen lagern kann.

> Rudolf Diesel stellte den Motortyp, der heute seinen Namen trägt, anlässlich der Weltausstellung in Paris im Jahre 1900 der Öffentlichkeit vor. Damals lief sein Motor mit Erdnussöl und Diesel nahm an, der Kraftstoff für seinen Motor würde auch in Zukunft aus der Landwirtschaft kommen. Die heutigen Dieselmotoren und ihre Peripherie sind dagegen so sehr an die Verbrennung von Petrodiesel angepasst, dass zusätzliche Maßnahmen nötig sind, um die Nutzung von Pflanzenöl zu ermöglichen.

III. Pflanzenöl – Grundlagen

Pflanzenöl ist zu zäh, um in einem üblichen Dieselmotor verwendet werden zu können. Möchte man Pflanzenöl in einem Dieselmotor nutzen, dann hat man zwei grundverschiedene Möglichkeiten zur Wahl: Entweder man ändert das Kraftstoffzuleitungssystem und/oder den Motor so ab, dass sie mit dem Pflanzenöl umgehen können, ohne Schaden zu nehmen, oder man verändert nur die Eigenschaften des Kraftstoffs. Die Veränderung des Kraftstoffs ist z.B. die chemische Umwandlung des Pflanzenöls in Methylester, die bereits besprochen wurde. Eine andere Möglichkeit besteht darin, das Pflanzenöl mit weiteren, weniger viskösen Chemikalien zu mischen, um dadurch die Gesamtviskosität herabzusetzen.

Umrüstung des Autos

Wer ein Dieselfahrzeug besitzt und gebrauchtes Pflanzenöl verwenden will, kann sich die Umwandlung des Speiseöls in Biodiesel eventuell auch ersparen – Sie machen das jedoch auf eigenes Risiko. Biodiesel aus gebrauchtem Speiseöl in Eigenproduktion lässt sich in der Qualität herstellen, die dem deutschen Standard und der europäischen Norm entspricht. Wenn man einen solchen Diesel in einem dafür zugelassenen Wagen fährt, verhält man sich kaufvertragskonform und man behält seine Garantieansprüche.

> Hält man sich jedoch bei der Kraftstoffverwendung nicht an die Bestimmungen des Kaufvertrags, dann kann man die damit verbundenen Garantieansprüche verlieren, falls der Schaden durch die Verwendung von nicht zugelassenem Kraftstoff verursacht wurde. Das sollte man von Anfang an wissen und bei seinen Überlegungen bedenken.

Autos die für den Pflanzenölbetrieb zugelassen sind, dürfen nur sauberes, frisches Speiseöl verwenden. Der deutsche Standard für Pflanzenölkraftstoff schließt gebrauchtes Speiseöl als Kraftstoff aus. Bedenken Sie also, dass Sie alle Garantieansprüche verlieren können, die den Motor und das Kraftstoffsystem betreffen, wenn Sie sich nicht an die Vorgaben halten.

Wer keine Garantieansprüche mehr besitzt und nach Abwägung aller Risiken für sein altes Auto, den Traktor, sein Schiff oder einen alten Generator, den Versuch wagen möchte, der findet in den folgenden Kapiteln Ratschläge von Leuten, die diesen Schritt bereits gewagt und nicht bereut haben.

Für welche Autos ist eine Umrüstung überhaupt sinnvoll?

Hinweise zur grundsätzlichen Eignung von Fahrzeugen für die Umrüstung auf Pflanzenölbetrieb gibt u.a. die Firma Elsbett auf ihrer Internetseite. Die Firma wird geleitet von den Söhnen Ludwig Elsbetts, eines vor wenigen Jahren verstorbenen Pioniers in Sachen Pflanzenölmotor. Nach Erfahrungen der Firma Elsbett, sind nicht alle Motortypen für eine Umrüstung geeignet und auch einige Typen von Einspritzpumpen lassen sich nicht mit Pflanzenöl verwenden. Das betrifft jedoch nur wenige Ausnahmen, entscheidender ist, wie das Fahrzeug genutzt wird.

Allgemein lässt sich sagen, dass eine Umrüstung für Dieselfahrzeuge, die häufig und über lange Strecken fahren, sinnvoll ist. Wenn man Strecken von weniger als 20 km fährt, lohnt die Umrüstung bei einem Zwei-Tank-System nicht, da erst nach etwa 7 km bis 10 km Fahrstrecke auf Pflanzenöl umgeschaltet wird. Auch Vielfahrer, die immer nur kurze Strecken fahren, sollten von einer Umrüstung absehen, das betrifft auch Fahrschulen und Taxiunternehmen (das weiter vorn erwähnte „Pommes-Taxi" aus Berlin war also eigentlich kein Vorzeigeobjekt).

Diese Empfehlungen sind unabhängig davon, ob man frisches Pflanzenöl aus einer Ölmühle oder aus dem Supermarktregal verwendet, oder ob man aufbereitetes gebrauchtes Speiseöl in einem umgerüsteten Auto verwenden möchte. Da dieses Buch jedoch die Gewinnung von Kraftstoff aus Abfall behandelt, werden die folgenden Abschnitte die Verwendung von gebrauchtem Speiseöl behandeln.

2. Aufbereitung des Speiseöls

Umrüstung des Fahrzeugs

Wenn man selbst sein Auto für die Pflanzenölnutzung umrüsten möchte, kann man sich an den folgenden Ratschlägen von Dana Linscott aus Amerika orientieren. Mann sollte dabei die einzelnen Schritte und auch ihre Reihenfolge beachten.

- **Schritt 1:** Zunächst muss man herausfinden, ob man eine gut erreichbare und preiswerte Lieferquelle für Pflanzenöl hat.
- **Schritt 2:** Hat man so eine Quelle, dann sollte man sie sich sichern.
- **Schritt 3:** Finden Sie heraus, welche Konfiguration für Ihr Auto die angemessene ist. Bedenken Sie dabei den Fahrzeugtyp, das Klima, die

Geldmittel und welche Komponenten für die verschiedenen Versionen erforderlich sind.

- **Schritt 4:** Entscheiden Sie, ob Sie alle oder nur einige Komponenten selbst herstellen wollen und können und installieren Sie diese dann, oder kaufen Sie einen Umrüst-Bausatz, wie in Grafik 5 auf Seite 115 abgebildet (dazu braucht man noch einen Plastikkanister mit Ansaugrohr für den Diesel).
- **Schritt 5:** Bauen Sie sich einen Vorfilter und eine Entwässerungseinheit, oder kaufen Sie eine solche, wenn Ihre Pflanzenölquelle gebrauchtes Speiseöl ist.
- **Schritt 6:** Finden Sie heraus, ob Sie in der Lage sind, die Komponenten selbst zu bauen, im Zweifelsfall überdenken Sie Ihre Entscheidung (Bau/Kauf) am besten nocheinmal.
- **Schritt 7:** Bestellen Sie den Bausatz oder besorgen Sie die benötigten Teile und Materialien.
- **Schritt 8:** Bauen Sie ihre Komponenten, setzen Sie alles provisorisch zusammen und markieren Sie die Verbindungen.
- **Schritt 9:** Installieren Sie Ihre Umrüstungsapparatur.
- **Schritt 10:** Testen Sie die Apparatur.

Die Schritte im Einzelnen

Zu den Schritten 1 und 2: Finden Sie heraus, ob Sie eine gut erreichbare und preiswerte Lieferquelle für Speiseöl besitzen und sichern Sie sich diese. Wenn sich Ihnen nicht die Möglichkeiten einer solchen Quelle bieten, sollten Sie vielleicht doch nicht auf Pflanzenölkraftstoff umrüsten.

Zu den Schritten 3 und 4: Zuerst sollten Sie feststellen, welche Umrüstungskonfiguration die angemessenste für Ihr Auto, das Klima und Ihren Geldbeutel ist und welche Teile sie erfordert. Dann ist zu entscheiden, ob man den einen oder anderen Teil in Eigenarbeit herstellen kann, oder ob man sich einen kompletten Umbausatz besorgt.

Nehmen wir an, Sie haben die Konfiguration und die nötigen Komponenten ausgewählt und herausgefunden, wo Sie diese besonders kostengünstig beziehen können. Sie haben eine Bezugsquelle für gebrauchtes Speiseöl erschlossen und wollen nun schnell Ihren Diesel auf Pflanzenölbetrieb umrüsten. Bevor Sie damit anfangen, schlage ich vor, dass Sie zuerst eine Vorfilter- und Entwässerungseinheit erstellen, damit Sie gleich aufbereiteten Kraftstoff zur Verfügung haben, wenn die Umrüstung abgeschlossen ist. Wer beabsichtigt, seine Komponenten selbst zu bauen, sollte versuchen, mit der Herstellung eines eigenen Vorfilters anzufangen. Ein guter Test, um zu

2. Aufbereitung des Speiseöls

sehen, ob man der Umrüstungsaufgabe gewachsen ist, ist es den Vorfilter nach einfachen Plänen selbst zu bauen.

Zu den Schritten 5 und 6: Kaufen oder Bauen Sie einen Vorfilter/eine Entwässerungseinheit falls die Pflanzenölquelle gebrauchtes Speiseöl ist.

Wenn Sie eine Quelle für unbenutztes Pflanzenöl haben, die preiswert genug ist, um als Kraftstoff zu dienen, dann können Sie diesen Schritt überspringen. Das Filtern ist relativ einfach, denn es sollten so gut wie keine Partikel enthalten sein. Wenn man in der Nähe einer Ölmühle wohnt, und etwas verunreinigtes Speiseöl (das nicht zum Verzehr geeignet ist) von dort beziehen kann, besteht die Möglichkeit es günstig zu erstehen. Auch Sammelöl, das eine Mischung aus verschiedenen Ölen enthält und entsteht, wenn von einer Sorte auf eine andere umgestellt wird, kann man kostengünstig beziehen. Es ist selten zu bekommen, aber es lohnt sich, danach zu fragen.

In vielen Fällen ist die am besten zugängliche und erschwingliche Quelle für Pflanzenöl, das auch als Kraftstoff taugt, gebrauchtes Speiseöl in der Form von Abfallöl. Es wird oft „Frittieröl" oder „Frittenfett" genannt und ist Speiseöl, das in Friteusen verwendet wurde und kann aus beliebigen Mischungen von Sonnenblumenöl, Rapsöl, Sojabohnenöl, Erdnussöl und anderen Ölen bestehen. Gehärtetes Öl oder Grillfett sind im Allgemeinen besser zu meiden, sie können jedoch benutzt werden, wenn die Umrüstung entsprechend angepasst ist. Je sauberer und flüssiger das Öl bei Raumtemperatur ist, umso einfacher ist es zu filtern und zu verwenden. Wenn man aber auf Fett und gehärtete Öle angewiesen ist, wird die Verarbeitung etwas schwieriger, sie ist dennoch nicht unmöglich.

Gereinigt wird das Öl meist, indem man die Schwerkraft arbeiten lässt. Partikel und Wasser sind die wesentlichen Verunreinigungen, sie sind schwerer als die Fette und lösen sich darin auch nicht und darum setzen sich diese Verunreinigungen mit der Zeit am Boden ab. Generell sollte man mehrere Tage oder Wochen warten, bis sich alles abgesetzt hat. Wenn man das Öl nur vom oberen Teil des Klärbehälters entnimmt, sind in der Regel nur wenige Verunreinigungen darin enthalten, die von einem Durchflussfilter abgefangen werden müssen. Dieser wird als Vorfilter bezeichnet, weil das Öl ihn passieren muss, bevor es in den Autotank gefüllt wird.

Wenn man den Vorfilter selber baut, spart man eine Menge Geld, die man für eine bessere Umrüstung ausgeben kann. Das heißt, man kann sich einen fertigen Bausatz für die Umrüstung besorgen. Achten Sie darauf, dass wirklich alles enthalten ist, was sie für Ihre individuellen Bedingungen brauchen! Nicht jeder Bausatz, der angeboten wird, enthält auch wirklich alles Notwendige. Vergleichen Sie die Angebote verschiedener Hersteller und achten Sie darauf, dass in den Bausätzen alle Teile entweder enthalten sind, oder rechnen Sie aus, was an Zusatzkosten für die fehlenden Teile hinzukommen wird. Vergessen Sie nicht, eventuell nicht enthaltene Mehrwertsteuer hinzuzurechnen und auch mögliche Versandkosten zu berücksichtigen, dann können Sie sich für das insgesamt günstigste Angebot entscheiden.

Falls Sie es sich zutrauen, einige Komponenten selbst zu bauen, wird die Teileliste länger sein. Die meisten Einzelteile für die verschiedenen Komponenten findet man in normalen Fachgeschäften für Autoersatzteile, Sanitärbedarf und Heizungsbauhandel. Schalter, Relais, Steuerventile, Filter und Kraftstoffpumpen kann man auch manchmal über das Internet günstig erwerben, beispielsweise bei eBay (www.ebay.com).

Um Irrtümer beim endgültigen Zusammenbau zu vermeiden, wird empfohlen, die Teile provisorisch zusammenzustellen. Dabei sollte man der Reihe nach vorgehen und alle Teile nacheinander prüfen, ob sie zusammenpassen und wo man sie installieren möchte. Wichtig: Schneiden Sie für diesen Schritt noch keine Schläuche zurecht! Diese sollten zuerst nur ausgelegt und markiert werden. Für diesen Vorgang eignet sich farbiges Klebeband besonders gut, um das Schlauchende zu markieren und den Anschluss, an dem der Schlauch aufgesetzt werden soll. Wenn man sich für dieses provisorische Auflegen genügend Zeit nimmt, spart man sich meist ein erneutes Auseinandernehmen, nach der Installation.

Zum Schritt 9 (Einrichten der Pflanzenöl-Umrüstung): Das Einrichten der Umrüstung ist nicht sonderlich kompliziert, wenn Sie sich an die Schritte 1 bis 8 gehalten haben. Viele Hobbybastler ziehen es normalerweise vor, mit der Installation des Tanks anzufangen und dann weiterzugehen. Wenn Sie eine Hebebühne nutzen können, dann geht alles (erheblich) schneller, ansonsten reicht ein gesunder Menschenverstand, wenn Sie mit normalen Wagenhebern arbeiten müssen. Leihen Sie sich Wagenstützen oder Rampen aus, wenn Sie keine haben und befestigen Sie diese auf einer stabilen Unterlage, damit sie sich nicht verschieben können, wenn Sie unter dem Auto arbeiten, um die Kraftstoffleitung zu installieren. Niemals dürfen Sie unter ein Auto kriechen, das nur von einem Wagenheber gehalten wird, denn diese können zusammenbrechen. Stützen Sie das Auto also mit Holzblöcken oder Mauersteinen ab. Anschließend sollte man ein großes Loch in den Boden bohren, durch das alle Leitungen geführt werden können. Das Loch feilt man an den Rändern glatt und setzt eine Gummimuffe oder ein Stück alten Schlauchs als Schutzhülle und Scheuerleiste auf der Innenkante des Lochs ein, damit die Schläuche nicht irgendwann unterwegs durchgerieben werden. Alternativ kann man das Loch auch mit Bauschaum abdichten und so gegen das Durchscheuern schützen. Wenn Sie alles perfekt durchgeplant haben, sollten Sie die ganze Umrüstung theoretisch an einem einzigen Nachmittag durchführen können, praktisch wird es etwas länger dauern, wahrscheinlich zwischen 8 und 16 Stunden. Halten Sie, wenn möglich, ein zweites Auto bereit, mit dem Sie notfalls noch kleine dringende Besorgungen erledigen können. Wenn Ihnen jemand hilft, können Sie die Installationszeit um etwa die Hälfte verkürzen.

2. Aufbereitung des Speiseöls

Zusätzlich zu den wirklich notwendigen Komponenten können Sie noch folgendes brauchen: Viele Kabelbinder (um die 100 Stück), ein paar Schlauchklemmen (am besten mehr, als man zu brauchen erwartet), einen Meter Eisendraht (um Schläuche zu „angeln" und um gelegentlich etwas zu befestigen), eine 12 V Testlampe oder ein Multimeter (falls Sie eine 12 V Heizung oder einen beheizten Filter installieren), eine Taschenlampe, Schraubendreher, Zangen, Messer und Schraubenschlüssel.

Bevor Sie die Kühlleitung oder die Pflanzenöl-Kraftstoffleitung anschließen, lassen Sie jemanden durch den Tankfüllstutzen Luft blasen und versichern Sie sich, dass ein spürbarer Luftstrom aus der Kraftstoffleitung kommt. Nach dem Blasen, sollten Sie darauf achten, dass weder Knicke noch Falten die Kraftstoffleitung einengen. Anschließend können Sie ein paar Liter sauberes Pflanzenöl in den Tank geben und es in und durch die Leitung drücken (blasen). Wenn Öl am Ende der Leitung ankommt, können Sie mit dem Blasen aufhören. Dann schließen Sie nacheinander alle Komponenten der Leitung an und drücken Sie das Öl durch alle Komponenten hindurch. Es kann anstrengend sein, das Öl durch den Filter zu pusten. Darum sollten Sie diesen erst mit sauberem Öl füllen, bevor Sie ihn anschließen. Die Luft aus dem System zu pressen, wenn man alles zusammenbaut, kann einem beim nächsten Schritt viel Frustration ersparen, denn dann sollte es bei der ersten Testfahrt viel schneller gehen, die Restluft aus dem System zu entfernen. Nur ein ganz kleiner Luftanteil sollte dann noch übrig sein. Wenn alles korrekt installiert, abgedichtet und befestigt ist, macht das keinerlei Probleme. Wenn Sie bei der ersten Testfahrt mehr als ein paar Stotterer bemerken, müssen Sie alle Verbindungen noch einmal überprüfen. Prüfen Sie vor der Fahrt noch einmal alle elektrischen Anschlüsse, ob sie so funktionieren, wie sie sollen. Prüfen Sie das Steuerventil bzw. die Steuerventile, bevor Sie das Auto starten. Schalten Sie die batteriegetriebene 12 V Heizung an, gerade lange genug, um feststellen zu können, ob sie warm wird. Falls Sie nicht ganz sicher sind, dass alle elektrischen Leitungen in Ordnung sind, holen Sie das nach und beheben Sie Mängel. Prüfen Sie, ob genug Kühlflüssigkeit vorhanden ist, denn beim Umstöpseln kann leicht etwas verlorengehen. Vergessen Sie nicht, noch etwas Pflanzenöl nachzufüllen, denn ein paar Liter reichen nicht lange.

Schritt 10 (Testen der Umrüstung auf Pflanzenöl): Packen Sie all Ihr Werkzeug, ein paar Tücher, Reinigungsmittel für die Hände (für alle Fälle) und Startkabel in Ihr Auto. Wenn möglich, bitten Sie den Freund, der Ihnen bei der Installation geholfen hat, Ihnen bei der ersten Testfahrt zu folgen.

Tipp: Nehmen Sie auch einen kleinen Behälter mit vorgemischtem Gefrierschutzmittel mit, falls sich doch irgendwo eine Luftblase im Heizkreislauf gebildet hat.

Starten Sie Ihr Auto ganz normal, aber vergewissern Sie sich, dass der Kraftstoffschalter auf Diesel steht und dass Sie nicht versehentlich mit Pflanzenöl starten. Lassen Sie die Maschine warm laufen, wenn möglich mit offener Motorhaube und wenn Sie bemerken, dass sich das Niveau der Kühlflüssigkeit senkt, füllen Sie gleich mit der vorbereiteten Mischung nach. Wenn der Motor warm ist, steigen Sie ein und fahren Sie ein paar Kilometer. Fahren Sie auf einer ruhigen Strecke ohne Verkehr, auf der sie anhalten können, falls Ihr Motor plötzlich und unerwartet versagen sollte. Am besten ist es, wenn Sie nicht zu langsam fahren, denn wenn die Kraftstoffzufuhr wegen einer Luftblase in ihrem Leitungssystem kurz unterbrochen ist, können Sie schnell wieder auf Diesel umschalten und so den größten Teil oder alle Luft aus dem System drücken, bevor der Schwung weg ist.

Wenn Sie nur die Möglichkeit haben langsam auf einer leeren Straße zu fahren, dann schalten Sie für 5 Sekunden auf Pflanzenölbetrieb um, dann wieder für eine Minute zurück auf Diesel. Gab es irgendeinen Schluckauf oder Stotterer? Falls ja, wiederholen Sie diese kurzen Schaltphasen, bis Sie keinen Unterschied mehr merken, wenn Sie umschalten. Dann verlängern Sie den Pflanzenölbetrieb auf 10 Sekunden, dann auf eine Minute usw. Für gewöhnlich ist die Testfahrt nicht besonders aufregend. Wenn man immer wieder Schluckauf spürt, auch nach wiederholten Versuchen, die Luft zu entfernen, dann sollte man nach Haus fahren und nach undichten Stellen suchen.

Tatsächlich fragen sich die meisten Leute, ob sie wirklich die ganze Elektrik richtig verdrahtet haben und ob sie immer noch mit Diesel fahren. Nach ein paar weiteren Minuten mit ruhigem Lauf halten Sie einfach am Straßenrand an und schnuppern Sie. Wenn es nach Grill riecht, haben Sie es geschafft. Die Umrüstung ist fertig.

Falls Sie sich dafür entschieden haben, einen Tank für ihr Pflanzenöl zu verwenden, der vorher für Diesel benutzt wurde, achten Sie auf wachsartige Ablagerungen darin. Diese können sich durch warmes Pflanzenöl lösen. Um die Gefahr zu vermeiden, nach ein paar hundert Kilometern mit einem verstopften Kraftstofffilter stehenzubleiben, können Sie folgendes tun: Den Tank mit heißem Dampf reinigen und anschließend gründlich trocknen, oder einen kleinen durchsichtigen Einmalfilter in die Kraftstoffleitung (unmittelbar vor dem Hauptfilter) einsetzen. Halten Sie ein paar Ersatzfilter und Tücher bereit. Man sieht es gleich, wenn die Filter mit Dreck aus dem Tank voll sind. Es ist dann wirklich nicht schwer den verbrauchten Filter gegen einen neuen auszutauschen.

Weitere Ratschläge zur Umrüstung von Boulder-Biodiesel

Ratschläge zum 2-Tank System mit Biodiesel oder Petrodiesel: Das Motorbetriebssystem einschließlich Zündeinstellung, Einspritzdruck, Ventilöffnungszeiten und Verdichtung bleibt unverändert. Nur das Öl muss auf

2. Aufbereitung des Speiseöls

mindestens 70 °C erhitzt werden, damit es durch die Einspritzpumpen in feinste Tröpfchen versprüht werden kann, die ein zündwilliges Gemisch bilden. Bei 70 °C entspricht die Viskosität von Pflanzenöl noch nicht der von herkömmlichem Diesel (eine höhere Temperatur wäre wünschenswert, ist jedoch mit Hilfe von Kühlwasser nicht erreichbar). Abgenutzte und ermüdete Kraftstoff- und Einspritzpumpen können daher zu Problemen führen, wenn der Einspritzdruck niedriger als gewöhnlich ist. Gegebenenfalls sollte man sie austauschen.

Zum Vorwärmen des Speiseöls kann ein Wärmetauscher in den Tank eingesetzt werden und erhitztes Kühlwasser vom Motor durchgeleitet werden. Das Kühlwasser hat eine hohe Wärmekapazität und kann zuverlässig viel Wärmeenergie auf das Speiseöl übertragen. Der Wärmetauscher kann sehr einfach gebaut sein und aus ein paar Windungen Kupfer, Aluminium oder Stahlrohr bestehen, aber er sollte so im Tank angebracht sein, dass das Öl direkten Kontakt damit hat, um gute Wärmeübertragung zu gewährleisten. Kupfer wird gern verwendet, da es einigermaßen preisgünstig und leicht zu verarbeiten ist, Kupfer ist jedoch in Gegenwart von Speiseöl weniger korrosionsbeständig als Aluminium oder Stahl, daher sollte man es nach Möglichkeit meiden. Wenn der Tank wärmeisoliert wird, macht man das System besonders effektiv. Das ist besonders dann anzuraten, wenn der Tank unter dem Wagen angebracht und somit kalter Luft ausgesetzt ist. Die Leitungen, die das Öl zum Filter transportieren, können ebenfalls erwärmt werden, indem man sie mit den Kühlwasserleitungen zusammenbindet, die zum und vom Tank führen. Der Filter selbst sollte auch erwärmt werden. Filter, die für große Dieselfahrzeuge in sehr kaltem Klima konstruiert wurden, funktionieren am besten, denn sie haben eine größere Filtrations- und Wasserabscheidekapazität. Außerdem haben sie eingebaute Anschlüsse für die Erwärmung mit Kühlwasser. Die Fließrichtung des Kühlwassers sollte im Gegenstrom zum Kraftstofffluss erfolgen, d.h. sie sollte so gewählt werden, dass das wärmste Kühlwasser, das direkt vom Motor kommt, die Kraftstoffleitung möglichst dicht am Motor aufheizt. Achtung: Denken Sie auch an den Rückfluss! Lassen Sie das Pflanzenöl nicht durch den Dieselfilter gehen, oder in den Dieseltank zurücklaufen, denn das wird den Kraftstoff für einen Kaltstart verunreinigen und könnte eventuell zu einem Tanküberlauf führen. In manchen Fällen kann eines der Kraftstoffsysteme geschlossen sein, doch ein wenig Kraftstoffrücklauf ist nötig, damit die Pumpen korrekt funktionieren und um Luft aus dem Kraftstoffsystem zu spülen. In einigen Fällen ist es ratsam, zusätzlich elektrische Heizer mit einzubauen, besonders dann, wenn die Kühlwassertemperatur allein nicht ausreicht.

Als Schaltventil kann man ein Solenoid-Ventil (Magnetschaltventil) verwenden, von einem Motor getriebene Ventile sind jedoch zuverlässiger bei Pflanzenöl, wegen dessen hoher Viskosität. Ein Wählschalter kann auf das Armaturenbrett gesetzt werden, damit man schnell und einfach umschalten kann. Für vollständige Kraftstoffzuleitung- und Rücklaufsysteme bei beiden Tanks kann man entweder ein Ventil mit 6 Anschlüssen verwenden, oder zwei Ventile mit 3 Anschlüssen kombinieren.

Es gibt eine Vielzahl kommerziell erhältlicher Umrüstbausätze, die unterschiedliche Bauteile verwenden. Man kann natürlich auch selbst ein System individuell zusammenstellen, z.B. aus Reststücken oder ausgebauten Teilen.

Kommerzielle Umrüstung

Ein kompletter Umbau mit Einbau eines zweiten Tanks und aller Schalt- und Regeleinrichtungen kostet in darauf spezialisierten Werkstätten etwa 1.200 € für PKW und 2.000 € für LKW. Wenn man die Umrüstung unter Anleitung in einer Werkstatt selbst durchführen kann, kostet es 750 € bis 950 €. Zeitlich muss man dafür ca. ein Wochenende einplanen (z.B. bei der Fa. Heinz Mayr in Worms).

Die Umrüstungen sind speziell für frisches Pflanzenöl gedacht. Eventuelle Garantieleistungen des Umrüsters beziehen sich daher auch nur auf die Verwendung von frischem Pflanzenöl, welches immer noch billiger ist als Diesel an der Tankstelle. Es kostet ca. 80 ¢ pro Liter im Einzelhandel und etwas weniger (um die 75 ¢, manchmal auch weniger) bei einer Ölmühle. Prinzipiell kann man beliebiges Speiseöl verwenden, z.B. von Sonnenblumen, Disteln, Maiskeimen, Raps, Erdnüssen, Sojabohnen und Walnüssen. Von der Verwendung ausgenommen ist nur Olivenöl, denn dieses verharzt bei höheren Temperaturen schnell, allerdings wäre es für die Verwendung als Autokraftstoff ohnehin zu teuer.

Reinigung des Öls

Auch wenn man das Risiko, das mit der Verwendung von gebrauchtem Speiseöl verbunden ist, eingehen möchte, sollte man gebrauchtes Speiseöl nicht einfach so wie es ist für das Dieselauto verwenden (selbst dann nicht, wenn das Auto für den Pflanzenölbetrieb umgerüstet ist). Man muss das Öl vorher etwas aufbereiten, indem man es reinigt und erwärmt, damit es so flüssig wird, wie Dieselöl.

Es gibt zwei Komponenten im gebrauchten Speiseöl, die man entfernen muss, um es als Kraftstoff nutzbar zu machen: Feststoffe und Wasser. Die Filtereinheiten, die man verwendet, um diese aus dem Öl zu entfernen, werden oft Vorfilter genannt, da sie das Pflanzenöl filtern, bevor das Öl in den Kraftstofftank gefüllt wird. Danach muss das Öl noch durch mindestens einen weiteren Filter bevor es durch die Einspritzpumpe fließt, die eine sehr geringe Toleranz für Feststoffe besitzt (die Porengröße muss weniger als 10 micron betragen). Freies Wasser ist sogar ein noch größeres Problem,

2. Aufbereitung des Speiseöls

denn in Kombination mit den Feststoffen kann es die spiegelglatten Innenwände der Einspritzpumpe zerkratzen oder aushöhlen und sie so in kurzer Zeit ruinieren.

Eine der einfachsten Möglichkeiten, das Öl zu entwässern, besteht darin, es für einige Wochen im flüssigen Zustand zu lagern. Ein hoher Partikelanteil kann das Abtrennen des Wassers jedoch erschweren, wenn man also zuerst die Partikel herausfiltert, verkürzt sich die Absetzzeit drastisch. Das Wasser muss sich für wenigstens einige Stunden absetzen können (bei geeigneten Bedingungen können dazu vier Stunden ausreichen). Wenn man nur das Absetzen als eine Form der Vorfilterung verwendet, wird sich der Feinfilter im Auto bald verstopfen.

Eine verbreitete Technik ist es, Speiseöl von nahe der Oberfläche des Sammelbehälters zu nehmen, so wird der Sammeltank gleichzeitig auch als Absetztank benutzt. Eine andere Technik besteht darin, das Öl zuerst für einige Stunden im flüssigen Zustand absetzen zu lassen und dann den Überstand abzusaugen. So bleiben alle Rückstände im Sammelbehälter, man kann mit jeder Vorfiltereinheit viel mehr gebrauchtes Öl verarbeiten, bevor sie gereinigt oder ersetzt werden müssen.

Eine weitere Möglichkeit ist die Behandlung von gefiltertem Speiseöl mit Terpentinersatz, bevor es verwendet wird. Hierzu füllt man das gereinigte Fett in 25 l Kanister ab, in die man 24 Liter des gefilterten Speiseöls gibt und dazu einen Liter Terpentinersatz. Dieser Ersatz hilft, die tierischen Fette zu koagulieren, Sie fallen aus der Lösung und bilden einen dünnen weißen Niederschlag am Boden. In diesem Behälter wird das Fett mindestens einen Monat gelagert, wenn man dann den Kanister öffnet, findet man in der Regel eine klare, honigartige Flüssigkeit und eventuell einen dünnen Niederschlag am Boden. Die klare Flüssigkeit kann man absaugen und in den Kraftstofftank geben. Wenn trübes Material übrig bleibt, kann man es in den Absetztank geben und nochmals behandeln.

Am besten bewahrt man die Behälter vor Hitze und Kälte geschützt in einem Stall oder einer Garage auf.

Man kann auch einige Filtereinheiten mit angeschlossener Pumpe kaufen. Welchem Modell man dabei den Vorzug gibt, hängt auch vom Durchsatz (d. h. welche Mengen man in welcher Zeit abpumpen möchte bzw. muss) ab. Egal wie man filtert, es bleibt immer etwas unbrauchbares Öl übrig, das man nicht verwenden kann, weil es zu schmutzig ist.

Erwärmung des Öls

Wenn gebrauchtes Speiseöl auf etwa 70 °C bis 80 °C erhitzt wird, dann ist seine Viskosität zwar noch nicht die von kaltem Dieselöl, aber das Kraftstoffsystem kann dann mit dem Öl umgehen. Darum verwendet man in der Regel Dieselöl zum Starten und anschließend noch solange, bis der Motor warm genug ist, dann schaltet man mit einem Ventil auf den Speiseölbetrieb um. Einige Minuten vor dem Ausschalten des Motors wechselt man wieder auf Dieselbetrieb, das dient dazu, den Motor zu spülen, damit er beim nächsten Start wieder leicht mit Diesel anfahren kann. Kaltes Öl kann im Motorraum zu klebstoffartigen Ablagerungen führen, die man durch das Spülen verhindert.

Für viele Leute, besonders wenn sie in wärmeren Gegenden wohnen, reicht die Motorwärme allein aus, um das Pflanzenöl auf die richtige Temperatur zu bringen. Sie verwenden verschiedene Techniken, um die Wärme der Kühlflüssigkeit zum Aufheizen des Kraftstoffs zu nutzen, eine davon ist die „Schlauch *im* Schlauch"-Technik, bei der die Kraftstoffleitung innerhalb der Kühlleitung verlegt wird. Diese Technik ist jedoch anfällig für Leckagen. Eine andere Möglichkeit ist die „Schlauch *auf* Schlauch"-Technik, bei der die Leitungen aufeinander verlegt werden. Um eine gute Wärmeübertragung zu gewährleisten, müssen die Schläuche gut wärmeleitend sein und als Bündel nach außen hin isoliert werden.

Eine weitere Technik ist das Erwärmen, auch des Tanks mit Hilfe der Kühlflüssigkeit und/oder das Installieren von elektrischen Heizern, die von der Bordbatterie gespeist werden, um Kraftstoffleitungen und Filter zu heizen. In kälterem Klima und bei größeren Maschinen kann dies zwingend erforderlich sein, weil es mit dem Wärmetauscher allein zu lange dauern würde, bis man umschalten kann, oder weil die erforderliche Temperatur sonst gar nicht erreicht würde. Es ist auch möglich, mit etwas kälterem Kraftstoff zu fahren, der dann entsprechend viskoser ist, doch bedeutet dies eine große Belastung für die Kraftstoffpumpen und verkürzt daher die Betriebsdauer.

Die Betreiber des „Big Green Bus", vom Dartmouth College, in Hanover, New Hampshire, U.S.A. haben eine Initiative zur Verwendung regenerativer Energie gegründet, die durch Schulung und die Vorbildwirkung am eigenen Beispiel die Leute auf diese Energieformen aufmerksam machen. Zur Zeit reisen sie durch viele Bundesstaaten der U.S.A. um die Botschaft der Pflanzenölnutzung zu verbreiten. Sie haben einen alten Schulbus in Eigenarbeit auf Pflanzenölbetrieb umgestellt, dafür mussten sie zwei zusätzliche elektrische Hochleistungsheizungen installieren, um mit gebrauchtem Pflanzenöl fahren zu können. Diese werden von aufladbaren Batterien gespeist, die Tiefentladung vertragen (z.B. NiCd-Akkus). Eine der Heizungen ist direkt am Kraftstoffabfluss des Tanks befestigt, um den Kraftstoff dort zu erwärmen, wo es besonders nötig ist, damit er gut durch die Leitungen fließen kann.

2. Aufbereitung des Speiseöls

Die zweite Heizung heizt unmittelbar vor dem Kraftstofffilter noch einmal auf, damit das Öl leichter den Filter passieren kann. Dieser Filter ist dich vor dem Motor angebracht, damit das Öl nicht mehr abkühlen kann, bevor es eingespritzt wird. Die konzentriert eingesetzte Wärme kann das Öl soweit aufheizen, dass der Motor ohne Diesel und nur mit Pflanzenöl starten kann. Man muss lediglich den Heizungen ein paar Minuten Zeit geben, um das Öl anzuwärmen. Ist die Maschine erst einmal ins Laufen gekommen, dann lädt die Lichtmaschine die entladenen Batterien wieder auf.

Dennoch besitzt der Bus noch einen Tank für Biodiesel. Das ist nicht nur ein Hilfssystem für den Fall, dass es Probleme mit dem Speiseölantrieb gibt, sondern er wird auch benutzt, um das System zu reinigen, bevor der Motor abgeschaltet wird. Das Pflanzenöl kann die engen Öffnungen und beweglichen Teile im Motor verkleben, wenn es erkaltet. Darum lässt man den Motor noch für ein paar Minuten mit Biodiesel laufen, um ihn vom Pflanzenöl freizuspülen.

Abb. 5
Umrüstbausatz

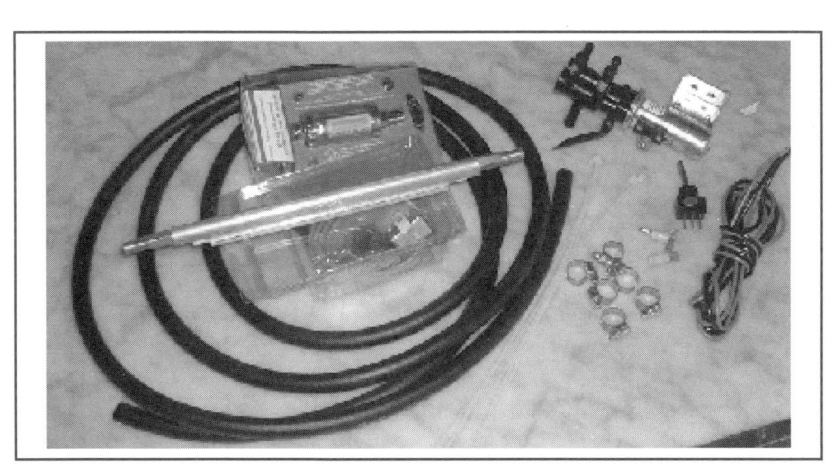

Abbildung 4 zeigt einen käuflichen Umrüstbausatz mit Schlauch, Schlauchklemmen, Pumpe, Kabel, Kabelbindern, Schaltern und Inline-Filter. Das längliche Metallrohr mit den Muffen, in der Bildmitte, ist ein Wärmetauscher, über den die Kühlwasserwärme an das Pflanzenöl abgegeben wird.

Kraftstoffherstellung nach John Nicholson

Es ist möglich, Dieselfahrzeuge mit Pflanzenöl bzw. -fett zu betreiben, ohne durch den mühsamen Prozess der Umrüstung des Kraftstoffsystems zu gehen. Anstatt den Motor zu verändern, kann man den Kraftstoff etwas modifizieren. Es gibt keine strenge Regel dafür, welches der beste Weg ist. Wenn man gerne an Maschinen bastelt und nicht die Finger vom Antriebssystem lassen kann, dann sollte man die Kraftstoffzuführung ändern. Wenn man ein weniger anstrengendes Leben vorzieht, dann sollte man den Kraftstoff etwas abändern. Im folgenden Absatz wird beschrieben, wie man Kraftstoff aus gebrauchtem Speiseöl herstellen kann, der teilweise auch kommerziell vermarktet wird.

> **Warnung:** Dies ist die erste Entwicklungsstufe zum Bio-Power-Agenten! Die meisten Leute, die anfangen, ihren eigenen Kraftstoff herzustellen, machen später ein Geschäft daraus.

Finden Sie einen Speiseölnutzer (besser wären mehrere), der Maiskeimöl oder Rapsöl verwendet und dieses regelmäßig austauscht. Sie sollten ermutigt werden, das Öl sauber zu halten und nicht mit Regenwasser zu verunreinigen. Sammeln Sie ihr Öl regelmäßig ein und falls nötig bezahlen Sie bis zu 15 ¢/l dafür, um Ihre Speiseölbereitsteller für Ihre Idee zu begeistern, das Fett öfter zu wechseln. Ihr Vorteil der finanziellen Unterstützung, liegt darin, dass sie so mehr Fett zu besserer Qualität bekommen. Auch der Restaurantbesucher zieht seinen Nutzen daraus, denn er hat besseres Fett im Essen, was den Geschmack erheblich verbessert. Bedenken Sie, dass die Leute im Restaurant Ihnen helfen, eine Menge Geld zu verdienen, oder zu sparen, darum sollten Sie dafür sorgen, dass jeder zufrieden ist.

Geben Sie das erhaltene Fett in eine Pfanne und erhitzen Sie es auf 50 °C bis 60 °C. Rühren Sie das Fett langsam in der Pfanne und Sie können am Boden etwas bemerken, das wie Froschlaich aussieht: Das ist Wasser. Dieses Wasser wurde aus dem Fett ausgeschieden. Halten Sie einen dicht verschließbaren Kanister oder Eimer bereit und geben Sie etwas Lösungsmittel hinein. Das Lösungsmittel sollte ungefähr 5 % des Gesamtvolumens des Kanisters/Eimers betragen, besonders gut eignen sich industrieller Lackfarbenverdünner oder Terpentinersatz.

Bauen Sie einen einfachen Steg aus Holz, mit einem Loch in der Mitte, das so groß ist, dass ein Küchensieb hineinpasst. Legen Sie dieses dann über die Öffnung des Eimers und geben Sie ein halbes Haushaltswischtuch aus Kunststoffvlies in das Sieb, oder falten Sie das Tuch einmal, um die doppelte Filterwirkung zu erhalten. Gießen Sie das erwärmte Öl durch das so bedeckte Sieb, welches Teile mit einer Größe von 10 micron und mehr entfernt. Das Tuch kann danach mit Haushaltsspülmittel wieder gereinigt werden.

Schließen Sie den Eimer und lassen Sie ihn drei Wochen lang stehen, denn das hilft oxidierte (vernetzte) Fette durch Ausfällung abzuscheiden. Dies ist eine billige und einfache Methode, das Fett als Kraftstoff brauchbar zu machen. Wenn das Fett fertig gelagert ist, können Sie es vorsichtig von oben absaugen, bis Sie in die Nähe des Bodens kommen. Sehen Sie nach, wieviel

2. Aufbereitung des Speiseöls

Sediment sich gebildet hat, das sollten Sie nicht absaugen, sondern es in einen besonderen Sammelabsetztank geben, der etwas erhöht stehen sollte und vorzugsweise auch einen Ablasshahn hat. Das saubere Öl aus dem Überstand wird getrennt abgefüllt und gemessen, denn in England muss dies ganz normal, wie Diesel, versteuert werden, wenn es als Kraftstoff verwendet wird.

Es gibt keine klare Regel, welches Lösungsmittel am besten funktioniert und in welchen Beimengungen, Benzin, Diesel und/oder Ethanol zu wählen sind. Man muss ein wenig experimentieren, um herauszufinden, was in der eigenen Maschine am besten funktioniert. Irgendwann sollten Sie die trüben Fette aus dem Sammelabsetztank verarbeiten. Dazu lassen Sie erst einmal den Schlunz (schmutzige, matschartige Rückstände) durch den Ablasshahn heraus und bewahren ihn in Eimern auf. Man kann das klare Material von dem trüben trennen, indem man z.B. einen extra Separator benutzt. Diesen kann man aus einem Eimer bauen, in den man ein paar Löcher bohrt und ihn in einen zylindrischen Drahtrahmen steckt, über den ein Gewebesack (Strumpf) gezogen wird, wie er für die Weinherstellung verwendet wird. Beides steckt man dann in einen etwas größeren, zweiten Eimer der zum Sammeln des Öls dient. Anschließend gibt man das Schlunzfett in den perforierten Eimer und lässt es absetzen. Die passierten Fette werden wieder in den oberen Eimer gegossen, bis sich im Sack ein Fettüberzug gebildet hat. Die Filtration geschieht nicht so sehr durch den Sack, wie durch das Fett selbst. Das Fett verbindet sich mit dem bereits vorhandenen Fett und so bleibt immer mehr davon hängen. Dann erlauben Sie den gut löslichen Fetten, langsam durchzutropfen, so wie man bei der Käseherstellung die Molke vom Kasein trennt. Der Auffangeimer wird sich mit einem ziemlich klaren, flüssigen Öl füllen, das man zu Kraftstoff verarbeiten kann. Das dicke Fett kann man verheizen oder zu Biodiesel verarbeiten.

Kritik an der Verwendung von Gemischen

Einige Leute sind eher skeptisch gegenüber den Versuchen, Speiseöl als Kraftstoff zu verwenden, ohne vorher das Auto umzurüsten, sondern das Öl nur durch Verdünnung mit anderen, Viskosität-senkenden Stoffen zu mischen. Sie verweisen meist auf fehlende Langzeitversuche, Emissionsprotokolle und dergleichen. Diese Skeptiker fühlen sich bestärkt durch Meldungen, die über schlechte Erfahrungen berichten. Dem gegenüber stehen jedoch viele gute Erfahrungen von Leuten, die bereits einige Jahre mit solchen Gemischen fahren und darüber berichten.

Niemand, der die Verwendung von Speiseöl ohne Motorumrüstung propagiert, behauptet, dass man eine beliebige Mischung nehmen kann. Die Methode ist nicht so robust, als dass sie nicht unüberlegt falsch angewendet werden könnte.

Kritische Bemerkungen kommen z.B. zu den beiden folgenden Rezepten, wobei anzumerken ist, das niemand, der sich mit der Materie beschäftigt hat solche Ansätze verwenden würde, es handelt sich um rein experimentelle Mischungen.

Eines der Rezepte beinhaltet folgende Substanzen: 85 % gebrauchtes Speiseöl, 10 % Kerosin, 5 % Benzin, ein Cetan Booster und eine geheime Zusatzsubstanz, die von Experten als eine Mischung aus Xylol-Lackentferner und Mottenkugeln (Naphtalin) identifiziert wurde. Der Benutzer hat die Einspritzpumpe (Bosch VP44) seines Vauxhall Astra TDI beschädigt, nachdem er nur 100 Liter eines Gemisches aus 80 % gebrauchtem Speiseöl, 10 % vergälltem Alkohol, 5 % Butanol und 5 % Benzin verwendet hatte. Bosch, der Hersteller der Einspritzpumpe, hat die Verwendung von Alkoholgemischen für seine VP44 Einspritzpumpen verboten. Ob solche Warnungen auch für andere Lösungsmittel gelten, die in Speiseöl-Gemischen verwendet werden, ist nicht bekannt. Auch Pumpen von der Marke Stanadyne sind für den Speiseölbetrieb nicht geeignet.

Untersuchungen der Universität Hohenheim im Jahr 2002 beschäftigten sich damit, ob man Traktoren mit verschiedenen Gemischen mit Pflanzenöl fahren kann. Festgestellt wurde, dass diese Variante mit einem nicht dafür ausgerüsteten Dieselmotor problematisch ist, da die Schlepper in der Regel im Teillastbereich betrieben werden. Das führt mit der Zeit zur Verkokung des Motors und macht Wartungsintervalle von 300 Betriebsstunden nötig, während beim Betrieb mit Petrodiesel allein 500 Stunden üblich sind. Ebenfalls bemerkt wurde, dass das Öl sich unter den Teillastbedingungen mit dem Motoröl mischt und die Schmierwirkung beeinträchtigt. Das führt zu erhöhtem Abrieb, was man unter anderem am zunehmenden Eisengehalt im Motoröl feststellen kann.

3. Kommerzielle Produkte

Versuche mit Pflanzenölbeimischungen werden nicht nur von experimentierfreudigen Autofahrern durchgeführt, sondern auch von kommerziellen Herstellern. Es gibt ein paar Beispiele für käufliche Pflanzenölmischprodukte, die im folgenden Abschnitt vorgestellt werden.

PLANTANOL

In Deutschland gibt es die Firma PLANTANOL, die einen fertigen Kraftstoff anbietet, der aus Pflanzenölmischungen und die Zündkraft verstärkenden und die Verbrennung verbessernden Komponenten besteht. So heißt es auf der Internetseite von www.plantanol-diesel.de: Dieses Produkt ist für normale Dieselfahrzeuge ohne Umrüstung geeignet. Der Gesetzgeber hat bestimmt, dass das Produkt PLANTANOL-Diesel heißen muss, darüber ist der Firmengründer Jürgen Runkel jedoch gar nicht glücklich, denn mit Bio-Diesel hat seine Schöpfung nichts zu tun. Runkel ist Experte für Dieselmotoren und hat viele Jahre mit verschiedenen Zutaten und Mischungsverhältnissen experimentiert, bevor er seine Idealmischung gefunden hat. Seine Erfahrungen und die Testberichte waren so überzeugend, dass die Stadt Wiesbaden probeweise den Kraftstoff in einigen Fahrzeugen ihres Fuhrparks getestet hat. Nach der Testphase mit Motorinspektion waren die Rückmeldungen so positiv, dass jetzt der gesamte Fuhrpark der Stadt mit PLANTANOL fährt. Hauptbestandteil von PLANTANOL ist Rapsöl, Leindotteröl ist laut Runkel noch besser geeignet, aber leider nicht in den nötigen Mengen erhältlich. Bestimmte Rapssorten haben einen hohen Anteil an langkettiger Erucasäure in ihrem Fettsäuremuster, die das Öl zähflüssiger machen. Bei Leindotter gibt es dieses Problem nicht.

An diesem Beispiel sieht man, dass es durchaus möglich ist, auf der Basis von Pflanzenöl einen Dieselersatz herzustellen. Doch PLANTANOL ist ein standardisiertes Produkt, dessen Pflanzenölanteil nur aus modifizierten, hoch gereinigten, motortauglichen Ölen besteht. Viele Probleme, die bei gebrauchten Ölen vorkommen, gibt es bei PLANTANOL nicht. Zu diesen Problemen gehören: Wechselnde Ölzusammensetzung, freie Fettsäuren, Mono- und Diglyceride sowie oxidierte und polymerisierte Fette. Diese Probleme sind auch dann noch vorhanden, wenn man gewissenhaft durch längere Lagerung das suspendierte Wasser abscheidet und alle Schwebstoffe durch feinste Filter mit einer Porengröße von 5 micron herausfiltert.

Tessol-NADI

Der Kraftstoff Tessol-NADI der Firma Tessol GmbH, Stuttgart ist ein Versuchskraftstoff für die Landwirtschaft, der aus Rapsöl (80 %) sowie Testbenzin (14 %) und Isopropanol (6 %) besteht. Testbenzin wird auch Lackbenzin oder Schwerbenzin genannt und ist Hauptbestandteil von Terpentinersatz. Es heißt so, weil es daraufhin getestet wird, dass sein Flammpunkt über 21 °C und der Siedebereich zwischen 130 °C und 220 °C liegt, normales Benzin hat einen Flammpunkt von -20 °C. Den Kraftstoff Tessol-NADI gibt es bereits seit mehr als zehn Jahren und er wurde auch in Versuchen an der Universität Hohenheim in den Jahren von 1992-1995 getestet. Im Teillastbereich von 25 % der Motorleistung wurden bei einem Schlepper bereits nach 100 Stunden Betriebsdauer Ablagerungen und damit verbundene Motorschäden festgestellt. Motorauslastungen zwischen 25 % und 45 % sind jedoch für Schlepper in der Landwirtschaft üblich. In diesem Schwachlastbereich ist der Kraftstoffverbrauch gegenüber Diesel erhöht. Im mittleren Bereich bis etwa 70 % ist der Verbrauch annähernd gleich und bei Auslastung über 70 % ist der Verbrauch geringer als bei Diesel. Im Teillastbereich war

III. Pflanzenöl – Grundlagen

die permanente Motorölverdünnung durch das Rapsöl ein großes Problem, wie bereits weiter oben erwähnt. Darum empfiehlt die Universität den Kraftstoff nicht für Motoren, die überwiegend im Teillastbereich gefahren werden, wie es bei Schleppern in der Landwirtschaft der Fall ist. Dagegen halten die Prüfer Tessol-NADI uneingeschränkt für geeignet als Kraftstoff bei Motoren die überwiegend im Volllastbetrieb laufen, insbesondere bei Blockheizkraftwerken und Stromgeneratoren.

Die Einschränkungen für Tessol-NADI beziehen sich auf moderne Direkteinspritzer-Dieselmotoren. Indirekte Einspritzer mit Vorkammermotoren, wie sie früher üblich waren, aber auch solche modernerer Bauart können jedoch mit Tessol-NADI als Alleinkraftstoff betrieben werden.

In einer später durchgeführten Studie (ACREVO von 2001) an mehreren europäischen Versuchslabors, wurde Tessol-NADI ebenfalls in normalen Dieselmotoren geprüft. Wiederum fand man im mittleren und hohen Lastbereich gute Leistungs- und Abgaswerte, doch im Teillastbereich und ganz besonders im Leerlauf zeigten sich unter Prüfstandsbedingungen eine Motorölverdünnung und Verbrennungsrückstände.

Das Problem der Motorölverdünnung wurde auf die hohe Viskosität des Pflanzenöls zurückgeführt. Erst bei 150 °C entspricht die Viskosität des Pflanzenöls der von Petrodiesel. Es kann bei niedrigeren Temperaturen nicht richtig zerstäubt und verbrannt werden und bleibt flüssig und so kann es sich mit dem Motoröl mischen.

Mischungen von Pflanzenöl mit Ethanol

Die Firma Tessol hat auch noch einen zweiten Kraftstoff im Angebot. Diese neue Formulierung hat steuerliche Gründe, denn Tessol-NADI wird als fertiger Kraftstoff aufgrund seines Benzinanteils wie normaler Mineralölkraftstoff versteuert, somit entfällt ein wesentlicher Preisvorteil. Der neue Kraftstoff heißt Tessol II und besteht aus 65 % Pflanzenöl, 30 % Rapsmethylester (Biodiesel) und 5 % Ethanol.

Eine weitere Mischung wurde in der oben erwähnten ACREVO Studie getestet. Die Forscher fanden heraus, dass durch Zugabe von 9 % Ethanol die Viskosität des Gemisches so weit verringert werden kann, dass bereits bei Vorheiztemperaturen von 70 °C bis 80 °C die Fließfähigkeit von Diesel erreicht wird. Diese Temperaturen sind durch einfaches Vorheizen der Kraftstoffleitung mit Kühlwasserwärmetauschern erreichbar.

3. Kommerzielle Produkte

Anmerkungen zu Beimischungen beim Dieselöl

Wer Bedenken hat Beimischungen bei seinem Kraftstoff vorzunehmen, der sollte sich klar machen, dass der normale Diesel ein relativ unsauberes Produkt ist. Er besteht schon aus etwa 300 verschiedenen Komponenten. Außerdem enthält er eine Reihe von Zusätzen, die Zündwilligkeit, Rußbildung, Frostsicherheit, Schmierwirkung, Wasseraufnahme und weitere Eigenschaften beeinflussen.

Kraftstoff	Viskosität (cSt, 20 C)	Dichte	Kettenlänge (C_n)
Benzin	0,6–0,75	0,72–0,78	7
Diesel	3,5–3,9	0,78–0,84	13
Rapsöl	68–75	0,92	57–69
Rapsölmethylester	6,0–8,0	0,86–0,9	19–23
Ethanol	1,5	0,79	2
Methanol	0,75	0,79	1

Die Tabelle zeigt, wie groß die Unterschiede bei den Viskositäten der Kraftstoffe sind. Bei den Kohlenwasserstoffen, die alle nicht polar sind, erkennt man eine Abhängigkeit der Viskosität von der Kettenlänge der Moleküle. Bei den Alkoholen gibt es diese Abhängigkeit auch, ihre Viskosität ist jedoch erhöht, weil die Moleküle untereinander noch zusätzlich polare Wechselwirkungen zeigen. Darum sind auch die kurzkettigen Kohlenwasserstoffe bei Raumtemperatur gasförmig, während die kurzkettigen Alkohole flüssig sind.

Bei Benzin und Diesel sind die mittleren Kettenlängen angegeben, denn sie enthalten beide eine Vielzahl von Stoffen. Beim Rapsöl ist die Kette nicht linear, sondern verzweigt, wegen des Alkohols Glycerin, mit dem die Fettsäuren verestert sind. Die Kettenlängen schwanken, weil die Fettsäuren zwischen 18 und 22 Kohlenstoffatome lang sein können.

Motoren, die nur mit Pflanzenöl fahren

Die Eintank-Pflanzenöltechnologie wird von drei deutschen Firmen angeboten. Elsbett Technologie ist bereits seit 30 Jahren im Geschäft. Die Vereinigten Werkstätten für Pflanzenöltechnologie bestehen schon 12 Jahre und Wolf Pflanzenöltechnik besteht seit Mitte der neunziger Jahre.

Der Umbausatz von Elsbett enthält verschiedene spezielle Bauteile: Z.B. die von Elsbett produzierten Einspritzdüsen, mit besonderem Sprühmuster und Abstrahlwinkel, der optimiert ist für Pflanzenöl. Die Einspritzpumpen sind stärker, um mit der höheren Viskosität besser umgehen zu können. Viskositätsvergleiche kamen zu dem Ergebnis, dass Pflanzenöl auf 150 °C erhitzt werden muss, um die gleiche Fließfähigkeit wie Diesel zu haben. Bei normalen Aufheiztemperaturen (um die 70 °C oder 80 °C), ist das Öl (Rapsöl) noch immer sechs Mal viskoser als Diesel. Der Einspritzdruck ist erhöht um 5 bis 10 bar, abhängig von der Maschine. Die normalen Glühkerzen werden ersetzt durch längere, die weiter in die Brennkammer reichen, die zudem heißer werden und die Hitze länger halten. Hinzu kommen elektrische Kraftstoffheizer und eine zweite Heizquelle, die vom Kühlkreislauf über Wärmetauscher kommt, doppelte Kraftstofffilter und Öltemperatursensor, ferngesteuerte Schaltung für Glühkerzen und eine Filterheizung. Insgesamt bewirkt dieser Umbau, dass die Fahrzeuge auch bei Minusgraden noch gut starten können. Elsbett rät jedoch von der Verwendung von gebrauchtem Speiseöl ausdrücklich ab: Man verliert alle Garantien und Gewährleistungen, wenn man sich nicht an die Vorgaben hält.

Deutschland ist das erste Land, das einen Pflanzenölstandard für die Verwendung als Motorkraftstoff herausgegeben hat, dieser gilt nur für frisches Speiseöl und schließt gebrauchtes Speiseöl ganz aus.

Einige Leute bauen sich Wärmetauscher aus Kupferrohr zum Anwärmen ihres Pflanzenöls. Das ist offenbar keine gute Idee, wie das Labor ASG Analytik Service aus Deutschland meint, das an der Entwicklung des Pflanzenölstandards für Motoren maßgeblich mitgewirkt hat. Spuren von Kupfer können die katalytische Zersetzung von Pflanzenöl beschleunigen und das beeinträchtigt die Motorleistung, den Motorverschleiß und die Abgaszusammensetzung.

Der Grund für die ablehnende Haltung gegenüber gebrauchtem Speiseöl ist der, dass es sich nicht um ein definiertes, standardisiertes Produkt handelt. Es ist aus verschiedenen Ölen zusammengesetzt, es hat einen wechselnden Wassergehalt und es sind unterschiedlich viele freie Fettsäuren enthalten. Um sicher zu sein, dass Probleme mit Gemischen nicht auf die Ölqualität zurückgeführt werden können, sollte man Rezepte vorerst mit sauberem Öl ausprobieren.

4. Weitere Verwendungen von Biodiesel

Biodiesel ist vielseitig verwendbar, selbst jemand der kein Dieselauto hat, kann von der preiswerten Erzeugung von Biodiesel profitieren. Der Nutzen pro Einheit ist jedoch am größten, wenn man den Kraftstoff selbst verwendet. Zwar ist Biodiesel nicht mehr ganz von der Mineralölsteuer befreit, doch sind es nur 10 % die man in den Berechnungen berücksichtigen muss. Um dem Biodiesel trotzdem den Absatz zu sichern, muss dem normalen Petrodiesel 10 % Biodiesel beigemischt werden. Auf normalen Diesel kommen je

4. Weitere Verwendungen von Biodiesel

nach Schwefelgehalt unterschiedlich hohe Steuern: In Deutschland sind es 485,70 € pro 1.000 l (Schwefel > 10 ppm) oder 470,40 € (Schwefel < 10 ppm). Wenn man Biodiesel für etwa 30 ¢ pro Liter herstellt – eine eher konservative Schätzung – sind 3 ¢ Steuern zu entrichten. Zur Zeit kostet Petrodiesel um 1,10 € pro Liter. Man spart also in etwa 80 ¢ pro Liter.

Heizen mit Biodiesel oder Pflanzenöl

Eine andere Verwendung für Biodiesel ist in einer Ölheizung. Heizöl ist deutlich geringer besteuert, als Kraftstoff. Leichtes Heizöl, das hat die übliche Qualität für die Verbrennung in Hausheizanlagen, wird mit 61,35 € pro 1.000 l besteuert. Davon braucht man etwa 2.000 l bis 3.000 l im Jahr für ein Einfamilienhaus. Die Kosten für Heizöl entwickeln sich parallel zu den Dieselkosten, da beides aus dem gleichen Produkt besteht, nur der Verwendungszweck ist verschieden und daher der Steueranteil. Zur Zeit sind Preise um 60 ¢/Liter zu kalkulieren. In diesem Fall spart man nur 30 ¢ pro Liter, was für die Heizkosten im Jahr 600 € bis 900 € ausmacht.

Auch mit Pflanzenöl kann man eine Heizung betreiben. Entweder man mischt dem normalen Heizöl etwas Pflanzenöl hinzu, was mit einem Volumenanteil von bis zu 20 % möglich ist. Dies gilt für einen moderneren Brenner mit Ölvorwärmung und heißer Brennkammer. Bei Anlagen, die diese Konstruktionsmerkmale nicht besitzen, kann bereits eine Zumischung von 5 % zu Verkokungen an der Düse oder der Stauscheibe führen. Man kann die Heizanlage natürlich auch nur mit reinem Pflanzenöl betreiben, doch dafür muss man einen anderen Brenner verwenden. Kessel, Tank und Leitungen können unverändert bleiben. In Frage kommen Schwerölbrenner, wie sie für industrielle Heizanlagen verwendet werden, Vielstoffbrenner oder solche, die ausdrücklich pflanzenöltauglich sind. Auf normale Mittelölbrenner kann man sich nicht mit Sicherheit verlassen. Geeignete Brenner benötigen einen Druckzerstäuber, eine zusätzliche Ölförderpumpe in der Nähe des Tanks oder am Tank selbst und einen Ölauffangbehälter mit Vorheizeinrichtung auf 60 °C. Die Preise sind, wegen der Zusatzeinrichtungen, etwas höher als bei herkömmlichen Brennern.

Strom erzeugen mit Pflanzenöl

Gerade für die Stromerzeugung ist Pflanzenöl besonders gut geeignet. Probleme, die es bei der Nutzung als Autokraftstoff geben kann, wenn das Fahrzeug im Teillastbereich fährt, entfallen beim Betrieb von Generatoren. Im Volllastbereich ist das Pflanzenöl dem normalen Diesel gleichwertig und sogar noch ergiebiger als dieser. Beim stationären Betrieb hat man auch keine Schwierigkeiten, das Öl in der Startphase kurzzeitig elektrisch aufzuheizen, so lange bis der Motor genug Abwärme liefert, um diese Aufgabe zu übernehmen.

Die Angaben zum Verbrauch bei gegebener Generatorleistung entsprechen etwa denen bei Diesel oder Biodiesel. Man kann also das, was im Kapitel „Strom erzeugen mit Biodiesel" auf Seite 46 über Biodiesel gesagt wurde, auch auf Pflanzenöl übertragen.

Wenn man den Strom nicht nur für den Eigenverbrauch nutzen, sondern ins Stromnetz einspeisen möchte, kann man vom Energieeinspeisegesetz (EEG) profitieren und zwar mehr als bei der Verstromung von Biodiesel. Da Pflanzenöl rein pflanzlich ist, bekommt man nach § 8, Abs. 2 des EEG 6 ¢ pro kWh zusätzlich vergütet. Biodiesel hingegen ist nicht rein pflanzlich, denn es enthält Methanol, das ein Nebenprodukt der Mineralölverarbeitung ist. Man könnte Methanol zwar aus Pflanzen herstellen, doch das ist momentan einfach zu teuer.

IV. Pflanzenöl – Praxis

Die folgenden Anmerkungen und Ratschläge zum Umrüsten von Autos auf Pflanzenölbetrieb stammen von Dana Linscott aus Amerika (danalinscott@yahoo.com).

1. Steuerventile (Solenoid Ventile)

Steuerventile sind elektromagnetische oder motorgetriebene, ferngesteuerte Schaltventile für die Kraftstoffleitung. Es gibt sie mit drei und sechs Anschlüssen. Zwei verschiedene Typen davon sind auf dem Markt: Erstens, die elektrischen Magnet-Ventile. Sie besitzen eine Magnethülle und einen Eisenkern, um ein Ventil zu schalten und eine Feder, um das Ventil zurückzustellen, wenn der Elektromagnet ausgeschaltet ist. Diese Ventile sind zunehmend schwerer zu finden und sie sind auch nicht so ideal für die Umrüstung auf Pflanzenöl-Betrieb, wie motorgetriebene Ventile. Denn sie können nicht soviel Druck aushalten, wenn sie in der Grundstellung (von der Feder gehalten) sind und sie gehen schneller kaputt, als die motorgetriebenen Ventile.

Motorgetriebene Ventile verwenden einen umkehrbaren 12V Stellmotor, um das Ventil zu schalten. Strom wird nur für den Schaltvorgang verbraucht und das Ventil bleibt in der Stellung, in der es vor dem Ausschalten des Stroms gewesen ist. Es gibt keine Grundposition und sie kosten etwa soviel, wie die magnetgesteuerten Ventile und sind inzwischen zum Standard für die Umschaltung von einem Kraftstoff auf den anderen geworden. Der Hauptproduzent für motorgetriebene Ventile mit 12V Gleichstrommotor, ist die Firma Pollak (in den U.S.A.).

Anmerkung: Motorgetriebene Ventile mit 3 oder 6 Anschlüssen sind praktisch baugleich und ein Ventil mit 6 Anschlüssen kann leicht in eines mit 3 Anschlüssen umgewandelt werden. Allerdings kann ein Ventil mit 3 Anschlüssen nicht in eines mit 6 Anschlüssen umgebaut werden.

IV. Pflanzenöl – Praxis

Eine weitere, oft benutzte Komponente, für die Umrüstung auf Pflanzenölbetrieb, ist die selbstregelnde Niederdruck-Kraftstoffpumpe, Marke Facet. Die Firma JC Whitney, Hersteller dieser Pumpen, produziert etwa ein Dutzend verschiedener Pumpen, allerdings werden nur zwei für diese Zwecke angeboten. Ein 2–4 PSI (0,14–0,28 bar) Modell und ein 4–7 PSI (0,28–0,49 bar) Modell. Dana Linscott empfiehlt die Pumpe mit dem höheren Druck, denn sie kennt keine Diesel-Einspritzpumpe, die mit diesem Druckbereich nicht umgehen könnte. Wenn Sie jedoch sicher gehen wollen, erkundigen Sie sich, dass Ihre Einspritzpumpe das auch kann.

2. Wasser-Test

Schmieren Sie eine Bratpfanne (vorzugsweise aus Gusseisen) mit gebrauchtem Speiseöl, um beim Aufheizen zu erkennen, wann die richtige Temperatur erreicht ist.

Halten Sie das Ölmuster, das Sie testen möchten, bereit (ca. die erforderliche Menge, um den Boden ein bis zwei fingerdick zu bedecken) und erhitzen Sie die Pfanne mit hoher Temperatur, bis das verschmierte Öl zu rauchen beginnt. Geben Sie dann die Hauptmenge des Musteröls hinein.

> **Achtung:** Nehmen Sie kein Öl, das sichtbar Wasser enthält, für solches Öl braucht man keinen Test. Es ist klar, dass Wasser enthalten ist. Die Wassertropfen würden explodieren und heißes Öl aus der Pfanne schleudern, das kann zu Verbrennungen und Feuer führen.

Beobachten Sie genau den Boden der Pfanne: Bilden sich dort kleine Bläschen, dann ist etwas suspendiertes Wasser im Öl enthalten. Die Anzahl der Bläschen zeigt, wieviel Wasser enthalten ist. Wenn nur sehr wenige kleine Blasen erscheinen, hat man etwa 500 bis 1.000 ppm (0,05 % – 0,1 %) Wasser. Wenn man deutlich mehr Blasen aufsteigen sieht und diese auch größer sind, dann hat man etwa 1.000 bis 2.000 ppm Wasser. Ist ein Knistern oder Knacken zu hören, wenn die Wasserdampfblasen explodieren, dann sind mehr als 2.000 ppm Wasser im Öl. Der Test ist allerdings nur zum Nachweis von emulgiertem Wasser brauchbar.

Das Öl sollte man dann mindestens 5 Tage setzen lassen, noch besser ist es, einen Zeitraum von ein paar Wochen dafür einzuplanen. Anschließend pumpt man den oberen Teil des Kanisters, bis auf die letzten 10 cm, leer. Die Reste mehrerer Kanister kann man zusammenfüllen und wiederum stehen lassen, bis sich alles abgesetzt hat. Die Überstände filtriert man am besten immer sofort durch einen 70 micron Filter. Wenn man keinen VORMAX Filter (in den Kraftstoffkreislauf einbaubarer Spezialfilter zum Abscheiden von Wasser und Schwebstoffen, kostet ca. 200 €) besitzt, sollte man das Öl nochmals durch einen 5 micron Filter laufen lassen.

Dana Linscott:

Ich benutze eine Schlauchpumpe für den 12V Betrieb. Sie ist viel kräftiger, als die meisten billigen Pumpen und sie überhitzt sich nicht, wenn man im Winter Öl damit pumpt. Ich pumpe routinemäßig mehrere hundert Liter am Stück und die Pumpe wird auch dann noch nicht heiß. Billige Pumpen laufen sich fest, sogar im Sommer, weil sie mit der Viskosität des Öls nicht fertig werden. Ich schließe die Pumpe an eine tragbare Jumpstart-Batterie an, wie man sie im Autoersatzteilhandel bekommt. Man kann auch die Krokodilklemmen der Pumpe nehmen und sie an die Autobatterie klemmen, falls man dicht am Auto pumpt.

Zum Absaugen aus Behältern kann man einen „Saugrüssel" verwenden, das ist ein langer Stab aus Edelstahlrohr, der bis etwa 5 cm über den Boden der Kanister reicht. Er hat ein feines Edelstahlsieb eingebaut, das als Vorfilter wirkt.

3. Mischungen aus Speiseöl und Benzin

Einige Verwender von gebrauchtem Speiseöl, überwiegend aus Nordamerika, mischen ihr Öl mit unterschiedlichen Anteilen von normalem, unverbleitem Benzin.

> **Anmerkung:** Wer sich durch einen Besuch der Internetforen näher informieren und auf dem Laufenden halten möchte, sollte folgende Abkürzungen kennen: Dino = Petrodiesel, RUG = regular unleaded gasoline (normales unverbleites Benzin), SVO = straight vegetable oil (frisches, d.h. ungebrauchtes Speiseöl), WVO = waste vegetable oil (Abfallspeiseöl, gebrauchtes S.), UCO = used cooking oil (gebrauchtes Fritieröl).

Jemand von der kanadischen Westküste (British Columbia) beispielsweise, wo das Klima etwa dem in West-Mitteleuropa entspricht, fährt mit einer Mischung aus 85 % gebrauchtem Speiseöl und 15 % regulärem unverbleitem Benzin, plus einem kleinen Schuss „Cetan Boost", ein Produkt der Firma

ADP-Distributors, das PowerService Diesel Kleen heißt. An besonders kalten Tagen fährt er mit 70 % gebrauchtem Speiseöl, 15 % Diesel und 15 % Benzin. Er benutzt diese Mischungen für einen LKW und konnte nachweisen, dass seine Glühkerzen rückstandsfrei und sauber sind. Ein anderer Nutzer hat Labortests mit verschiedenen Mischungen bei kühlen Temperaturen durchgeführt und festgestellt, dass eine Mischung mit 15 % Benzin eher geliert, als eine, die stattdessen Diesel oder Biodiesel enthält.

Kugelsicher
(Username eines Forenbenutzers von http://biodiesel.infopop.cc/groupee/forums):

Das Problem mit der Viskosität bei Speiseöl kann man auf verschiedene Arten lösen: Entweder man macht daraus Biodiesel, erwärmt es oder man verdünnt es. Das Problem beim Verdünnen mit Benzin ist die fehlende Schmierwirkung, daher kann man nicht in beliebigen Verhältnissen verdünnen. Kraftstoffe für alte Dieselmotoren von Mercedes und Ford durften mit 20 % bis 30 % Benzin verdünnt werden, aber das war noch vor der Zeit der schwefelarmen Kraftstoffe, diesen fehlt es nämlich an Schmierwirkung. Wenn man jedoch Speiseöl benützt und es mit 20 % bis 30 % Benzin mischt, dann wird die Schmierwirkung immer noch besser sein, als mit 100 % Petrodiesel.

Beim Mischen mit 20 % bis 25 % Benzin wird auch der Gesamt-Cetanwert nicht erniedrigt, sondern erhöht. Es stimmt zwar, dass Benzin einen sehr geringen Cetanwert hat, doch sollte man sich daran erinnern, dass der Cetanwert aus zwei Komponenten zusammengesetzt ist:

- *Die physikalische Zündverzögerung beschreibt, wie lange es dauert, einen Kraftstoffnebel mit Luft zu mischen und genug Sauerstoff zu finden, dass sich das ganze selbst entzündet. Je kürzer diese Zeit ist, desto höher ist der Cetanwert.*

- *Die chemische Zündverzögerung hat mit der Selbstentzündungstemperatur des Kraftstoffs zu tun: Je höher die dafür erforderliche Temperatur, desto niedriger der Cetanwert. Umgekehrt gilt entsprechendes: Je niedriger die dafür erforderliche Temperatur, desto höher der Cetanwert.*

Benzin hat eine höhere Selbstentzündungstemperatur, als gebrauchtes Speiseöl, aber es hat eine sehr viel geringere Viskosität als Speiseöl. Das Mischen von Speiseöl mit 15 % bis 25 % Benzin erniedrigt die Viskosität so stark und verkürzt daher die physikalische Zündverzögerung so sehr (im Vergleich zu unerhitztem Speiseöl), dass die eventuelle Erhöhung der Zündtemperatur zu vernachlässigen ist und eher überkompensiert wird. Was man also wissen muss, ist: Der Gesamt-Cetanwert der Mischung wird erhöht.

3. Mischungen aus Speiseöl und Benzin

Denken Sie darüber nach: Wenn der Kraftstoff in die Verbrennungskammer eingespritzt wird, hat man freie Speiseölmoleküle und freie Benzinmoleküle (natürlich sind beides Mischungen verschiedener Moleküle), die in der verdichteten Luft nach Sauerstoff suchen. Sobald ein Speiseölmolekül genügend Sauerstoff findet und die Temperatur der verdichteten Luft ausreicht, zündet das Gemisch (wobei das Öl natürlich zuerst zündet). Dadurch entsteht eine Flamme sowie höhere Temperatur, das Benzin zündet und hilft der Flamme sich in der Brennkammer auszubreiten. Wenn erst einmal eine Flamme da ist, spielt der Cetanwert kaum noch eine Rolle.

Ich verwende PowerService Diesel Kleen (PSDK), das eine zusätzliche Erhöhung des Cetanwerts bringt. Ich brauche es nicht zum Starten, wenn ich 80 % Speiseöl und 20 % Benzin verwende, der Hauptgrund dafür ist die Spülwirkung. Es hilft, das Einspritzsystem sauber zu halten und verhindert Rußbildung, aber im Winter ist es eine wichtige Starthilfe und es hilft, die Batterieabnutzung geringer zu halten.

Andere Hersteller gehen davon aus, dass es das wichtigste bei Speiseöl-Benzin-Mischungen ist, wenn man die richtige Mischung durch Experimentieren herausfindet, bis man zu den gewünschten Ergebnissen kommt. Gewünscht sind ein besserer Kaltstart, eine verbesserte Verbrennung und mehr Leistung und zwar ohne dass der Zylinder anfängt zu klopfen. Wenn man mit einer schwächeren Verdünnung anfängt und sich langsam „hoch" arbeitet, kann man leicht das optimale Mischverhältnis finden.

> **Anmerkung:** Das Mischen mit Benzin senkt die Temperatur bei der das Öl fest wird. Daher ist das Mischen mit Benzin nicht geeignet für Leute, die ihre Kraftstoffleitungen heizen, denn das kann Dampfblasen im System erzeugen.

Tim C. Cook:

Ich mische gebrauchtes Speiseöl und Biodiesel mit einem Verhältnis von 1 : 1 in einem ungeheizten System mit nur einem zusätzlichen 10 micron Durchflussfilter. Das funktioniert bis zu einer Umgebungstemperatur von 10 °C tadellos. Ich bin damit schon 65.000 km gefahren, davon insgesamt ca. 320.000 km mit dem gleichen Motor. Ich habe auch mit anderen Mischungen experimentiert, z.B. 75 % Speiseöl, 15 % Gasohol (90 % Benzin, 10 % Ethanol) und 10 % Biodiesel. Das funktioniert bis zu einer Temperatur von 18 °C gut, danach startet der Motor etwas ruckelig, läuft aber normal, sobald der Motor warm wird. Jetzt mische ich immer eine Unze (1/16 pound = = 28,35 g) Aceton und eine Unze Terpentinersatz zu 20 Liter Gemisch. Das scheint die Fette besser in Lösung zu halten.

IV. Pflanzenöl – Praxis

Es liegen auch ausreichend Berichte von Leuten vor, die mit anderen Mischungen fahren, z.B.

- 19 Liter Speiseöl plus 1 Liter Benzin, oder
- 85 % Speiseöl und 15 % Benzin, oder
- 80 % Speiseöl und 20 % Benzin.

Auf einer japanischen Website wird folgendes Rezept angegeben: Entwässern Sie das Öl durch Erhitzen, gießen Sie es durch ein feinmaschiges Sieb und filtern Sie mit Holzkohle (für diese Zwecke reicht eine Holzkohle, die als Geruchsbinder für Kühlschränke benutzt wird). Die Holzkohle kann man bis zu drei Mal verwenden. Anschließend filtert man durch einen Kaffeefilter und dann kann man das Öl mit Diesel mischen: Zwei Teile Diesel + ein Teil Öl im Sommer bzw. drei Teile Diesel + ein Teil Öl im Winter.

Die Firma Survival Unlimited empfiehlt, viele verschiedene Diesel-Speiseöl-Mischungen auszuprobieren, da man je nach Außentemperatur und Motortyp mit Mischverhältnissen zwischen 50 %:50 % und 5 %:95 % gut fahren kann. Wenn man Biodiesel verwendet, sollte man keine papierhaltigen Durchflussfilter benutzen, denn die Methylester quellen die Zellulose auf und die Filterwirkung geht verloren, ein Edelstahlfilter eignet sich wesentlich besser. Wenn Sie keine Möglichkeit haben, sich so einen Filter zu besorgen, können Sie auch einen Papierfilter verwenden und das Papier gegen feinste Stahlwolle „OO" austauschen bzw. feinsten Stahldraht (200 mesh) nehmen. Beim Steigern des Speiseölanteils in der Verdünnung sollten Sie immer darauf achten, ob es eine zusätzliche Rauchentwicklung gibt. Solange die Verbrennung gut läuft, können Sie mit einer immer höheren Verdünnung arbeiten. Alle Motoren verhalten sich unterschiedlich im Bezug auf die unterschiedlichsten Mischverhältnisse, darum sollte wirklich jeder Anwender das optimale Verhältnis für seinen Motor herausfinden. Generell gilt, dass Motoren mit höherer Verdichtung mit einem höheren Speiseölanteil fahren können und auch die Verwendung von Farbverdünner kann helfen. Die Kaltstarteigenschaften sind gut und die Schmierung ausgezeichnet, man sollte jedoch nicht mit einem Anteil von über 5 % Farbverdünner fahren.

Gemische aus 90 % Speiseöl und 10 % Diesel fangen bei 5 °C an zu gelieren. Man sollte daher im Winter besser mit 50 %:50 % Mischungen aus Speiseöl und Biodiesel fahren. Im Sommer gibt es mit 90 %:10 % (oder weniger) meist keine Probleme und man kann sich so viel Geld sparen.

Zwei deutsche Webseiten: www.canolaoel.de und www.agriserve.de geben als Ratschlag für Gemische aus Pflanzenöl und Petrodiesel das Mischungsverhältnis 50 : 50 an. Agriserve empfiehlt auch das Verhältnis von 70 : 30

3. Mischungen aus Speiseöl und Benzin

(Pflanzenöl : Petrodiesel) auszuprobieren und gibt die folgenden allgemeinen Hinweise. Günstig für diese Mischungen sind:
- hohe Umgebungstemperaturen (Sommerhalbjahr),
- lange Fahrstrecken und
- eine gute Motorauslastung (Volllastbetrieb).

Eher ungünstig sind:
- niedrige Umgebungstemperaturen (Winterhalbjahr),
- kurze Fahrstrecken und
- eine geringe Motorauslastung (Teillastbetrieb).

V. Ethanol (Trinkalkohol) – Grundlagen

1. Allgemeines

Als Nikolaus Otto im Jahr 1860 seinen Motor vorstellte, wurde dieser mit Ethanol betrieben. Heute erscheint es vielen abwegig, ihr Auto mit Ethanol zu tanken, da sich Benzin und Diesel als Kraftstoffe einfach bewährt haben. In den Anfangszeiten der Automobile war allerdings durchaus nicht klar, welcher Treibstoff künftig der am häufigsten verwendete sein würde. Die ersten Fahrzeuge von Henry Ford, z.B. das legendäre Model T, wurden wahlweise mit Ethanol oder Benzin gefahren. Bevor das verbleite Benzin aufkam, wurde Ethanol als Anti-Klopf-Mittel dem Benzin zugesetzt.

Allein in den USA sind bisher 2 Millionen Autos zugelassen, die mit beliebigen Ethanol/Benzin-Gemischen fahren können. Diese Fahrzeuge, „Flexi-Fuel-Vehicles" (FFV) genannt, haben zurzeit Zuwachsraten von 10 % bis 12 % im Jahr. In den USA wurden im Jahr 2004 ca. 13 Milliarden Liter Ethanol den Benzinkraftstoffen beigemischt. Präsident Bush hat ein Energiegesetz eingebracht, das vorschreibt, bis 2012 diese Menge um knapp 50 %, also auf 19 Milliarden Liter zu erhöhen.

Energieeffizienz

Vor einigen Jahren erregte eine amerikanische Studie zur Energieeffizienz von Ethanol als Autokraftstoff viel Aufsehen: Sie wurde von den Wissenschaftlern David Pimentel und Tad Patzek durchgeführt. Die Autoren kamen zu dem Schluss, dass die Herstellung von Ethanol 29 % mehr Energie verbraucht, als der fertige Kraftstoff an Brennwert liefert.

Die Studie wird immer noch häufig zitiert, obwohl sie aus mehreren Gründen fragwürdig ist: Sie entspricht nicht den üblichen wissenschaftlichen Standards, da die verwendeten Daten zur Energietechnik über zehn Jahre alt waren, und neuere, längst etablierte Produktionsverfahren nicht zur Kenntnis genommen wurden. Die Pflanzenerträge wurden zu niedrig angesetzt und der Einsatz von Pestiziden zu hoch berechnet. Zusätzliche Aufwendungen für die Bewässerung, die nur 15 % der Anbauflächen betraf, wurden auf die gesamte Ernte übertragen. Zur Stützung ihrer Thesen zitierten sich die Autoren selbst, anstatt auf unabhängige Quellen zu verweisen.

Pimentel warf man mangelnde Fachkenntnis vor, weil er eigentlich Insektenforscher ist und nicht Ingenieur für Energietechnik. Von Patzek war auch keine unvoreingenommene Studie zu erwarten, da er eine zu große Nähe zu den Mineralölkonzernen besaß. Er war selbst Angestellter von Shell, ist Gründer des UC Oil Consortium, zu dem Shell, Mobil, Chevron und Unicoal gehören und er ist Mitglied im Verband der Petroleum Ingenieure. Bruce Dale, Professor für Chemical Engineering an der Michigan University, sagt, dass auch Pimentel inzwischen direkte Verbindungen zur Petroleumindustrie hat und auf Einladungen zu wissenschaftlicher Diskussion über seine Arbeiten nicht reagiert.

Seit 1995 gab es neun verschiedene internationale Studien, die alle zu dem Schluss gekommen sind, dass die Energiebilanz von Ethanol positiv ist. Keine einzige Studie konnte die These von Pimentel und Patzek stützen. Im Gegenteil: Man hat herausgefunden, dass Ethanol von allen flüssigen Kraftstoffen der energieeffizienteste ist. Der Energieüberschuss beträgt zwischen 32 % und 67 %, je nach Standort und Herstellungsverfahren.

Ethanolbeimischung zum Benzin

Alkohol wurde ausserhalb Brasiliens erst ab 1979 wieder als Autokraftstoff verwendet, bis zu diesem Zeitpunkt hatten die Autohersteller nicht an alkoholbetriebene Automotoren gedacht. Als damit begonnen wurde, verschiedene Alkohol/Benzin-Gemische zu testen, fand man heraus, dass Beigaben von bis zu 10 % Ethanol für den Betrieb unschädlich sind. Die Angaben vieler Autohersteller aus Europa, Asien und Amerika wurden 1996 in einem DAI Bericht, siehe Literaturverzeichnis im Anhang, veröffentlicht. Einige Hersteller empfehlen sogar eine solche Mischung als Anti-Klopf-Mischung und aus Umweltgründen, denn durch die Beimischung von Ethanol verbrennt das Kraftstoff/Luft-Gemisch sauberer. Ein Gemisch mit 10 % Ethanol liefert 30 % weniger Kohlenmonoxidabgase und 4 % bis 6 % weniger Kohlendioxid. Alle Motoren, die seit 1970 gebaut wurden, vertragen eine 10 % Beimischung von Ethanol ohne Probleme und ohne jegliche Umrüstung. Autos mit Vergaser müssen etwas anders eingestellt werden, um die optimale Leistung aus dem Kraftstoff ziehen zu können. Einspritzmotoren erfordern einen zusätzlichen Durchflussfilter für die Kraftstoffleitung, dieser ist nötig, weil Alkohol Schmutzablagerungen löst, die Benzin nicht lösen würde. Die gelösten Partikel würden den Kraftstofffilter schnell verstopfen. Vor allem kurz nach Beginn der Umstellung sollte man daher den Durchflussfilter oft kontrollieren und bei Bedarf auswechseln.

Es gibt von Herstellern auch Angaben zur Verträglichkeit ihrer Motoren gegenüber Beimischungen von Methanol im Kraftstoff. Eine PDF-Datei aus dem Internet (Auto_Warranties.pdf) von Herman & Associates aus dem Jahr 2003 beinhaltet diese Angaben. Die Datei zitiert Betriebshandbücher

1. Allgemeines

von BMW, Daimler Chrysler, Ferrari, Ford, Honda, Hyundai, Isuzu, Jaguar, Kia, Land Rover, Mazda, Mitsubishi, Nissan, Porsche, Saab, Subaru, Suzuki, Toyota, Vw/Audi und Volvo. Einige Hersteller untersagen jegliche Beimischung von Methanol, andere tolerieren 3 % Methanol und einige Hersteller (Land Rover, Nissan, Saab, Subaru und Suzuki) erlauben bis zu 5 % Methanol. Die PDF-Datei kann man von der Webseite von Iowa Corn herunterladen (www.iowacorn.org/ethanol/ethanol_3d.html).

E85

Anteile von Alkohol im Gemisch, die größer als 10 % sind, können nicht in allen normalen Benzinmotoren ohne Umrüstung verwendet werden. In Brasilien wird den Benzingemischen für normale Motoren bereits bis zu 22 % Ethanol zugesetzt (E22) und auch die meisten, der in Europa gefahrenen Autos, könnten einen Anteil von 22 % Ethanol vertragen. In einem Buch, herausgegeben vom Bundesministerium für Verbraucherschutz, Ernährung und Landwirtschaft im Jahr 2002, heißt es: „In Ottomotoren wurden Mischbenzine in Europa bislang meist mit maximal 20 bis 25 Vol.-% Alkohol verwendet, da in diesem Fall keine Änderungen am Motor notwendig sind." Bevor jedoch die Autohersteller solchen Gemischen ihren Segen geben, werden gründliche Tests durchgeführt, um sicherzugehen, dass dadurch nicht mehr Garantien in Anspruch genommen werden, als sonst. Ethanol greift einige Metalllegierungen an, auch Naturgummi und Kork sind nicht alkoholbeständig. Darum ist für die Verwendung von E85 (15 % Benzin, 85 % Ethanol) neben dem Einbau und Anschluss eines Sensors und einer Anpassung des Programms für die Einspritzung, auch noch eine Umrüstung von Motor und Kraftstoffleitungen, sowie manchmal auch beim Tank erforderlich. Sie kostet zwischen 450 € und 700 €, wenn man sie von einer Fachwerkstatt nachträglich ausführen lässt. Neue Fahrzeuge, die vom Werk aus diese Möglichkeit bieten, sind in Deutschland und Österreich eher selten. Unlängst hat Ford zwei solcher Modelle auf den Markt gebracht, die um nur 300 € Aufpreis zu haben sind, was 1,5 % bis 2 % vom Neupreis ausmacht. Die Firma VW hingegen, die in Brasilien schon lange solche Autos herstellt, will sie auf dem deutschen Markt nicht anbieten. Ob andere Hersteller dem Beispiel Fords folgen werden, bleibt abzuwarten.

Die Flexi-Fuel Vehicles (FFV) sind mit einem Sensor ausgestattet, der das Gemisch anhand des Sauerstoffgehalts erkennen kann: Ethanol enthält pro Molekül ein Sauerstoffatom, während in Benzin fast nur reine Kohlenwasserstoffe enthalten sind. Aufgrund der Sensordaten stellt die Zündelektronik automatisch den Zündzeitpunkt und den benötigten Kraftstofffluss ein. Meistens werden Gemische mit Anteilen bis zu 85 % Ethanol (E85) gefahren, obwohl auch die Verwendung von 100 % Ethanol möglich wäre. Mit dem Zusatz von Benzin hat man nicht nur bessere Kaltstart- und Zündeigenschaften (durch das Vorwärmen des Kraftstoffs mit einer Heizeinrich-

V. Ethanol (Trinkalkohol) – Grundlagen

tung könnte man diesen Nachteil beseitigen), sondern auch den Vorteil der schmierenden und schützenden Eigenschaften, die bei reinem Alkohol wegfallen. Darum braucht ein Auto für reinen Ethanolbetrieb noch weitere Modifikationen.

Autos mit FFV-Technologie sind in Europa noch nicht verbreitet, der Vorreiter ist hierzulande Schweden. Es ist allerdings damit zu rechnen, dass die Anzahl der Fahrzeuge die mit Alkohol fahren können, deutlich zunehmen wird. Bisher gibt es in ganz Deutschland nur 1.900 Tankstellen, an denen man E85 tanken kann. Ein Tankstellen-Verzeichnis für Deutschland gibt es unter www.ethanol-statt-benzin.de und bei www.poel-tec.com/bezug. Auf der letztgenannten Seite gibt es auch Angaben zu Tankstellen in der Schweiz, in Holland, Schweden und Irland. In Österreich gibt es bisher kein Tankstellennetz und auch keine Ethanol-Kraftstoffproduktion. Eine Ethanolfabrik zu diesem Zweck befindet sich in Pischelsdorf in Bau und OMV und Raiffeisen wollen in Österreich ein Tankstellennetz aufbauen. Diese Situation wird sich jedoch mit den weiter steigenden Benzinpreisen zugunsten von Ethanol verbessern. Wenn sich erst einmal die Technologie zur Herstellung von Zuckern aus Zellulosematerialien etabliert hat, wird Ethanol auch noch wesentlich günstiger erzeugt werden können. Mit dem Kauf von FFV kann man daher nicht viel falsch machen.

2. Verwendung von Ethanol im Auto

Umrüstung bei älteren Autos

Ein amerikanischer Autofahrer hat sein altes Auto in Eigenarbeit umgerüstet und dafür weniger als 40 € Materialkosten ausgegeben. Das war möglich, weil der Motor noch mit einem herkömmlichen Vergaser ausgestattet war (die neuen Motoren mit direkter Einspritzung lassen sich nicht so einfach umrüsten). Er hat ein Zwei-Tank-System installiert, das er wahlweise auf Ethanolbetrieb und Benzin umstellen kann. Zuerst hat er Gummischläuche und Gummidichtungen gegen ethanolfesten Kunststoff ausgetauscht. Dann hat er einen zusätzlichen Tank installiert, mit Zuleitungen aus Kunststoff und einem Ventil für die Luftzufuhr, zur Vermeidung von Unterdruck. Falls man versucht, dies nachzumachen, muss man einige Änderungen am Vergaser vornehmen: Die Düsen müssen z.B. vergrößert werden (dazu muss man den Vergaser auseinandernehmen). Man kann die Düsen herausnehmen und in Eigenarbeit in einem Bohrgestell aufbohren, oder sich Düsen mit größerem Durchlass besorgen. Anschließend muss man den Kraftstoffschwimmer für den Kraftstoffvorrat anders einstellen, da Alkohol eine höhere Dichte besitzt und somit mehr Auftrieb erzeugt als Benzin. Man sollte den Schwimmer etwas beschweren, oder die Stange des Schwimmers entsprechend verbiegen, damit über den Schwimmerhebel die Kraftstoffzufuhr nicht zu schnell abgesperrt wird. Das Füllsystem funktioniert wie beim Spülkasten für Toiletten, allerdings muss zusätzlich die Zündung anders eingestellt werden, weil Alkohol andere Zündeigenschaften besitzt. Er entzündet sich nicht explosionsartig, sondern gleichmäßig und darum darf das Gemisch nicht erst am oberen Totpunkt der Kolbenbewegung im Zylinder gezündet werden, sondern muss etwas früher gezündet werden. Die genaue Zündeinstellung kann man selbst nur durch Experimentieren herausfinden. Eine Werkstatt hat natürlich die nötigen Apparate, um die optimale Zündeinstellung zu bestimmen. Außer dem Zündzeitpunkt muss auch noch die Zündtemperatur geändert werden und dafür sollte man andere Zündkerzen auswählen, die um ein oder zwei Stufen heißer sind, als die für das Benzin erforderlichen. Man variiert die Einstellungen, bis man eine gute Leerlaufeinstellung gefunden hat.

Die Vorteile beim Umrüsten alter Autos bestehen darin, dass die Technik übersichtlich und robust ist und etwaige Fehlschläge finanziell nicht so sehr ins Gewicht fallen. Der Nachteil daran ist, dass alte Fahrzeuge bereits einem längeren Verschleiß unterliegen und daher auch bei normalem Weiterbetrieb mit Problemen zu rechnen ist. Nach einer Umstellung auf Ethanol neigt man vielleicht dazu, diese dem neuen Kraftstoff anzulasten.

In den letzten 10 Jahren hat sich bei der Motortechnik einiges geändert: Vergaser gibt es in der neueren Autotechnik nicht mehr (man findet sie nur noch bei Motorrädern, Bootsmotoren und Rasenmähern, denn für diese gelten die Normen für den Schadstoffausstoß nicht). Die meisten Fahrzeuge haben einen Computerchip, der die Einspritzung und die Zündung steuert. Viele Autos können eigentlich schon mit E85 fahren, ohne dass die Eigner davon etwas wissen. Die Mineralölindustrie hat viele Gründe, Autofahrer nicht einmal an alternative Kraftstoffe denken zu lassen und verbreitet daher eine Menge Fehlinformation.

Anpassungen bei Motor und Kraftstoffsystem

Unter bestimmten Bedingungen wird das Ethanol/Luft-Gemisch schlecht zerstäubt (vergast). Diesen Nachteil kann man durch geeignete Heizeinrichtung für die Kraftstoffleitung mindern, aber dennoch nicht ganz beheben. Daher ist es nützlich, sich ein besseres Zündsystem zuzulegen, als die herkömmliche Steuerung durch Unterbrecherkontakte, die bis vor kurzem an den meisten Autos verwendet wurden. Eine elektronische Steuerung oder Hochenergie-Zündungen sind brauchbar. Wenn Ihr Auto jedoch nicht damit ausgestattet ist, dann ist es die Sache wert, sich eine Kondensatorentladungszündung oder eine elektronische Zündung zuzulegen (diese können leicht besorgt werden). Sie erhöhen die Spannung der Zündkerzen und halten sie sauberer.

Es gibt einige Diskussionen darüber, was der beste Zündtemperaturbereich für die Kerzen ist. Am besten beginnt man mit den Zündkerzen, für die der Motor gedacht ist. Bei heißem Wetter und für lange Strecken kann es jedoch besser sein, etwas schwächere Kerzen zu wählen. Man sollte sie sich jedoch ansehen, um feststellen zu können, ob die Verbrennung noch frei von Rückständen ist.

Die Zündung an Benzinmotoren ist nicht unbedingt so eingestellt, dass der Motor die optimale Leistung bringt. Das liegt an den Vorschriften für den Schadstoffausstoß. Beim optimalen Zündzeitpunkt würde der Benzinmotor, der sehr heiß brennt, zu viele Stickoxide freisetzen. Mit Ethanol gibt es dieses Problem nicht. Darum kann für Ethanol die Zündeinstellung gewählt werden, die eine optimale Leistung garantiert. Der Zündzeitpunkt ist um fünf bis acht Grad (Kurbelwellendrehwinkel) nach vorne zu verlegen, wenn man keine weiteren Änderungen vorgenommen hat. Allerdings beeinflussen sich die verschiedenen Änderungen gegenseitig: Wenn man z.B. den Kraftstoffvorrat oder die Verdichtung erhöht, dann muss der Zündzeitpunkt verzögert werden.

Die Luftverdichtung bei Benzinmotoren ist in der Regel im Verhältnis zwischen 8 : 1 und 9 : 1, was für den Ethanolbetrieb nicht optimal ist. Ethanol hat eine hohe Oktanzahl (102 bis 105) und kann daher höhere Verdichtungen gut vertragen, ohne dass der Motor aufgrund von Frühzündungen klopft. Verhältnisse von 10 : 1 oder 11 : 1 sind für den Ethanolbetrieb geeignet. Erreicht wird die höhere Verdichtung in der Regel durch andere Kolben, die etwas weiter in die Brennkammer ragen und so das Volumen stärker einschränken. Tuningwerkstätten und der Rennsportbedarfshandel haben für die verschiedensten Motoren solche veränderten Kolben vorrätig bzw. können diese besorgen.

Leistungsminderung

Die spezifische Motorleistung ist um etwa 25 % bis 30 % höher, wenn man Benzin anstelle von Ethanol verbrennt, also 5 l Ethanol entsprechen 4 l Benzin, oder 4 l Ethanol entsprechen 3 l Benzin.

E Diesel

Das Produkt E Diesel ist bisher noch experimenteller Natur. Es besteht aus Petrodiesel mit bis zu 15 % Ethanol und einem Additiv, das dieses Gemisch stabilisiert, mit Anteilen zwischen 0,2 % und 5 %. Für Geländefahrzeuge ist das Gemisch in den U.S.A. bereits zugelassen, doch für den Straßenverkehr benötigt man eine Erlaubnis der dortigen Umweltbehörde (Environmental Protection Agency, EPA). Die Verwendung von E Diesel wird besonders vom E Diesel Consortium in den U.S.A. propagiert, das sich intensiv um die Kommerzialisierung des Produkts bemüht.

Das Interesse an E Diesel hat eine Reihe von Gründen: Zum Einen wird dadurch die Abhängigkeit von Ölimporten reduziert und zum Anderen wird der Schadstoffausstoß, vor allem von Rußpartikeln, durch bessere Verbrennung verringert. Ausserdem senkt Ethanol den Stockpunkt für Diesel, d.h. die Temperatur, bei der Diesel geliert.

Was man beim Umgang mit E Diesel beachten muss, ist die höhere Entflammbarkeit. In dieser Hinsicht gleicht E Diesel nicht dem Petrodiesel (Entflammbarkeits-Klasse II), sondern es verhält sich wie Benzin und gehört zur Entflammbarkeits-Klasse I.

3. Herstellung von Ethanol

Der Vorteil von Ethanol ist, dass er auch regenerativ erzeugt werden kann. Zu Zeiten, in denen Mineralöl billig war, wurde Ethanol kostengünstig aus Ethylen synthetisiert, ein Raffinerieprodukt, das bei der Erdölverarbeitung anfällt. Derzeit werden 90 % des Ethanols durch alkoholische Gärung gewonnen. In Amerika, wo die Steuern auf Mineralkraftstoffe bei weitem nicht so hoch sind, wie in Europa, haben viele Autobesitzer damit begonnen, ihre Autos umzurüsten und den Alkoholkraftstoff selbst zu erzeugen. Es gab schon Zeiten, in der Mitte der siebziger Jahre und Anfang der achtziger Jahre, in denen viele Autofahrer auf Ethanol umstellten. Die niedrigen Benzinpreise in den neunziger Jahren führten jedoch zur Aufgabe dieser Praktiken.

Der Destillenhersteller Dogwood Energy aus Tullahoma in Tennessee, U.S.A., erlebt derzeit einen ungeahnten Boom, weil viele Leute dazu übergegangen sind, Mais zu vermaischen und anschließend zu vergären. Im ersten Vierteljahr 2006 wurden ca. 200 Destillen verkauft, davon auch einige nach Afrika und Indien. Solche Destillen, mit denen man pro Tag einige 100 l Alkohol konzentrieren kann (auf 90 % bis 95 % Alkoholgehalt), kosten etwa 1.200 € inklusive Versandkosten. Diese Firma bietet auch komplette Bausätze an, die jedoch noch zusammengelötet werden müssen und daher nur etwa 400 € kosten. Baupläne kosten bei Dogwood US-$ 40,00 plus US-$ 4,00 Versandkosten. Bei Robert Warren (robertwarren@mail.com) kosten Pläne für die Charles 803 US$ 30,00. Er liefert auch temperaturgesteuerte Ventile für US-$ 330,00, die anderen Bauteile kann man im Installationsfachhandel besorgen.

Kostengünstige Herstellung von reinem Alkohol

Den Alkohol erzeugen Hefen durch Vergärung von Zucker (Gärung ist ein Energie liefernder biochemischer Prozess in Abwesenheit von Sauerstoff). Die alkoholische Gärung mit Weinhefen liefert Alkoholkonzentrationen zwischen 11 % und 20 %. Höhere Alkoholkonzentrationen können die Hefen nicht vertragen und sterben ab. Mit Alkohol so geringer Konzentration kann man sein Auto auch nicht betreiben. Zuerst muss der Alkohol hoch gereinigt werden, denn selbst die besten Destillen mit Rückflusskühlung können den Alkohol nicht mit einem Reinheitsgrad über 95 % herstellen, da der Alkohol sofort Wasser aus der Umgebungsluft aufnimmt. Durch die Behandlung mit speziellen Trocknungsmitteln, die sich regenerieren lassen, kann man auch in Eigenerzeugung absoluten Alkohol herstellen. Die Kosten für Alkoholkraftstoff aus Hausbrauanlagen liegen etwa bei 1 € für eine amerikanische Galone (3,8 l) das entspricht etwa dem Brennwert von 3 l Benzin, oder einem Benzinpreis von 33 ¢. Einige Leute können diese Kosten gelegentlich noch deutlich unterbieten und kommen auf Preise von unter 25 c/l Benzinequivalent. Dabei sind dann die Erträge für Nebenprodukte miteinbezogen, Gärrückstände können z.B. als Viehfutter verkauft werden.

Man kann sich Destillen auch selber bauen: Baupläne für geeignete Konstruktionen gibt es im Internet für US-$ 30,00 zu kaufen, z.B. CHARLES 803, siehe Anhang. Die gängigen Apparate können weitgehend automatisch betrieben werden und pro Stunde 20 Liter reinen (90 % bis 95 %) Alkohol produzieren. Wichtiges Konstruktionsmerkmal dieser Apparate ist, dass die Destilliereinheit und Heizeinrichtung für das alkoholhaltige Ausgangsmaterial baulich voneinander getrennt sind. Die Destille wird vom Heizgefäß über eine Schlauchleitung mit Dampf gespeist. Die Destillationskolonne selbst besteht aus einem etwa 1,80 m langem Kupferrohr von etwa 7,5 cm Innendurchmesser mit integrierter Rückflusskühlung (innen verlaufende Kühlspirale mit etwa 6,5 cm Innendurchmesser) mit Leitungswasser, Temperaturkontrollventil und Überdrucksicherung. Das Kupferrohr ist großteils mit kleinen Glasmurmeln oder Glasringen gefüllt, die für eine große Oberfläche sorgen. Am Thermometer, das dicht an der Destillatkühlung angebracht ist, kann man die Temperatur ablesen. Dort sitzt auch das Kontrollventil, das den Weg zur Destillatkühlung sperrt. Wenn die richtige Temperatur erreicht ist (knapp 80 °C), öffnet sich das Kontrollventil und gibt den Weg zum Destillataufnahmeraum frei. Bei dieser Temperatur ist Wasser noch flüssig, aber Ethanol in der Dampfphase. Der Alkoholdampf wird abgekühlt, er kondensiert (wird flüssig) und das so erhaltene Destillat wird in einem zusätzlichen Behälter aufgefangen.

Verwendung von Zeolith

Der Alkohol, auch in dieser hoch konzentrierten Form, ist nicht motortauglich, denn er enthält noch Wasser. Dieses Restwasser kann man durch keine

3. Herstellung von Ethanol

Destillation abtrennen, das Entfernen des Wassers ist jedoch relativ einfach. Dazu braucht man Zeolith, das ist poröses, mineralisches Material, das es mit definierter Porengröße zu kaufen gibt. Zur Wasserentfernung benötigt man die Porengröße 3A (Angström = 10^{-10} m). Die Zeolithpartikel können 22 % ihres Gewichts an Wasser aufnehmen. Man gibt also die Zeolithpartikel und den Alkohol (90 % bis 95 %) zusammen in einen dicht verschlossenen Behälter und lässt diesen über Nacht stehen. Am nächsten Tag gießt man den Alkohol durch ein Sieb ab und erhält Alkohol, der als Motorkraftstoff taugt. Die Zeolithpartikel haben sich mit Wasser vollgesogen und können durch Erhitzung regeneriert und so beliebig oft wiederverwendet werden.

Erhalt von Ethanol

Bevor man den Alkohol durch Destillation reinigen kann, muss man ihn erst einmal erzeugen. Bäckerhefe und Bierhefe können durch alkoholische Gärung aus Zucker Ethanol und CO_2 produzieren. Die üblichen Hefen für die Bier- und Weinherstellung können nur Zucker vergären, Stärke muss erst aufgeschlossen und zu Zucker umgewandelt werden. Das geschieht bei der Vermalzung, die für die Bierherstellung aus Gerste nötig ist: Man lässt die Gerste für einige Tage keimen, denn die Keime enthalten Enzyme (Alpha-Amylase und Gluco-Amylase), die den Speicherstoff Stärke, der aus langen verzweigten Ketten von Zuckermolekülen besteht, in mehreren Schritten in die einzelnen Zuckermoleküle zerschneiden.

Wenn man Stärke ohne Vermalzung in vergärbaren Zucker umwandeln möchte, muss man sich die erforderlichen Enzyme kaufen. Man benötigt zwei Arten von Enzymen: Einmal Alpha-Amylase, die Stärke in Dextrine verwandelt und schließlich die Gluco-Amylase, die Dextrine in Glucosemoleküle (Traubenzucker) spaltet. Die Kosten für die Enzyme betragen etwa 5 ¢ bis 10 ¢ pro 10 Liter 10 %-igem Alkohol bzw. 1 Liter reinem Alkohol. Die genauen Bedingungen richten sich nach dem vergärbarem Material, der Temperatur, den Hefestämmen usw., Interessenten informieren sich darüber am besten in der Fachliteratur oder im Internet.

In den U.S.A. wird hauptsächlich Maisstärke vergoren. Doch nicht jeder Mais eignet sich dazu, denn viele ertragreiche Sorten sind Hybride, von denen nur etwa 10 % der Maiskörner keimfähig sind. Nur die keimenden Körner enthalten die Enzyme, die Stärke in Zucker spalten und dadurch erst für die Hefen vergärbar machen. In Europa spielt Mais nicht so eine große Rolle, wie in den U.S.A., hier eignet sich neben den Getreiden auch die Kartoffel für die Vermaischung. Die stärkehaltigen Grundstoffe haben den Vorteil, dass sie weniger Faserstoffe enthalten, als die zuckerhaltigen. Stärke liefernde Pflanzenteile sind leicht zu quellen, während die faserhaltigen erst aufwendig zerkleinert werden müssen. Ausserdem enthalten sie mehr als doppelt so viele unvergärbare Rückstände wie Stärkepflanzen. Bisher werden in großem Maßstab nur Stärke- und Zuckerpflanzen für die Herstellung von Ethanol verwendet, stärkehaltige Pflanzen sind z.B. Mais, Gerste, Roggen, Weizen, Kartoffel und Topinambur. Zuckerhaltige Pflanzen sind Zuckerrohr (lohnt sich in Mitteleuropa nicht), Zuckerrübe, Zuckerhirse und Obst.

4. Lagerung von Ethanol

Das Gärprodukt hat meist einen Alkoholanteil zwischen 10 % und 15 %. Unter diesen Bedingungen sterben die meisten Organismen ab und können daher den Alkohol nicht zu unerwünschten Folgeprodukten umsetzen. Ein Problem können Essig-bildende Bakterien werden, doch diese benötigen Sauerstoff. Wenn man also seine Gärprodukte unter Abschluss von Sauerstoff aufbewahrt (Gärröhrchen), dann kann man sie lange lagern. Günstiger, weil platzsparender, ist es natürlich, wenn man den Alkohol destilliert und das Destillat aufbewahrt. Luftdicht verschlossen und vor Licht und starken Temperaturschwankungen geschützt, ist der Alkohol beinahe unbegrenzt haltbar.

VI. Ethanol (Trinkalkohol) – Praxis

1. Vergärung von Zucker zu Alkohol durch Hefen

Zucker wird am effizientesten von Hefen vergoren. Aus ca. 1 kg Zucker kann man etwa 3 Liter 15%igen Alkohol gewinnen, dafür benötigt man Weinhefen (Bierhefe und Backhefe vertragen so hohe Alkoholkonzentrationen nicht, sie liefern nur 5 % bis 6 % Alkohol pro Liter). Ein Ansatz mit Weinhefe (z.B. Sherry-Hefe) könnte so aussehen: 6 kg Zucker und 21 l Wasser vermengt mit Turbohefe liefert in 20 Tagen 15 % bis 18 % Alkohol pro Liter. Wenn man nicht nur Zucker, sondern auch Melasse verwendet, geben 4,5 kg Zucker und Melasse, aufgefüllt mit Wasser auf 20 Liter, innerhalb von 2 Wochen ebenfalls 15 % bis 18 % Alkohol pro Liter.

Da reiner Zucker im Einzelhandel über 90 Cent pro kg kostet, ist das kein lohnendes Verfahren. Reines Mehl (Stärke), bekommt man für weniger als 25 bis 30 Cent pro kg. Wenn man die Stärke vollständig in Zucker umsetzt, erhält man mehr als 1 kg Zucker daraus. Das kommt daher, dass bei der Bildung von Stärkeketten aus einzelnen Zuckermolekülen Wasser abgespalten wird. Wenn man den Prozess rückgängig macht, wird Wasser wieder angelagert. Leider muss man Stärke zu Zucker aufarbeiten, damit die Hefen sie effizient vergären können, dafür kann man entweder Enzyme kaufen oder keimende Gerste hinzugeben, denn diese bildet die benötigten Enzyme. Als dritte Möglichkeit kommt noch die Säurespaltung und anschließende Neutralisation in Frage.

2. Preisgünstige Quellen für vergärbares Material

Für die private Herstellung von Alkohol sollten saubere, hochwertige Nahrungsmittel als Zucker- oder Stärkequelle nicht verwendet werden, denn sie sind einfach zu teuer und sauberer als nötig (und schließlich geht es in diesem Buch um Kraftstoff aus Abfall). Fruchtabfälle, wie Äpfel und Birnen, Pfirsiche mit Druckstellen, überreife Bananen, gequetschte Orangen, verfärbte Weintrauben, keimende Kartoffeln usw. kann man günstig in einem Supermarkt oder auf einem lokalen Markt bzw. Großmarkt erwerben. Schales Bier, Wein und Saftreste kann man eventuell von Restaurants erhalten, die eine gute und dauerhafte Quelle für vergärbares Material sein können. Eine andere mögliche Quelle wäre es, eine Bäckerei oder Backwarenfabrik um altes Brot, Teigreste und verunreinigtes Mehl zu bitten. Im Spätsommer und Herbst kann man auch mit größeren Mengen von Fallobst arbeiten. Den besten Zugang zu geeigneten Quellen und Maschinen für den Umgang mit großen Materialmengen haben natürlich landwirtschaftliche Betriebe.

3. Destillation

Möchte man Alkohol herstellen, der als Motorkraftstoff verwendet werden kann, dann bleibt einem die Destillation nicht erspart, die dafür notwendige Apparatur nennt man Destille. Es gibt viele brauchbare Entwürfe, der hier vorgestellte hat sich bereits in den frühen achtziger Jahren bewährt, es ist die sogenannte Destille CHARLES 803. Sie wurde von Leuten entworfen, die in Zeiten der Ölkrise ihre Autos mit Ethanol betrieben und daher verlässlich und in größeren Mengen reinen Alkohol benötigten. Der Name stammt von Pete Charles, einem Zeichner, dessen dritter Entwurf im Jahr 1980 eine behördliche Zulassung in Amerika erhielt – beim Bureau of Alkohol, Tobacco and Firearms (BATF).

Die Destille CHARLES 803, mit der man 95%igen Trinkalkohol (Ethanol) gewinnen kann, ist in der nachfolgenden Abbildung 6 schematisch dargestellt. In der Zeichnung ist die Tonne für den Kocher aufrecht stehend gezeichnet, was nicht der optimalen Orientierung entspricht. Wenn man die Tonne waagerecht aufbockt, vergrößert man die Flüssigkeitsoberfläche und kann so den Gasaustausch, d.h. das Verdampfen des Alkohols beschleunigen. Für einen kontinuierlichen Betrieb der Destille ist es vorteilhaft, sie nicht fest mit dem Kocher zu verbinden, man kann beispielsweise zwei Kocher im Wechsel betreiben: Einen erhitzt man und inzwischen beschickt man den anderen und wärmt den Inhalt schon mit dem Kühlwasser von der Destille vor. Auch die Temperatur in der Destille lässt sich besser kontrollieren, wenn man den Kocher, in dem die alkoholhaltige Flüssigkeit erhitzt wird und die Destillierkolonne räumlich voneinander trennt. Der Schlauch, der vom Kocher zur Destille geht, führt Dampf, der ein Gemisch aus Wasser und Alkohol enthält. In der Destille sollen die beiden Substanzen aufgrund ihrer verschieden hohen Siedepunkte getrennt werden. Bei normalem Luftdruck siedet Trinkalkohol bei 78,9 °C und Wasser bei 100 °C. In der Destille muss die Bedingung geschaffen werden, dass Wasser kondensiert und Alkohol verdampft.

Der Dampf vom Kocher tritt unten in die Destille ein und steigt hoch, dabei wird er gekühlt, denn an der Innenwand der Destille verläuft eine Kühlspirale, in der Kühlwasser fließt. Das Wasser im Dampfgemisch kondensiert

3. Destillation

und bindet dabei wiederum Ethanol. Um dem Ethanol die Gelegenheit zu geben, wieder gasförmig zu werden, muss man eine möglichst große Oberfläche schaffen, denn nur dort ist der Übergang von der flüssigen Phase zur Gasphase möglich. Das wird dadurch erreicht, dass man die Destillierkolonne innen mit chemisch innertem (nicht reagierendem) Material füllt, das die Oberfläche vergrößert, dazu kann man kleine Glasringe oder Glasmurmeln verwenden. Das kondensierende Wasser schlägt sich also auf Glasmurmeln nieder und bildet dort eine dünne Flüssigkeitsschicht, an deren Oberfläche der Alkohol entweichen kann. Da das Kühlwasser von oben kommt, ist dort die Temperatur im niedrigsten.

Der Rückflusskühlbereich reicht bis zum Schaltthermometer. Wenn die Temperatur dort der Siedetemperatur des Alkohols entspricht, wird das Ventil automatisch geöffnet und der Dampf kann in den oberen Teil entweichen, der noch etwas kühler ist, da das Kühlwasser, weiter oben in der Kühlspirale noch kälter ist. Dort, an der kühlen Oberfläche der Kühlspirale, kann der Alkohol kondensieren und über den Ablauf ins Auffanggefäß tropfen.

Abb. 6
Rückfluss-Destile

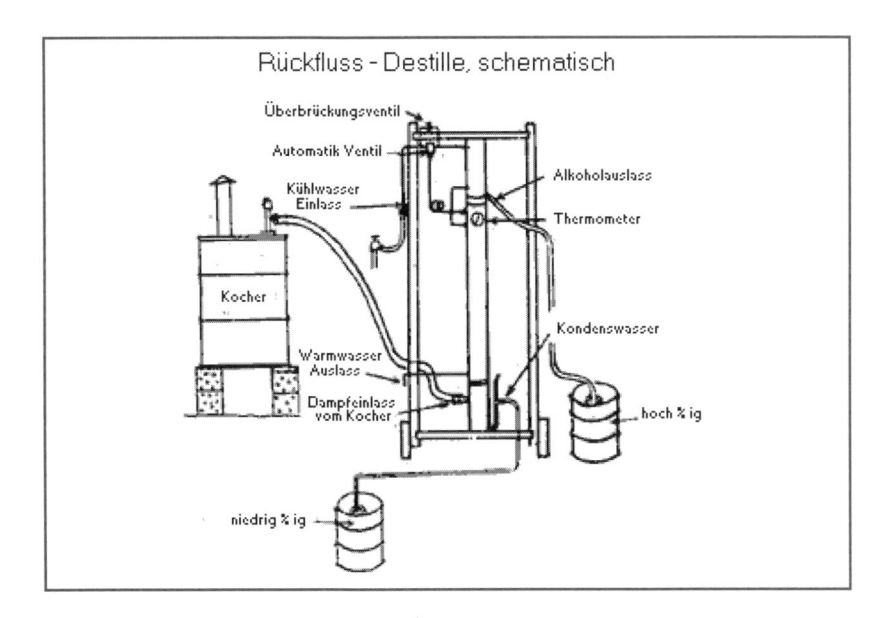

In der folgenden Abbildung 7 ist der vollständige Bausatz für eine Destille dargestellt, den man z.B. bei Dogwood zusammen mit einer Bauanleitung bestellen kann. Wer handwerklich geschickt ist und hartlöten kann, sollte sich die Destille auch selbst bauen können.

VI. Ethanol (Trinkalkohol) – Praxis

Abb. 7
Destillen-Bausatz

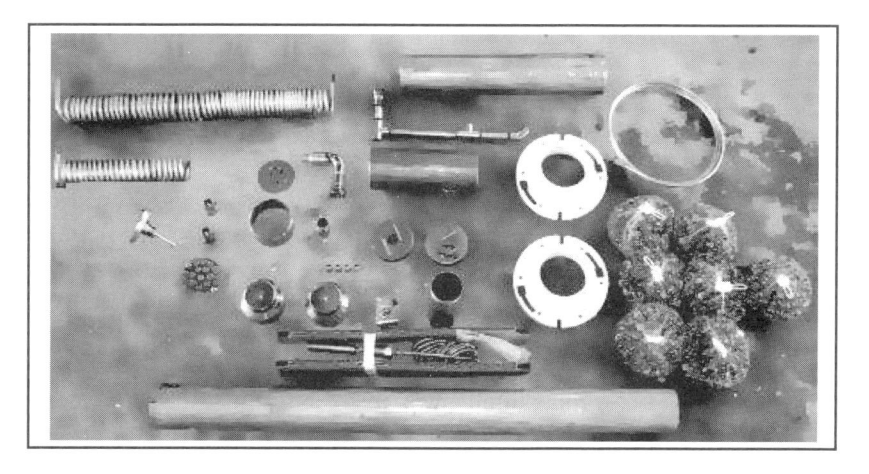

Das äußere Rohr der Destille ist 3 Zoll (1 Zoll = 2,54 cm) dick. Die Verjüngung ist 2 Zoll dick und die anderen gefügten Rohrteile sind ½ Zoll dick, die beiden Kühlspiralen messen ¼ Zoll. Die kürzere der beiden Spiralen ist für den Alkoholkondensor oben in der Säule bestimmt, während die längere den Rückflusskühler bildet. Wenn man sich zutraut, die Kühlspiralen selbst zu formen, sollte man sich ein langes Stück ¼ Zoll Kupferrohr besorgen, es an einem Ende mit einem Stöpsel fest verschließen und mit Salz füllen. Dann kann man das Rohr eng um einen Besenstiel wickeln. Das Salz im Rohr verhindert, dass es beim Biegen Knicke bekommt oder zusammengequetscht wird. Dann kann man sich die Längen für die beiden benötigten Kühler in die richtigen Größen schneiden. Die beiden weißen Plastikscheiben dienen dazu, die Destillierkolonne in einem Holzgestell zu verankern, man braucht je eine Scheibe für oben und unten.

Das kürzeste der 3 Zoll Rohre bildet den Fuß, er wird vor dem Destilliervorgang mit Wasser gefüllt. Dort tritt der Dampf ein und durch den angebrachten Überlauf kann überschüssiges Kondenswasser, das geringe Mengen Alkohol enthält, entweichen. Über dem Fuß sitzt die Siebplatte, durch diese kann der heiße Dampf aus dem Wasser aufsteigen. Auf den Fuß mit der Siebplatte wird der lange Mittelteil gesetzt, in diesem läuft an der Innenseite der Rückflusskühler, in den das Kühlwasser oben, vom Kondensor kommend, durch die Seitenwand eintritt und unten wieder durch die Seitenwand abfließt. Der mittlere Hohlraum der Kühlspirale wird mit Glasmurmeln aufgefüllt. Über dem Kühlwassereintritt sitzen das Anzeigethermometer sowie das temperaturgesteuerte Ventil. Wenn das Ventil frei geschaltet ist, kann der Dampf seitlich über den Schlauch oben in den Kondensor geführt werden, wo er sogleich abgekühlt wird und über den schrägen Auslauf in den Alkoholsammler tropft. Wenn man unsauberes Gärgut verwendet, können neben Ethanol und Wasser auch noch Methanol und Aceton im Dampf enthalten sein, die bei niedrigerer Temperatur als Ethanol sieden: Aceton bei 56,5 °C und Methanol bei 64 °C. Flüssigkeiten, die bei dieser Temperatur bereits sieden, sollte man getrennt auffangen und verwerfen oder für andere Zwecke verwenden. Da das temperaturgesteuerte Ventil bei diesen Wärmegraden jedoch nicht öffnet, würde man die Dämpfe erst zusammen mit dem Ethanol auffangen und das ist unerwünscht. Darum gibt es eine Überbrückung (bypass) für dieses Schaltventil, die man von Hand freigeben kann, wenn die Temperaturanzeige diesen Bereich angibt. Alternativ könnte man warten, bis das Schaltventil öffnet und den ersten Teil des aufgefangenen Alkohols getrennt auffangen und verwerfen, weil er mit den erwähnten Nebenprodukten verunreinigt ist.

Wenn der aufgefangene Trinkalkohol geringe Spuren von Aceton und Methanol enthält, ist es nicht weiter tragisch, so lange man den Alkohol nicht zum Trinken, sondern zum Verbrennen bzw. Fahren verwenden möchte. Wichtig ist hingegen, dass er möglichst wasserfrei ist: Das Destillat sollte 80 % oder mehr Ethanol enthalten. Man kann dies mit einem Aräometer prüfen, das sieht aus, wie ein Schwimmer den Angler verwenden oder wie eine kleine Boje. Es ist ein schmales geschlossenes Glasgefäß, das mit ein paar Bleikugeln beschwert ist, die das Gerät senkrecht in der Flüssigkeit halten. Am Hals des Aräometers ist eine Skala angebracht, an der man den Alkoholgehalt ablesen kann. Da Ethanol eine geringere Dichte besitzt als Wasser, ist der Alkoholgehalt umso höher, je tiefer das Aräometer in die Flüssigkeit eintaucht. Wenn man sein Destillat in einen schmalen Messzylinder füllt und das Aräometer hineinsteckt, braucht man nur wenige Milliliter für die Bestimmung der Alkoholkonzentration.

4. Zeolithe

Auch mit den besten Destillen kann man die restlichen 5 % Wasser nicht vom Alkohol trennen, darum muss man mit Zeolith das restliche Wasser binden. In Abbildung 8 ist Zeolith vergrößert dargestellt.

Abb. 8
Zeolith

Man kennt mehr als 150 verschiedene Zeolithe. Etwa ein Drittel kommt natürlich vor, die anderen kann man synthetisieren. Alle Zeolithe sind Aluminiumsilikate, die zudem noch Alkali- oder Erdalkalimetallionen enthalten. Positiv geladene Ionen von Natrium, Kalium, Kalzium oder Magnesium sind besonders häufig darin zu finden.

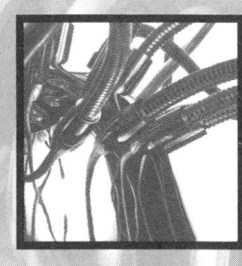

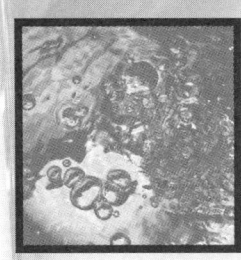

Teil B
Gasförmige Kraftstoffe

I. Biogas – Grundlagen

1. Allgemeines

Bisher wurden in diesem Buch nur flüssige Kraftstoffe besprochen. Sie sind besonders gut als Autokraftstoff geeignet, da sie eine hohe Energiedichte besitzen. Aus Abfällen lassen sich jedoch auch gasförmige Kraftstoffe herstellen, von denen zwei in jüngerer Zeit besondere Aufmerksamkeit auf sich gezogen haben: Es handelt sich um Biogas und Holzgas. Biogas in gereinigter Form könnte künftig eine bedeutende Rolle als Autokraftstoff spielen. Dazu passt eine brandneue Studie des Österreichischen Umweltbundesamts. Darin wurde festgestellt, dass die landwirtschaftlichen Flächen, die bisher zur Erzeugung von Pflanzenöl zur Umwandlung in Biodiesel genutzt werden, den vierfachen Energieertrag brächten, wenn man sie für die Biogasgewinnung nutzen würde.

Biogas entsteht durch die Vergärung von organischem Material mit Hilfe von methanbildenden Bakterien. Diese Bakterien kommen in der Natur im Schlamm von Sümpfen und Teichen vor und in den Mägen der Wiederkäuer (Rind, Schaf und Ziege). Biogas wird in feuchtem Milieu bei Sauerstoffmangel erzeugt, es wird auch im Klärschlamm von Abwasserreinigungsanlagen gebildet und unter den Planen abgedeckter Mülldeponien als Deponiegas. Methangärung ist ein mehrstufiger Prozess, der in jeder Stufe von verschiedenen Mikrobenpopulationen dominiert wird. Die erste Stufe nennt man die Acidogenese = Säureproduktion. Dabei werden die langkettigen Faserstoffe der Pflanzen in längere Karbonsäuren umgewandelt. Die zweite Stufe ist die sogenannte Acetogenese = Essigbildung, bei der die längerkettigen Karbonsäuren in kurzkettige, wie Essigsäure (CH_3COOH) gespalten werden. Erst die dritte Stufe ist die Methanogenese, bei der die kurzkettigen Säuren zu Methan und CO_2 gespalten werden.

Biogas besteht zu etwa 60 % aus Methan und zu etwa 38 % aus Kohlendioxid, etwa 2 % Wasserstoff, Schwefelwasserstoff und Wasserdampf kommen ebenfalls in Spuren vor. Gereinigtes Biogas, d.h. Biogas, das vor allem von Kohlendioxid, Schwefelwasserstoff und Wasser gereinigt ist, entspricht praktisch Erdgas. Ein Kubikmeter Erdgas hat etwa den gleichen Brennwert, wie ein Liter Superbenzin oder ein Liter Diesel. Um mit Erdgasantrieb eine vergleichbare Reichweite zu erzielen, wie mit Benzin oder Diesel und keinen Riesentank mitführen zu müssen, wird das Erdgas stark zusammengepresst, in der Regel mit 200 bar (20 MegaPascal). In Schweden hat man gute Erfahrungen mit Biogas als besonders abgasarmen Autoantrieb gemacht und baut die Biogasnutzung weiter aus. Auch in einigen europäischen Großstädten, wie Lille und Nantes in Frankreich sowie Barcelona und Valencia in Spanien, wurden Stadtbusse mit gutem Erfolg auf Biogasbetrieb umgestellt. Da die städtischen Fuhrparks zentral betankt werden, gibt es das Problem eines dünnen Tankstellennetzes nicht.

2. Erzeugung und Nutzung von Biogas

Trockenvergärung

Herkömmliche Biogasanlagen sind technisch recht aufwendig: Sie haben große Tanks, Heizungen Pumpen und Rührwerke. Sie sind oft für die Verarbeitung flüssiger, d.h. pumpfähiger Abfälle gedacht und feste Abfälle müssen homogenisiert und mit Wasser gemischt werden, damit der Feststoffanteil etwa 3 % bis maximal 12 % beträgt. Das führt zu erheblichem Wasserverbrauch. Die Anlagen werden meist kontinuierlich betrieben, ständig wird frisches Material eingebracht und Ausgegorenes abgeführt. Die nasse Vergärung, die meist in einem Milieu von über 90 % Wasseranteil arbeitet, kann jedoch nicht dazu beitragen, die Abfallmenge nennenswert zu reduzieren, denn reduzieren kann sich nur der geringe Feststoffanteil, der Wasseranteil bleibt ja konstant (Wasser ist ja bereits ein Endprodukt der Zersetzung von Biomasse).

Vorteile der Trockenvergärung

In jüngerer Zeit wurden zunehmend mehr Verfahren zur Trockenvergärung erprobt. In Deutschland befasst sich die Landtechnik Weihenstephan im Rahmen eines Forschungsvorhabens damit. Dass dies grundsätzlich funktioniert, zeigen unsere Mülldeponien seit Jahren. Die Idee dahinter war, dieses Verfahren zu optimieren, um Biogas auch für Länder mit trockenem Klima und Wassermangel nutzbar zu machen. Dabei hat man festgestellt, dass die Methode auch für unsere Regionen einige Vorteile mit sich bringt. Die „trockenen" Gärprozesse arbeiten mit einem Anteil von 20 % bis 50 % Trockensubstanz und werden im sogenannten „Batch"-Verfahren, d.h. chargenweise, betrieben. Um eine kontinuierliche Gasproduktion zu erreichen, müssen mehrere solcher Gärbehälter zeitlich versetzt gefüllt und entleert werden, Pumpen und Rührwerke sind für diesen Prozess nicht erforderlich. Die nötige Durchmischung des Gärguts mit bakterienhaltigem Schlamm oder Kot muss man beim Einbringen des Materials selbst vornehmen. Das

2. Erzeugung und Nutzung von Biogas

Verfahren produziert auf engerem Raum erheblich mehr Biogas als die nasse Vergärung, verbraucht wenig Wasser und liefert auch noch einen nährstoffreichen Kompostdünger.

Besonders für landwirtschaftliche Betriebe und im Forstbereich ist die Anwendung einer solchen Technologie sinnvoll, da dort größere Mengen an organischem Material anfallen. Große Betriebe benutzen verschließbare Stahlcontainer als Gärgefäße. Neuere Entwicklungen sind sogenannte Garagenanlagen, in denen mindestens zwei Gärgefäße mit einer typischen Größe von 120 m^3 nebeneinander untergebracht sind. Vor allem in Holland nutzt man diese Technologie schon seit 1996, dort haben jedoch die einzelnen Module die sechsfache Größe und sind aus Beton gefertigt. Derartige Anlagen sind allerdings nur mit erheblichem technischen Aufwand zu betreiben und erfordern entsprechende Investitionskosten im Millionenbereich.

Zwei wesentlich einfachere Verfahren, die nach dem gleichen Prinzip arbeiten, aber auch für kleine Familienbetriebe geeignet sind, werden im folgenden vorgestellt. Sie sind, wie viele andere, zu Anfang der siebziger Jahre, zur Zeit der ersten Ölkrise, entwickelt worden, als gleichzeitig viele Leute auf ihre Weise versucht haben, mit den hohen Kraftstoffkosten fertig zu werden. Damals wurde in der ganzen Welt sehr viel ausprobiert und es konnten viele nützliche Erfahrungen und Erfindungen gemacht werden. Besonders spektakuläre Erfolge wurden in Presse, Rundfunk und Fernsehen verbreitet und so der Öffentlichkeit vorgestellt.

Kraftstoff aus Holzabfällen nach Jean Pain

Ein Tüftler im französischen Jura nahe der Stadt Villecrore hat ein System erfunden, das aus Holzabfällen warmes Wasser und Biogas erzeugt, so dass sein großes Einfamilienhaus energieautark ist. Jean Pain benutzt Kompostwärme, um warmes Wasser zu erzeugen und um einen Biogasreaktor zu heizen. Dieser produziert brennbares Gas, das zuerst durch Waschen über feuchten Steinen gereinigt und zum Kochen verwendet wird und einen kleinen Generator antreibt, der Strom erzeugt. Mit dem Strom wird auch ein Kompressor betrieben, mit dem das Gas verdichtet und in Flaschen gefüllt wird. Das komprimierte Gas treibt wiederum den eigenen Lieferwagen an und ermöglicht Fahrten bis zu 100 km.

Zu gehäckseltem Unterholz, das gut gewässert und durch Treten verdichtet wird, kommt alle 10 cm eine dünne Erdschicht. Daraus wird ein Haufen von 6 m Durchmesser und 3 m Höhe aufgeschichtet. In der Mitte wird ein zylindrischer Stahlbehälter aufgestellt, der als Gärbehälter dient. Der Behälter fasst 4 m^3 und wird zu ¾ mit Holzschnitzeln befüllt, die vorher 2 Monate gewässert wurden. Der Auslass des Kessels, am oberen Ende, mündet in einen Druckschlauch, der zu einem Gasvorratsspeicher führt. Er besteht aus 24 Schläuchen von Lastwagenreifen. Um den Gärbehälter sind lange Holzlatten längs aufgestellt, die als Abstandhalter dienen. Diese Latten sind von außen mit Kaninchendraht umwickelt, der die Holzschnitzel auf Abstand hält. In den Haufen eingebettet ist ein 200 m langer, steifer Kunststoffschlauch, der vom Haus zum Haufen verläuft, sich dort spiralig nach oben windet und wieder zum Haus zurückführt. In diesem Schlauch wird kaltes Waser (4 °C bis 8 °C) zum Haufen transportiert, durch die Kompostwärme erwärmt auf 60 °C (auch im Winter) kehrt es zurück. Die Durchflussrate beträgt ca. 4 l pro Minute.

In den ersten 90 Tagen werden knapp 500 m^3 Gas produziert. Die tägliche Gasproduktion verläuft nach einer Optimumkurve: Sie steigt zuerst rasch an, erreicht eine Phase maximaler Produktion und fällt dann allmählich wieder ab. Die Gasproduktion dauert etwa 18 Monate und liefert fast 2.400 m^3 Gas. Danach wird der Haufen abgetragen und als Kompost eingesetzt. Gleichzeitig wird ein neuer Haufen aufgeschichtet und der Prozess kann erneut beginnen. Aus 10 kg Holz kann Biogas mit einem Brennwert von etwa 1 l Super-Benzin erzeugt werden. Holz ist nicht besonders ergiebig als Biogasquelle, weil es mit 20 % bis 30 % viel Lignin (Holzstoff) enthält, der unter anaeroben Bedingungen kaum zersetzt wird.

Mit einem kleineren Komposthaufen von 11 m^3, der dicht an einen kleinen Schuppen mit einer Größe von 3 m mal 4 m gebaut war, hat Jean Pain auch eine Warmluftheizung betrieben. Das gleiche Polyethylenrohr, das er für die Wasserleitung benutzt hatte, leitete er von einem Schuppen in einen Komposthaufen, wo es wiederum spiralig verlegt wurde. Das Ende des Rohrs wurde zurück in den Schuppen geleitet. Auf eine mechanische Luftumwälzung wurde verzichtet, darum erfolgte die Luftbewegung nur durch Konvektion. Durch diese Maßnahme konnte der Schuppen 8 Monate lang auf einer konstanten Temperatur von 50 °C gehalten werden.

Kritische Parameter

Ein solcher Haufen kann nur mit Maschinenhilfe in vertretbarer Zeit aufgerichtet werden.

Die Holzschnitzel müssen dünn gequetscht sein. Dünne Streifen sind besser als kleine Schnitzel, weil sie eine größere Oberfläche haben. Die Streifen können auch bis zu 3 cm lang sein, dürfen aber nur 0,5 cm dick sein.

Der Haufen muss gut gewässert werden, denn 1 m^3 Holzschnitzel kann im Idealfall etwa 700 l Wasser aufnehmen und festhalten. Zumindest nach jeweils 10 cm einer Schnitzelschicht muss wieder gründlich gewässert werden, am besten ist es jedoch alle 5 cm bis 6 cm zu wässern. Das überschüssige

2. Erzeugung und Nutzung von Biogas

Wasser, das nicht festgehalten wird, muss aufgefangen und wieder aufgesprüht werden. Das Holz, das vorher im Mittel eine Dichte von 0,3 g pro cm^3 besitzt, kann durch die Aufnahme von Wasser in das Zellgewebe und außen anhaftendes Wasser das Gewicht auf 0,6 g pro cm^3 verdoppeln.

Der Haufen muss mit Kaninchendraht auch außen herum gesichert werden und man sollte ihn zum Schutz gegen zu starke Sonneneinstrahlung, vor zu starker Verdunstung und gegen zu starken Regen abdecken.

Die Wasserleitung dient auch dazu, den Reaktor vor Überhitzung zu schützen. Die besten Arbeitstemperaturen liegt bei 26 ° bis 30 °C. Der Reaktor trägt daher am oberen Ende ein Thermometer, an dem man sich orientieren und die Wasserdurchflussrate regulieren kann.

Die gasführenden Leitungen müssen gegen Leckagen gesichert sein, denn das Gas kann in Gemischen von 5 % bis 20 % mit Luft explodieren. Also sollte man in der Nähe der Gasleitungen keine offenen Flammen betreiben oder Funken produzieren. Die Leitungen sollten eine Detonationssicherung haben, d.h. aus dem Gärreaktor sollte das Gas durch ein Gefäß geführt werden, das Wasser oder Sand enthält.

Kraftstoff aus Hühnermist nach Harold Bate

England ist bekannt für seine Exzentriker, Harold Bate aus Devonshire ist einer von dieser Zunft. Auf seinem kleinen Bauernhof hat er eine Methode entwickelt, um aus Hühnermist einen Kraftstoff für Autos zu entwickeln. Dieser Kraftstoff ist Biogas, das durch Methangärung erzeugt wird.

Sogar das britische Transportministerium wurde auf Bate aufmerksam und sah sich vor Ort alles genau an, um festzustellen, dass seine Methode einwandfrei funktioniert.

Seit Jahren nutzt er das Gas, das er produziert, zum Kochen und heizt sein Haus damit. Nachdem er das Gas gereinigt hat, wird es mit einem Kompressor verdichtet. Der Kompressor ist von der Art, wie er für die Füllung von Atemluftflaschen für Taucher verwendet wird. Er füllt die Druckflaschen mit etwa 80 bar Druck. Mit dem in Flaschen gefüllten Gas betreibt Bate seinen Fuhrpark, das sind ein Auto und ein 5t Lastwagen. Das Fahren mit Gas nach Bates Methode erfordert nur eine kleine Änderung am Vergaser. Die erstmalige Umstellung von Benzin auf Methan dauert keine 2 Stunden: Man braucht dazu nur einen von ihm patentierten Adapter für den Vergaser, damit kann man auch mit Erdgas oder Propan fahren. Die Umrüstung ist nicht permanent: Wenn man will, kann man sogar während der Fahrt von Gas- auf Benzinbetrieb umstellen.

Seine Methode zur Erzeugung von Biogas ist im Prinzip recht simpel. Man gibt einfach einige Eimer Kot in eine alte Öltonne und verschließt sie, dann heizt man den Behälter auf etwa 27 °C auf. Mit dem so produzierten Gas kann man eine Weile fahren. Dann wird der Öltank gereinigt und mit frischem Material gefüllt.

Nach Experimenten mit vielen verschiedenen Mischungen von Kot verschiedener Spezies in allen möglichen Mischungsverhältnissen, kam er auf eine Mischung, die er für ideal hält: 75 % Kot, je zur Hälfte von Schweinen und Hühnern und 25 % Stroh oder Pflanzenabfall. Der Kot enthält mehr Stickstoff als ideal wäre und das Stroh hat dafür etwas weniger als es ideal wäre. So ergänzen sich die beiden Materialien gut.

Bevor die Mischung in den Gärbehälter kommt, wird sie mit Wasser gesättigt und etwa eine Woche lang offen an der Luft stehen gelassen. Dann werden etwa 150 kg davon in einen schweren Stahlbehälter geschaufelt, der dann luftdicht abgeschlossen wird. Bate empfiehlt dazu einen Heißwasserboiler vom Sperrmüll. Es dauert etwa vier bis sieben Tage, je nach Bedingungen, bis das erste Gas produziert wird. Wenn man einen Rest der vorangegangenen Charge als Starter benutzt, kann die Gasproduktion schon nach 24 Stunden losgehen. Das wichtigste ist die Einhaltung der richtigen Temperatur von 26 °C bis 32 °C. Steigt die Temperatur über 40 °C, dann hört die Gasproduktion auf.

Die Methode von Bate ist nicht so ausgeklügelt, wie die von Jean Pain, denn er muss extra heizen. Je nach Isolierung und Standort muss man damit rechnen, dass etwa 10 % bis 20 % vom Biogas benötigt werden, um das Gärgut im optimalen Temperaturbereich zu halten.

Bate hat seinen Gärbehälter mit einem Manometer und einem Sicherheitsventil versehen, das auf 4,2 bar eingestellt ist. Für alle Fälle, meint er; doch der Druck im Tank beträgt selten auch nur ein Drittel davon. Das liegt daran, dass Harold Bate bei einem Druck von 1,4 bar anfängt, den Kompressor anzuwerfen, der das Gas mit etwa 78 bar Druck in Flaschen füllt. Es dauert etwa eine halbe Stunde, bis eine 15 kg Flasche, Fassungsvermögen 20 Liter, gefüllt ist, das entspricht etwa 1,6 m^3 Gas.

3. Verwendung von Biogas

Reinigung

Das Biogas enthält als unerwünschten Stoff vor allem den Schwefelwasserstoff (H_2S). Dieser besitzt mehrere unangenehme Eigenschaften: Er korro-

3. Verwendung von Biogas

diert Metalle und vermindert durch Ansäuerung die Schmierwirkung des Motoröls. Der Anteil des H_2S schwankt je nach Herkunft des Materials zwischen 100 und 30.000 ppm. Sehr proteinreiches Gärgut (Schlachtabfälle), können bis 30.000 ppm = 3 % H_2S enthalten. Das Gegenbeispiel ist holziges Substrat, das bei der Vergärung nur minimal geringe Mengen an Schwefelwasserstoff liefert, so dass man auf seine Beseitigung sogar verzichten kann. Das H_2S kann man aus dem Gasgemisch entfernen, indem man es durch Stahlwolle leitet. Das Eisen darin reagiert mit dem Schwefelwasserstoff zu Eisensulfid, das man später an der Luft zu Eisenoxid verwandeln kann. Der Prozess der Eisensulfidbildung läuft jedoch wesentlich schneller ab, als die Oxidation des Schwefels. Außerdem setzt sich mit der Zeit elementarer Schwefel auf dem Metall ab, so dass sich kein Sulfid mehr bilden kann. Man muss also mit einem gewissen Verbrauch an Metallwolle rechnen.

Ein weiteres Mittel zum Entfernen des H_2S ist Aktivkohle. Sie lässt sich auch regenerieren, z.B. durch Erhitzen, wird jedoch in der Regel einfach erneuert.

Die andere Verunreinigung des Biogases ist CO_2. Es hat keinen Brennwert, stört aber sonst die Verbrennung nicht. Wenn man das Gas speichern möchte, sollte man diesen Begleitstoff jedoch entfernen, weil er nur unnötig Platz wegnimmt. Man kann Motoren auch mit Gemischen aus Methan und CO_2 betreiben, doch leider verändert sich die Zusammensetzung der Gärgase im Verlauf des Gärprozesses, d.h. das Verhältnis von CO_2 zu Methan verschiebt sich und das erschwert es, die optimale Einstellung für den Motorbetrieb zu finden. Falls man also einen Motor damit betreiben will, sollte man das CO_2 entfernen. Meist geschieht dies durch Waschen. CO_2 löst sich, vor allem unter Druck, recht gut in Wasser. Wenn man anschließend den Druck erniedrigt, wird das CO_2 wieder an die Umgebung abgegeben. Gibt man zum Wasser Kalziumoxid (CaO) hinzu, kann das CO_2 auch zu Kalziumkarbonat ($CaCO_3$) gebunden werden. Zur Regeneration von Kalziumoxid sind jedoch sehr hohe Temperaturen erforderlich.

Schließlich muss man noch den Wasserdampf entfernen. Das geschieht durch Kühlfallen oder durch wasseraufnehmende Chemikalien, wie Katzenstreu (Bentonit) oder Kieselgel, die man leicht durch Erhitzen wieder regenerieren kann.

Man kann Motoren auch mit ungereinigtem Biogas betreiben, doch muss man in diesem Fall häufiger das Motoröl wechseln. Als Ölwechselintervalle werden 200 bis 250 Betriebsstunden vorgeschlagen.

Verdichtung
Die herkömmlichen Kompressoren, die man auch in Baumärkten kaufen kann, sind für die Arbeit mit druckluftbetriebenen Werkzeugen vorgesehen.

Diese arbeiten bei wesentlich geringeren Drücken von etwa 8 bis 10 bar. Für höhere Drücke muss man schon einen leistungsfähigeren Kompressor verwenden, wie er z.B. für die Füllung von Atemluftflaschen zum Tauchen gebraucht wird. Diese können Drücke von 200 bar oder gar 300 bar erzeugen. Solche Kompressoren kosten neu 2.500 € bis 3.000 €, gebraucht bekommt man sie schon für die Hälfte.

Im Internet ist zu lesen, dass der japanische Autohersteller Honda für seine Erdgasfahrzeuge auch einen Kompressor ausliefert, zumindest in den U.S.A., mit dem man das Auto zu Hause befüllen kann, sofern man einen Erdgasanschluss besitzt. Mit einem solchen Kompressor lässt sich prinzipiell auch Biogas verdichten.

Angenommen, man würde mit einem 6 PS Benzin-Kompressor, der einen üblichen Wirkungsgrad von 25 % hat, das Methan auf 78 bar Druck verdichten, so wie Harold Bate es gemacht hat, dann würde er dafür ungefähr 21 % der Energie brauchen, um 79 % des Methans unter Druck zu speichern. Um das Methan zu verflüssigen, müsste der Kompressor 350 bar Druck entwickeln. Und man müsste zusätzlich das Gas auf -82 °C kühlen. Je höher man das Gas verdichtet, umso ineffizienter wird der Prozess, weil für die Verdichtung und Kühlung allein viel Energie verbraucht wird. Die Wärme, die der Verbrennungsmotor des Kompressors produziert und die Wärme, die beim Komprimieren des Gases entstehen, gehen als ungenutzte Energie verloren. Wegen des übermäßigen Aufwands der für die Herstellung von flüssigem Methan nötig wäre, wird dies nur in Ausnahmefällen praktiziert. In der Regel wird mit komprimiertem Gas gearbeitet.

Für die Aufnahme komprimierter Gase kann man nicht beliebige Druckflaschen verwenden. Propangasflaschen halten nur etwa 20 bar Druck aus. Im Jahr 2000 gab es einen folgenschweren Unfall, als ein Kfz-Meister aus Recklinghausen versuchte, einen Propangasbehälter, der für 20 bar Druck ausgelegt war, mit Erdgas von 200 bar Druck zu füllen. Einige Behälter, die nur für Temperaturen bis 40 °C zugelassen sind, haben ein Überdruck-Sicherheitsventil, das sich bei 17,5 bar (250 PSI) öffnet.

Fahren mit Biogas

Gereinigtes Gas hat die Qualität von Erdgas und kann daher wie dieses behandelt werden. Wenn die Qualität gewährleistet ist, kann man das Gas in normalen Erdgasautos fahren. Die deutsche Erdgaswirtschaft hat sich freiwillig dazu verpflichtet, bis 2010 dem normalen Erdgas mindestens 10 % gereinigtes Biogas beizumischen, bis 2020 soll der Anteil auf mindestens 20 % erhöht werden. In der Schweiz speist die Firma Kompogas AG aus Glattbrugg (www.kompogas.ch), die auch Anlagen in Österreich (Roppen und Lustenau) und Deutschland (Passau und vielen weiteren Städten) be-

3. Verwendung von Biogas

treibt, bereits gereinigtes Biogas ins Erdgasnetz ein. Die Erdgasautos in Deutschland fahren mit komprimiertem Erdgas, das unter 200 bar Druck steht, flüssig wird es erst bei -160 °C. Der kritische Punkt für Methan liegt bei -82,6 °C und einem Druck von 46 bar. Das heißt, oberhalb dieser Temperatur und unterhalb dieses Drucks kann man es überhaupt nicht verflüssigen. Es gibt auch Flüssiggasautos, die jedoch mit Propan gefahren werden. Dieses ist entweder ein Nebenprodukt der Erdölaufbereitung oder es wird bei der Reinigung von Erdgas gewonnen.

Gemäß Informationen des Landes NRW kann fast jedes Benzinfahrzeug auf Erdgasbetrieb umgerüstet werden. Der Umbau ist in der Regel unproblematisch: Es werden zusätzliche Tanks entweder im Kofferraum oder im Boden eingebaut. Die Tanks müssen Berstdrücke von 400 bar aushalten, wenn sie aus Stahl gefertigt sind und 500 bar, wenn sie aus Kunststoff mit Karbonfaserummantelung bestehen.

Die Tanks haben einen Füllanschluss mit Filter und Rückschlagventil. Auch an den Tanks gibt es ein Rückschlagventil, einen Absperrhahn, einen Durchflussmengenbegrenzer, eine Thermosicherung und eine Schmelzlotsicherung. Die Hochdruck-Gasleitung (200 bar) mit gasdichter Umhüllung führt zum, mit Kühlwasser beheiztem Gasdruckregler, der den Druck in mehreren Stufen auf 9 bar herunterregelt. Dieser besitzt ebenfalls einen Filter, ein Überdruckventil und ein elektromagnetisch gesteuertes Absperrventil. Von dort führt eine Niederdruckleitung zur Gasverteilerleiste mit den Einblasventilen, die ebenfalls einen Sensor enthält, der Signale an das Motorsteuergerät liefert. Hinzu kommen noch Armaturenelemente, wie Betriebsartenumschalter und Füllstandsanzeige, das Fahrzeug wird damit für den Dualbetrieb tauglich. Es kann also sowohl mit Benzin als auch mit Erdgas gefahren werden. Die Betriebsart lässt sich am Armaturenbrett umschalten. Reiner Erdgasbetrieb ist wenig sinnvoll, weil es bisher zu wenige Erdgastankstellen gibt. In Deutschland waren es im Mai 2007 etwa 741 Tankstellen, hauptsächlich im Westen angesiedelt, allerdings mit bundesweiten Zuwachsraten von 10 neuen Tankstellen im Monat. Die erste Biogastankstelle in Deutschland wurde im Sommer 2006 in Jameln im Wendland in Betrieb genommen. Beim sogenannten monovalenten Antrieb darf der Benzintank nur 15 Liter fassen, d.h. er ist nur für den Notfall gedacht. Ein solches Auto wird staatlich stärker gefördert als das mit Dualantrieb. Doch auch bei diesem amortisieren sich die Mehrkosten des Erdgasautos je nach zurückgelegter Strecke innerhalb von 2 bis 3 Jahren.

Erdgasautos können schon heute die Euro-V-Norm erfüllen, die erst ab 2009 gilt. Wegen dieser umweltfreundlichen Eigenschaften wird Erdgas weniger besteuert: Erdgasautos sind von der Ökosteuer befreit und kosten wesentlich weniger Mineralölsteuer, so dass man etwa für den Kraftstoff nur die Hälfte dessen bezahlt, das man für Benzin ausgeben müsste und immerhin noch

I. Biogas – Grundlagen

ein Drittel weniger als für Diesel. Derzeit fahren in Deutschland etwa 33.000 Autos, 1.300 Omnibusse und 6.300 LKW mit Erdgas, in Italien sind es hunderttausende Autos. In Österreich fuhren nach Angaben von Wikipedia im Jahr 2006 etwa 3.000 Erdgasfahrzeuge, erwartet wird ein Anstieg der Zahl auf 50.000 bis zum Jahr 2010. Es gab 2006 in Österreich 49 öffentliche Erdgastankstellen und 40 Betriebstankstellen, 8 Tankstellen gibt es allein in Wien und deren Zahl wird sich auf 24 bis zum Jahr 2010 erhöhen. In der Schweiz und in Liechtenstein fahren etwa 3.500 Erdgasfahrzeuge. Ein Anstieg der Zahlen auf 30.000 wird bis zum Jahr 2010 erwartet. Es gibt dort bereits 83 Erdgastankstellen und zwei Biogastankstellen und bis Ende 2007 sollen es insgesamt 100 werden. Die Erdgastanks müssen alle 3 bis 5 Jahre (Verbundmaterial) oder alle 5 bis 10 Jahre (Stahltanks) vom TÜV geprüft werden (10 Jahre wenn das Innere des Autos korrosionsgeschützt ist) dazu müssen die Tanks ausgebaut werden, wodurch Kosten von ca. 600 € entstehen.

Dieselfahrzeuge sind hingegen nicht vollständig umrüstbar. Man kann die Motoren allerdings so umrüsten, dass sie nur noch 20 % bis 30 % der ursprünglichen Dieselmenge benötigen, vor allem für Schmierwirkung und Zündung und hauptsächlich mit Erdgas betrieben werden. Diese Umrüstung wird zunehmend besonders bei Nutzfahrzeugen und vor allem in den U.S.A. vorgenommen.

Nach Informationen der Erdgas Südwest GmbH muss man in Deutschland für einen Neuwagen mit Erdgasbetrieb (dual) mit einem Aufpreis von ca. 1.500 € rechnen. Ein nachträglicher Umbau für PKW kostet etwa 3.000 € bis 4.000 € und bei Transportern muss man mit etwa 4.000 € bis 5.000 € rechnen. In Polen kostet ein Umbau angeblich ab 500 €, darin ist jedoch noch nicht die TÜV-Abnahme enthalten, die weitere 300 € kostet. Diese Preisunterschiede sind gewaltig, dennoch gibt es kritische Stimmen zum Umbau in Polen, so heißt es in einem Beitrag der Sendereihe MDR Sachsenspiegel. Die DEKRA erkennt manchmal die Umrüstung nicht an, weil deutschsprachige Dokumentationen fehlen, oder weil der Umbau nicht ordnungsgemäß ausgeführt wurde. Polen ist bekannt für die Autogasnutzung (Propan, Butan), dort gibt es mehr als 5.000 Tankstellen für Autogas und nur sehr wenige für Erdgas. Falls man sich entschließt, den Umbau in Polen vornehmen zu lassen, sollte man darauf achten, dass die Werkstatt tatsächlich Erfahrungen in der Umrüstung auf Erdgas hat und man sollte sich Referenzen besorgen, d.h. Adressen und Telefonnummern von deutschen Kunden, die mit den Arbeiten der Werkstatt zufrieden sind.

Bei der Beschäftigung mit dem Thema Sicherheit von Erdgas, muss man sich mit Vorurteilen auseinandersetzen. Der Umgang mit Druckflaschen bis 200 bar ist problemlos, umfangreiche Sicherheitstests haben die Unbedenklichkeit bestätigt und selbst bei Leckagen besteht keine Explosi-

3. Verwendung von Biogas

onsgefahr. Während Autos, die mit Flüssiggas (Propan) betrieben werden, nicht in Tiefgaragen parken dürfen, gilt dies nicht für Erdgasfahrzeuge. Propan ist schwerer als Luft und könnte sich in Tiefgaragen sammeln, während Erdgas leichter ist und nach oben entweichen würde. Auch im Vergleich zum Benzin ist Erdgas nicht etwa gefährlicher: Benzin ist viel explosiver.

Hier ist überwiegend von Erdgas als Autokraftstoff die Rede gewesen, einfach aus dem Grund, weil Erdgas bekannter ist. Gereinigtes Biogas ist chemisch ident mit Erdgas. Der Unterschied besteht nur darin, dass Erdgas ein fossiler Kraftstoff ist, Biogas dagegen ein regenerativer. Auf dem Genfer Autosalon im März 2007 stellten die europäischen Automobilhersteller ihre Erdgasautos vor. PKW mit dualem Erdgas/Benzin-Antrieb gibt es von Citroen, Fiat, Ford, Mercedes-Benz, Opel, Peugeot, Renault, Volvo und VW. Kleinlaster oder Lieferwagen mit diesem Antrieb sind bei Fiat, Ford, Mercedes-Benz, Iveco, Opel, Peugeot und Renault im Programm.

Heizen mit Biogas

Die einfachste Möglichkeit zur Nutzung von ungereinigtem Biogas ist die für Heizzwecke. Wegen des H_2S-Anteils muss das Kaminsystem aus korrosionsstabilem Material bestehen, der Heizkessel sollte aus Gusseisen und nicht aus Buntmetall sein.

Eine weitere Möglichkeit ist das Kochen mit (ungereinigtem) Biogas. Wenn das Gas nur unter leichtem Druck steht, z.B. in einem elastischen Speicher oder in einem Gasometer, dann dürfen die Zuleitungen zum Brenner nicht zu dünn sein, 3/4" Leitungen sind geeignet. Man darf auch keine Propanbrenner benutzen, sondern muss Erdgasbrenner verwenden.

Stromerzeugung mit Biogas

Anstelle eines Automotors kann mit Biogas auch ein Stromgenerator angetrieben werden. Je nach Methangehalt schwankt der Verbrauch je Kilowattstunde. Bei 60 % Methan und einem Generatorwirkungsgrad von 90 % kann man mit einem Verbrauch von etwa 1,8 m^3 Biogas/kWh rechnen.

Durch Nutzung des Energieeinspeisegesetzes (EEG) kann man Biogas auch zu Geld machen. Für Strom aus Biomasse werden nach EEG für elektrische Leistungen bis 150 kW Vergütungen von 11 ¢/kWh gewährt. Wenn die Biomasse rein pflanzlich ist, werden nach §8, Abs. 2 (EEG 2005) sogar 6 ¢/kWh zusätzlich vergütet. Das heißt, wenn man Schlachtabfälle, Speisereste oder Tiermist vergärt, kommt man nicht in den Genuss dieser Zusatzvergütung. Nutzt man das Biogas in einem Blockheizkraftwerk mit Wärme-Kraft-Kopplung, dann gibt es weitere 2 ¢/kWh dazu (EEG 2005, § 8, Abs. 3).

II. Biogas – Praxis

1. Biogasanlage von Jean Pain

Die wesentlichen Elemente von Jean Pains Biogasanlage mit Kompostheizung sind in der folgenden Abbildung 9 dargestellt.

Abb. 9
Biogasanlage mit Kompostheizung

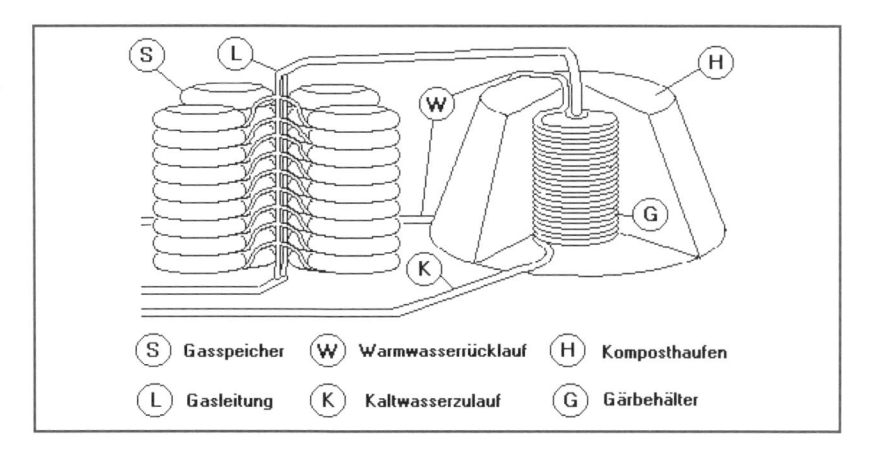

S Gasspeicher   W Warmwasserrücklauf   H Komposthaufen
L Gasleitung   K Kaltwasserzulauf   G Gärbehälter

Es handelt sich u.a. um einen Gasspeicher aus Schläuchen von LKW-Reifen. Wahrscheinlich hat er die Ventile abgenommen, denn mit Ventilen sind die Schläuche zwar gut zu füllen aber es ist nicht möglich, sie kontrolliert zu entleeren. Die Speicherung des Gases in Schläuchen von LKWs und Traktoren ist eine verbreitete Methode, allerdings nur bei eher kleinen Biogasanlagen, die vor allem zu Demonstrationszwecken verwendet werden. Es gibt noch andere flexible Materialien, die als Speicher Verwendung finden, z.B. gewebeverstärkte Gummikissen oder Schlafmatratzen, Wasserbetten oder auch Ballons aus gasdichter Mylar-Folie. Das Gas wird im Reaktor gebildet, der im Kompostmeiler verborgen ist und durch die Wärmeentwicklung des Meilers geheizt wird.

Damit der Meiler nicht zu warm wird, führt ein Kühlschlauch die überschüssige Wärme ab, die für die Heizung des Einfamilienhauses verwendet wird. Im Inneren des Haufens befindet sich ein Stahltank, der von einer Kompostpackung umgeben ist und in dem Holzschnitzel zu Methan vergoren werden. Das Kohlendioxid, das ebenfalls im Biogas zu erheblichen Teilen (25 % bis 50 %) enthalten ist, kann entfernt werden, indem man es wäscht. Jean Pain hat es dazu durch groben Kies geleitet, der von Wasser berieselt wurde, dabei löst sich das Kohlendioxid im Wasser. Die Entfernung des Kohlendioxids erhöht den Brennwert des Gases und macht auch eine Hochdruckspeicherung sinnvoll.

Mit Hilfe eines Kompressors hat Jean Pean das gereinigte Gas auf 200 bar verdichtet und in Druckflaschen abgefüllt. Die Druckflaschen wurden oben am Dachgepäckträger seines Citroen 2CV Lieferwagens zu beiden Seiten angebracht und ein Schlauch führte zum Motor. Das Auto war nur schwach motorisiert, es hatte weniger als 30 PS (22 kW) Leistung und war entsprechend sparsam im Verbrauch. Mit diesem Auto fuhr Jean Pains Frau Ida einkaufen, das Gas in den Druckflaschen reichte aus, um bis zu 100 km weit damit zu fahren.

2. Biogas aus Hühnermist

Harold Bate, Landwirt aus Devonshire in England, hat eine Mischung aus Hühnermist, Schweinemist und Stroh in seinem Gärbehälter zu Biogas vergoren. Wie auch Jean Pain, benutzte er einen kompakten Behälter, den er mit gut gewässerten Feststoffen und Kot mit Stroh füllte. Anders als Jean Pain heizte er den Gärbehälter mit einer Gasheizung auf den für die Mikroben günstigen Temperaturbereich von etwa 30 °C auf.

Um die Wärmeabgabe gering zu halten, hat Harold Bate den Gärbehälter mit einer Wärmedämmung umgeben. Das Gas wird über einen Schlauch, der oben am Gärbehälter austritt, in die wassergefüllte Glasflasche geleitet und perlt dann aus, wobei es Kohlendioxid ans Wasser abgibt. Das Gas ist mit dieser einfachen Waschflasche nicht frei von Kohlendioxid zu bekommen, aber es ist brennbar, denn es entfacht eine Flamme an einem glimmenden Stück Papier. Die Flammprobe ist wichtig, denn sie zeigt, dass Methan gebildet wurde. Das erste Gas, das von den Mikroben im Lauf des komplizierten Gärprozesses produziert wird, ist nämlich Kohlendioxid. Es bildet zwar auch aufsteigende Blasen in der Waschflasche, aber es brennt nicht.

Harold Bate leitete das Gas meist in einen größeren Metallbehälter. In diesem Gasspeicher konnte er das Gas unter geringem Druck aufbewahren. Wenn die Druckanzeige ihm verriet, dass genügend Gas produziert worden war, warf Harold Bate seinen Kompressor an und verdichtete das Gas, das er dann in eine Hochdruckflasche abfüllte.

Wie auch Jean Pain, betrieb Harold Bate sein Auto (Hillman Bj. 1953) mit dem verdichteten Gas. Er betrieb das Auto im dualen Kraftstoffmodus, d.h.

es konnte mit Benzin oder mit Methan betrieben werden, zum Starten schaltete er auf Benzinbetrieb. Die einzige Modifikation, die er am Motor direkt vornahm, war ein Gewindeanschlussrohr, das er in die Choke-Öffnung des Vergasers schraubte. Zwischen dieses Anschlussrohr und die Druckflasche mit dem komprimierten Gas wurde über Schlauchverbindungen sein patentierter Autogaskonverter gesteckt.

Der Apparat ist ein Ventil, das nur bei Unterdruck öffnet, der erzeugt wird, wenn der Motor Kraftstoff ansaugt. Wenn der Unterdruck stärker ist, als die Kraft der Druckfeder, die das Ventil schließt, öffnet es sich und lässt das Gas durch. Je stärker der Unterdruck, umso weiter öffnet sich das Ventil und umso mehr Gas wird durchgelassen. Harold Bate hat sein Auto mit Hilfe dieses Ventils auch mit Propan (Flüssiggas) betrieben, wie man es aus dem Campinggasbereich kennt. Dazu hat er nur einen Druckminderer auf die Propanflasche gesetzt und eine geeignete Druckeinstellung gewählt.

Prinzipiell funktionieren die Umrüstsätze für moderne Motoren von Benzin- auf Gasbetrieb (Flüssiggas oder Erdgas) genauso. Die provisorisch anmutenden Anpassungen von Jean Pain und Harold Bate aus den siebziger Jahren wären heute jedoch ziemlich sicher nicht für den Verkehr zugelassen. Eine Umrüstung in der Werkstatt kostet einige tausend Euro, wobei die Anpassung des Motors den kleinsten Betrag ausmacht. Teuer sind vor allem die Steuereinrichtung, der beheizte Druckminderer, die Tanks, die Umbaumaßnahmen am Fahrzeug und die Sicherheitsprüfung. Wesentlich preisgünstiger (ca. 100 € bis 300 €) sind die Umrüstbausätze für stationäre Motoren, z.B. Generatoren. Die Preisunterschiede ergeben sich vor allem durch die jeweilige Motorleistung. Einige Konverter sind für den wahlweisen Betrieb mit Erdgas oder Flüssiggas geeignet, andere nur für einen von beiden.

3. Biogasanlage aus Metallschrott

Aus einem alten Stahlfass und einem gebrauchten Schlauch vom Reifen eines Traktors oder Frontladers lässt sich eine einfache Biogasanlage anfertigen. Wenn man drei solcher Fässer hat, und sie parallel als Biogasanlagen betreibt, erhält man genug Gas, um zumindest täglich drei Mahlzeiten damit kochen zu können.

Die herkömmlichen Anlagen verwenden flüssiges Gärgut mit einem geringen Feststoffanteil von 5 % bis 10 %. Der Vorteil eines solchen Verfahrens ist der, dass das Gärmaterial flüssig ist, so dass man es durch enge Öffnungen gießen und durch Schläuche pumpen kann. Ein Gärfass lässt sich dann durch die vorhandene Füllöffnung beladen und entleeren, bei einer Trocken- oder Feststoffgäranlage geht das nicht. Sie enthält Gärgut mit 20 % bis 50 % Feststoffanteil, wodurch es nicht mehr gieß- oder pumpfähig ist. Aus einem Stahlfass kann man auch einen für Feststoffe geeigneten Gärbehälter anfertigen, doch das erfordert einige Umbaumaßnahmen. Zuerst muss man den Deckel heraustrennen, um eine breite Öffnung zu erhalten und damit die Öffnung druckbeständig und luftdicht verschließbar wird, muss man einen Deckel darauf festschrauben können. Dazu muss man einen flachen Ring auf das Fass schweißen, dessen Rand entweder außen oder innen ein paar Zentimeter überragt. Durch den Ring sollten im Abstand von ca. 10 cm Löcher gebohrt werden, durch die von unten Gewindeschrauben gesteckt werden sollen. Wenn der Ring nach innen über den Rand des Behälters ragt, müssen die Schrauben festgelötet oder festgeschweißt werden. Der Vorteil dieses Ansatzes ist der, dass man den vorher herausgetrennten Deckel wieder verwenden kann. Man bohrt Löcher in den Deckel, so dass sie genau auf die Schrauben passen. Dann legt man den Deckel auf den Ring. Dazwischen kommt ein passendes Stück Gartenschlauch aus Gummi oder besser ein Silikonschlauch als Dichtung. Da die Deckel nicht sehr steif sind, muss man noch einen zweiten gelochten Ring als Überwurf verwenden. Diesen legt man über den Deckel und presst durch Anziehen der Überwurfmuttern den Deckel luftdicht gegen das Fass. Alternativ könnte man den aufzuschweißenden Ring größer wählen als den Fassdurchmesser. In diesem Fall muss man das Fass mit einer Deckplatte oben abdichten. Wiederum muss man eine Dichtung aus Gummi oder Silikonschlauch dazwischen legen, aber man könnte Ring und Deckplatte auch am Rand mit Schraubklemmen zusammenpressen, ohne Schrauben durch vorgebohrte Löcher zu stecken und das ganze mit Muttern festzuziehen.

In den Deckel sollte man einen Gasauslassanschluss einsetzen. Dazu kann man ein Gewinderohr mit ¾ Zoll aus dem Gasinstallationsbedarf verwenden. Für diese Normteile bekommt man auch alle möglichen Erweiterungsanschlüsse, wie Manometer, Druckregler, Absperrventile, Verzweigungsstücke, usw.

Die Speicherung des Gases in einem Traktorschlauch oder auch in mehreren solcher Schläuche ist eine einfache Sache und wie das Beispiel von Jean Pain zeigt, funktioniert es auch ausgezeichnet. Es wirkt jedoch etwas provisorisch und bei größeren Gasmengen wird die Methode unpraktisch.

Die meisten Betreiber von Biogasanlagen speichern daher das Gas in Gasometern, das sind auf den Kopf gestellte Tonnen, die in einem eng anliegenden Wasserbehälter stehen. Damit die Tonne nicht umkippt oder sich verkeilt, wird sie mit Rollen geführt, die gleichzeitig als Abstandhalter dienen. Der untere Teil des Behälters steht im Wasser. Das Gas lässt man von unten durch etwas Wasser in den Hohlraum aufsteigen. Das Wasser schließt die Tonne nach unten hin ab und verhindert so das Entweichen des Gases. Da das Wasser praktisch nicht kompressibel ist, bewirkt das Gewicht der Tonne nur eine Verdichtung des Gases. Das Eigengewicht der Tonne kann man durch Zusatzgewichte noch erhöhen und so das Gas unter etwas größerem Druck speichern.

3. Biogasanlage aus Metallschrott

Das Biogas ist, wie bereits erwähnt, ein Gasgemisch, das neben Methan auch Kohlendioxid, Wasserstoff, Stickstoff und Schwefelwasserstoff enthält. Gewünscht ist ein hoher Methananteil und wenig Stickstoff sowie Kohlendioxid und Schwefelwasserstoff. Für eine optimale Methanproduktion ist das Verhältnis der Elemente Kohlenstoff und Stickstoff (chemische Zeichen C und N) wichtig. Wenn das C : N Verhältnis niedrig ist, z.B. bei Stoffen mit hohem Proteinanteil, wird viel Stickstoff und viel Schwefelwasserstoff gebildet. Urin enthält wenig Schwefel aber viel Harnstoff das aus doppelt soviel Stickstoff wie Kohlenstoff besteht, darum wird er ebenfalls viel Stickstoff, oft in Form von Ammoniak, freisetzen, was auf viele Bakterien hemmend wirkt. Am anderen Ende der Skala steht Stroh, es enthält zu wenig Stickstoff für eine optimale Methanproduktion. Bei Stickstoffmangel können sich die Bakterien nicht vermehren, dann sie brauchen Stickstoff hauptsächlich für Proteine und Nucleinsäuren. Je mehr Bakterien vorhanden sind, desto mehr Stoffwechsel findet statt und desto mehr Methan entsteht. Ideal sind C : N Verhältnisse von 25 bis 30. Diese Werte erhält man kaum von einem einzelnen Gärgut, man muss daher verschiedene Stoffe mischen, um auf diesen Wert zu kommen. In der nachfolgenden Tabelle der C : N-Verhältnisse einiger vergärbarer Stoffe sind einige Verhältnisse angegeben.

Material	Kohlenstoff (C) : Stickstoff (N)
Grasschnitt, Heu	12
Klee	27
Gemüseabfall	19
Küchenabfälle	25
Buchenlaub, frisch	10
Stroh, Weizen	150–200
Buchenlaub, braun	50
Fichtennadeln	30
Baumrinde	200
Gartenabfälle, verholzt	100
Sägemehl	200–500
Papier, Karton	200–500
Hühnermist	15
Kuhmist	18
Pferdemist	25
Klärschlamm	11

Die gleichen C : N-Verhältnisse, die günstig für eine gute Methanproduktion sind, wären auch für die Kompostierung ideal. Kompostierung ist jedoch ein ganz anderer Vorgang, denn er findet an der Luft statt und neben Bakterien sind auch Pilze, Würmer und Insekten, Milben und Asseln an der Zersetzung beteiligt. Unlängst hat man herausgefunden, dass man die Methanausbeuten erhöhen kann, wenn man der anaeroben Zersetzung (Methangärung unter Luftabschluss) eine aerobe Phase (Zersetzung an der Luft) voranstellt. Der Grund dafür ist, dass viele Bakterien nicht zwingend gären, sondern besser an der Luft wachsen (Atmung liefert nämlich viel mehr Energie als Gärung). Darum können sich viele an der Zersetzung beteiligte Bakterien unter diesen Bedingungen schneller vermehren. Außerdem erhalten die Bakterien so Unterstützung von anderen Organismen, Pilze können beispielsweise Lignin, den Holzstoff, abbauen, der bei der Methangärung von den Bakterien nicht verwertet wird. Die Versuche mit vorangehender aerober Phase sind noch nicht so weit ausgereift, dass man bereits sagen kann, welche Bedingungen ideal sind. Man geht nur davon aus, dass es funktioniert und ein Versuch sich wahrscheinlich lohnt. Auf keinen Fall sollte man Material, das Methanbakterien enthält (also Klärschlamm, Wiederkäuerkot oder Panseninhalt), schon in der aeroben Phase einbringen, denn die Methanbakterien sind sehr empfindlich gegenüber Sauerstoff.

Wenn man die Methangärung durchgeführt hat, kommt irgendwann kein Methan mehr nach und der Prozess ist abgeschlossen, zurück bleibt das ausgegorene Material. Dieses Material ist bei der Feststoffvergärung bereits ein guter Dünger, doch er kann auch nachkompostiert werden, um noch besseren Humus zu liefern.

Die hier gezeigte Tabelle ist natürlich nicht vollständig und man sollte sie auch nicht als absolut gültig betrachten. Je nach Alter, Standort, Jahreszeit und Ernährungszustand schwanken die Werte bei den Pflanzen. Allgemein gilt: Je frischer und grüner die Triebe sind, desto niedriger ist das C : N-Verhältnis. Umgekehrt ist das Verhältnis umso höher, je älter und holziger die Pflanzenteile sind. Bei Tiermist sind ebenfalls das Alter des Tiers und die Art des Futters wichtig für die Zusammensetzung des Kots. Die Tabelle soll vorrangig zeigen, dass es nicht nötig ist, tierischen Mist zu verwenden, um auf günstige C : N-Verhältnisse zu kommen. Von den Laubarten wurde hier nur Buchenlaub erwähnt, wichtig sind aber auch noch andere Stoffe, vor allem die Gerbsäuren, die bakterienhemmend wirken. Erle, Hainbuche und Traubenkirsche sind besonders gut abbaubar; Ahorn, Weide und Linde zersetzen sich auch gut und problematisch sind vor allem Eiche, Kastanie, Pappel und Walnuss, wegen des hohen Gerbsäureanteils. Auch Nadelstreu zersetzt sich schlecht, obwohl das C : N-Verhältnis ideal ist, hier wirken neben Gerbsäuren auch noch Fette und Wachse abbauverzögernd.

Verlauf der Gasproduktion

Kontinuierlich betriebene Biogasanlagen, die einheitliches Gärgut verwenden, können Gas sehr gleichmäßig und verlässlich produzieren, wenn die Temperatur konstant gehalten wird. Bei den hier beschriebenen Anlagen ist das nicht zu erwarten! Je nach Startermaterial und Gärgut kann die Gasproduktion innerhalb von 24 Stunden, aber unter Umständen auch erst nach einigen Wochen beginnen. Danach steigt die Gasproduktion stark an, bis sie ein Maximum erreicht. Auf diesem Niveau kann sie eine Weile verbleiben und dann wird sie allmählich immer weiter abnehmen. Irgendwann wird nur noch so wenig Gas gebildet, dass ein Weiterbetrieb nicht mehr sinnvoll erscheint. Dann kann der Gärbehälter entleert und der Gärrückstand als Dünger verwertet werden.

Wenn man mehrere Gärbehälter parallel betribt und diese jeweils zeitlich versetzt beschickt und entleert, kann man eine kontinuierliche Gasproduktion erreichen. Für die Vergärung von Material mit hohem Feststoffanteil ist dies auch die einzige Möglichkeit, eine dauerhaft annähernd gleichmäßige Gasausbeute zu erreichen.

Gasbedarf verschiedener Nutzungszwecke

Für einen Haushalt mit vier Personen, der ungereinigtes Biogas mit 60 % Methananteil verwendet, rechnet man etwa mit einem Bedarf von 0,6 m^3 für das Kochen. Um den täglichen Strombedarf mit einem Generator zu produzieren, braucht man ungefähr 12 m^3 Biogas. Für das Heizen einer gut isolierten Wohnung mit 120 m^2 benötigt man an einem Januartag etwa 30 m^3. Ein Traktor oder ein anderes Fahrzeug mit 48 kW (68 PS) Motor verbraucht für jede Stunde Dauerleistung um die 37 m^3 Biogas.

III. Holz-, Produkt- und Generatorgas – Grundlagen

1. Allgemeines über Holzgas

Holzgas wird völlig anders als Biogas erzeugt: Es entsteht nicht durch die Tätigkeit von Mikroorganismen, sondern durch einen rein chemisch-physikalischen Prozess. Ausgangsmaterial sind trockenes Holz, Holzabfälle oder Stroh. Das organische Material wird thermisch, d.h. unter Hitzeeinwirkung zersetzt, man nennt dies Pyrolyse. Dabei werden die langkettigen Moleküle aufgebrochen und in kurze Bruchstücke und Wasserstoff gespalten. Die brennbaren Gase sind überwiegend Kohlenmonoxid und Wasserstoff, dazu kommen geringe Mengen an Methan.

Abb. 10
LANZ-Bulldog

Diese Methode wurde in Deutschland und anderen Ländern, vor allem in Dänemark, Schweden und Russland während des zweiten Weltkriegs benutzt, um zivile Autos, Lastwagen und Traktoren, wie den oben abgebildeten LANZ-Bulldog in Abbildung 10, mit Holzgas statt mit Benzin zu fahren; insgesamt waren das mehr als 1 Million Fahrzeuge.

III. Holz-, Produkt- und Generatorgas – Grundlagen

Abb. 11
Motorrad mit
Generator

Die Autos wurden dazu mit Holzgasgeneratoren ausgestattet, die an Bord das Gas erzeugten, mit dem die Motoren angetrieben wurden (das im Generator erzeugte Gas wurde also gleich vom Motor verbraucht). Es gab sogar Motorräder, die am Gepäckträger einen Generator in der Größe eines schmalen 20 l Papierkorbs montiert hatten, siehe Abbildung 11 und Krafträder, die im Beiwagen etwas größere Holzvergaser mitführten.

Holzvergaser im 20. Jahrhundert
Holzgas, das bei der Vergasung von Kohle und Teer entsteht, wird schon seit 1840 zum Heizen verwendet. Am Ende des 19. Jahrhunderts wurde der Prozess bereits in England zum Betrieb von Motoren angepasst. Vor dem zweiten Weltkrieg waren Holzgasgeneratoren allgemein bekannt, sie wurden aber nicht in großem Umfang genutzt. Ab 1939 wurde der Treibstoff rationiert und nur für die unmittelbare Feldarbeit zugelassen. Zu diesem Zeitpunkt wurde damit begonnen, über Holzvergaser nachzudenken und im Jahr 1942 hatte sich ein Einheitsvergaser etabliert.

In Deutschland gaben Holzvergaser ein vertrautes Bild ab, diese Technologie wurde aber natürlich nicht nur hier genutzt. Anfangs wurden die Holzvergaser außen am Fahrzeug montiert, später ging man dazu über, die Vergaser mit in die Karosserie zu integrieren, wie man an Beispielen des VW Käfers und des VW Kübelwagens sehen kann. Bis 1945 baute die Firma IMBERT in Köln allein 500.000 Stück dieser Wagen. In Dänemark wurden 95 % aller Fahrzeuge mit Holzgas angetrieben, in Finnland 80 % und in Schweden immerhin 40 %. Als nach dem Krieg die Mangelsituation behoben war, gerieten die Holzvergaser allmählich in Vergessenheit. Sie wurden vereinzelt noch bis in die Mitte der fünfziger Jahre in Europa genutzt, z.B. Kleinlaster in Deutschland, die mit Buchenscheiten betrieben wurden und für die ein Sonderführerschein erforderlich war. In Korea waren mit Holzkohle betriebene Taxis noch bis 1970 in Gebrauch.

1. Allgemeines über Holzgas

Aufgrund der Erfahrungen mit den Ölkrisen zu Mitte und Ende der siebziger Jahre und das Fehlen von Mineralölvorkommen im eigenen Land hat Schweden, als einziges Land weltweit, sich dazu entschlossen, die Massenproduktion von Holzvergasern zur Verwendung an Fahrzeugen für den Krisenfall vorzubereiten. Man ging von den IMBERT-Generatoren aus, die im zweiten Weltkrieg Standard waren. Inzwischen hat man dort neue, zuverlässiger arbeitende Typen entworfen, in der Praxis getestet und systematisch weiterentwickelt. Viele verschiedene Brennstoffe wurden ausprobiert, der Einfluss von Feuchtegehalt, Form und Größe wurde untersucht und unterschiedliche Filtermaterialien hat man auf ihre Eignung hin geprüft. Das schwedische Energieministerium hat den Bericht über den Einsatz der neu entwickelten Holzvergaser für Traktoren und LKW veröffentlicht. Sie sind auszugsweise im Bericht Nr. 72 der FAO (Food and Agriculture Organization) der Vereinten Nationen aus dem Jahre 1986 abgedruckt. Die Firma Volvo hat im gleichen Zeitraum eigene Testreihen mit Holzvergasern für PKW durchgeführt, die Ergebnisse aber nicht der Öffentlichkeit zugänglich gemacht.

Angeregt durch die schwedischen Versuche und im Bewusstsein der nachlassenden Ölreserven im eigenen Land hat man auch in den U.S.A. vor ein paar Jahren beschlossen, für den Fall eines Energienotstands nach Ausweichtechnologien zu suchen. So hat die amerikanische Notstandsbehörde, Federal Emergency Management Agency (FEMA), im Jahr 1989 mit einem Förderprogramm die Entwicklung eines Holzgasgenerators unterstützt. Das Ziel war, genaue Anweisungen zum Herstellen, zum Aufbau und Betrieb eines Gerätes zur Vergasung von Biomasse (Holzvergaser, Holzgasgenerator) zu erarbeiten. Dieses Gerät sollte Notfallkraftstoff für Traktoren und Lastwagen bereitstellen, für den Fall, dass die Erdölversorgung für längere Zeit schwerwiegend gestört wäre. Anders als in Schweden, wo die Behörden die Fertigung in Fabriken im Sinn hatten, war die Absicht der FEMA ein Handbuch zu erstellen, nach dem jeder Mechaniker einen solchen Apparat bauen kann, sofern er über Erfahrung im Metallbau verfügt oder in der Reparatur von Maschinen und Anlagen geübt ist.

Das Ergebnis dieser Forschungsarbeit wird in einem Bericht an die FEMA beschrieben. Herausgekommen ist eine vereinfachte Version des bekannten IMBERT-Holzgasgenerators aus dem zweiten Weltkrieg. Er kann aus einfachen, leicht zu beschaffenden Teilen gebaut werden, eine verzinkte Abfalltonne wird auf ein kleines Stahlfass gesetzt. Die Verbindungen und Rohre sind im normalen Installationsbedarf zu bekommen, dazu braucht man noch ein großes Edelstahlsieb als Gitterrost. Die ganze kompakte Einheit wurde vorne auf einen Traktor mit Benzinmotor montiert und erfolgreich in einem Feldversuch getestet, wobei Holzschnitzel der einzige Brennstoff waren.

Holzvergasertypen

Dieser neue Holzgasgenerator aus den U.S.A. ist einfacher aufgebaut und weil er kein luftdicht verschlossenes Treibstoffgefäß mehr benötigt, ist er leichter zu füllen. Während der IMBERT-Generator mit kleinen Holzblöcken gefüllt wird, die nur in einer bestimmten Größe verwendet werden dürfen, kann der neue Generator auch mit Zweigen, Stöcken und Rindenbruchstücken betrieben werden. Die Brennkammer des IMBERT-Generators verengt sich unten, was ebenfalls ein Nachteil ist, weil die enge Stelle sich gelegentlich zusetzt und verstopft. Auf den damaligen unebenen Straßen wurde der Generator so durchgerüttelt, dass Holzkohle und Asche gut nach unten durchsacken konnten. Auf den heutigen Straßen ist das nicht mehr gewährleistet. Der neue Generatortyp wurde in gemeinsamer Arbeit von Forschungsinstituten in Amerika und den Universitäten von Kalifornien in Davis, U.S.A. sowie der Offenen Universität London, England, entwickelt. Die Konstruktion verwendet einen ausgewogenen Unterdruck und der Brennraum ist zylindrisch ohne Verengung. Eine Abdeckung ist nur noch zum Schutz des Kraftstoffs nötig, bei Regen und wenn der Motor angehalten wird. Dieser Generatortyp wird auch „geschichteter Abwärtszug-Generator" oder „oben-ohne-Generator" genannt. Viele Jahre Labortests und Feldversuche haben gezeigt, dass dieser Generator sehr preiswert mit vorhandenen Materialien gebaut werden kann und als Notfallsystem ausgezeichnet funktioniert.

IMBERT-Generatoren, benannt nach ihrem Erfinder Georges Imbert, sind oben mit einer Klappe versehen, die zum Befüllen geöffnet und beim Betrieb verriegelt wird. Die Luftzufuhr erfolgt durch mehrere Luftdüsen, die weiter unten in Höhe der Oxidationszone angebracht sind. Unter der Brennkammer ist ein Ascherost angebracht und darunter eine Revisionsklappe zum Reinigen. Wenn die heißen Gase den Generator verlassen, werden sie durch einen Kühler geleitet, ein Rohrsystem mit großer Oberfläche. Damit sollen mögliche Teerbestandteile kondensiert und abgefangen werden. Auch der Kühler besitzt eine abnehmbare Auffangwanne. Nach dem Kühler ist der Feinfilter angebracht, ein großer Eimer, der mit Holzwolle gefüllt ist und von unten nach oben vom Gas durchströmt wird. Er soll noch im Gas enthaltene Kondensate und Asche abfangen, um den Motor vor Abrieb und das Motoröl vor Versäuerung zu schützen. Das Filtermaterial muss regelmäßig ausgetauscht werden.

Spätere Holzvergasertypen besitzen zusätzlich einen Zyklon, durch den die heißen Gase von der Brennkammer zuerst geleitet werden. Unter einem Zyklon versteht man einen Zylinder, an dessen Oberseite eine Düse angebracht ist, die den ankommenden Luftstrom tangential an die Innenseite führt. So wirkt er wie eine Zentrifuge, die mitgerissenen Staub und Asche nach außen schleudert, wo sie hinuntersacken. Darum wird der Zyklon auch manchmal Zentrifugalfilter genannt. Ein gut konstruierter Zyklon kann 60 % bis 70 %

der Partikel aus dem Gasstrom entfernen. Unten am Zyklon befindet sich eine Revisionsklappe, aus der man die angesammelten Verunreinigungen entnehmen kann. Das so vorgereinigte Gas wird dann in den Kühler geleitet.

Der IMBERT-Generator war nicht sehr billig. Er kostete nach heutigen Preisen, etwa 1.200 €. Darum haben in Europa schon zu Kriegszeiten viele Leute ihre eigenen Vergaser gebaut. Alte Waschmaschinenbottiche, Heißwasserboiler und stählerne Gasflaschen wurden dazu verwendet. Die Effizienz der selbst gemachten Generatoren war beinahe genauso gut, wie die der industriell gefertigten, sie hielten jedoch nur ca. 30.000 km, während man mit den Werksgeneratoren 150.000 km und mehr fahren konnte. Es gibt sogar Berichte von Laufzeiten bis 300.000 km.

Wilhelm Büscher aus Peine in Niedersachsen hat ein Buch herausgebracht, das heißt: „Ich fahre mit Holz". Das Buch enthält technische Unterlagen für Holzvergaser aus den Jahren 1940 bis 1945. Der Autor meint, ein geübter Handwerker könne sehr wohl anhand der Unterlagen selbst einen Holzvergaser bauen. Doch sind zusätzlich einige Sicherheitseinrichtungen einzubauen. Es gibt einige Oldtimer-Kfz, die eine TÜV-Zulassung haben, und man sollte sich unbedingt um eine solche kümmern, falls einem der Bau eines Holzvergasers gelingt. Auf einer Internetseite aus dem Jahr 2005 wirbt Herr Büscher für sein Buch, er gibt dort auch ein Beispiel aus dem Jahr 1942 über den Verbrauch eines LKWs mit Otto-Motor im Benzinbetrieb und im Holzgasbetrieb an. Der LKW brauchte im Benzinbetrieb 76 l pro 100 km und mit Holzgas 180 kg pro 100 km. Das Benzin kostete damals 40 Reichspfennige pro Liter und das Kilogramm Holz 4 Reichspfennige. Für 100 km hätte man im Benzinbetrieb 30,40 Reichsmark ausgegeben und im Holzgasbetrieb nur 7,20 Reichsmark. Es war also ein Gebot der wirtschaftlichen Vernunft, mit Holz zu fahren.

Eine besondere Art von Holzgasgenerator war der des schwedischen Konstrukteurs Torsten Källe. Dieser verwendete Holzkohle als Brennstoff und erfreute sich während des zweiten Weltkriegs in Schweden großer Beliebtheit, weil er weniger wog und einfach zu bedienen war. Etwa 60 % der Holzgasgeneratoren in Schweden wurden mit Holzkohle betrieben. Holzkohle hat bei gleichem Gewicht einen höheren Brennwert als Holz, darum musste nicht soviel Gewicht mittransportiert werden. Holzkohle enthält weniger flüchtige Stoffe, die später Teer produzieren können. Darum musste der Holzkohlevergaser keinen Teerabscheider verwenden und die Wartung dieser Komponente entfiel ebenfalls. Der Nachteil dieses Vergasers ist, dass er die Energie im Holz nicht gut ausnutzt. Schon 50 % bis 70 % der Energie gehen bei der Erzeugung von Holzkohle verloren, siehe oben. Darum rät die FAO von der Weiterentwicklung und Nutzung dieses Generatortyps ab.

2. Prinzip der Holzvergasung

Es handelt sich bei der Holzvergasung um eine unvollständige Verbrennung. Hitze, die durch die teilweise Verbrennung von festen Stoffen entsteht, produziert Gase, die nicht vollständig verbrennen können, weil zu wenig Sauerstoff in der Umgebungsluft vorhanden ist.

Es gibt eine Reihe fester Brennstoffe aus Biomasse, die für die Vergasung geeignet sind: Holz, Sägemehl, Seegras, Stroh, Papier, Torf, Kohle und Koks. Das Ziel der Vergasung ist es, die festen Brennstoffe möglichst vollständig in Gase umzuwandeln, so dass nur noch Mineralien und inertes Material übrig bleiben. Wenn man Holzgas für Verbrennungsmotoren liefern will, muss man es nicht nur ordentlich erzeugen, sondern auch bewahren und so lange nicht verbrauchen, bis es in den Motor geleitet ist, wo es dann verbrannt wird.

Zusammensetzung von Holzgas

Holzgas hat prinzipiell die gleiche Zusammensetzung wie Synthesegas (Pyrolysegas). Es enthält 12 % bis 20 % Wasserstoff (H_2), 17 % bis 22 % Kohlenmonoxid (CO), und geringe Mengen an Methan (CH_4) 2 % bis 3 %, als brennbare Gase. Der Rest sind die nicht brennbaren Gase Stickstoff (N_2) und Kohlendioxid (CO_2). Welche Gase in welchen Anteilen und was sonst noch produziert wird, hängt vom Feuchtegehalt des Holzes und von den Betriebstemperaturen im Vergaser ab und diese wiederum haben mit der Oberflächengeschwindigkeit der Gase am Brenngut zu tun. Doch auch unter günstigen Bedingungen hat das Holzgas weniger als ein Drittel des Brennwerts von Biogas. Das liegt an den deutlich geringeren Brennwerten von Kohlenmonoxid (35 %) und Wasserstoff (30 %) im Vergleich zu Methan. Zudem hat Holzgas mit 50 % bis 60 % meistens einen höheren Anteil von Inertgasen, d. h. nicht brennbaren Gasen, als Biogas mit 30 % bis 50 %. Holzgas zählt daher zu den sogenannten Schwachgasen.

Von den Gasen ist vor allem Kohlenmonoxid gefährlich. Es ist ein starkes Atemgift. Man sollte beim Neubeladen mit Brennstoff oder während längerer Ruhephasen die Vergiftungsgefahr beachten, vor allem an unzureichend belüfteten Orten. Neben der offensichtlichen Feuergefahr, die immer mit Verbrennungsprozessen verbunden ist, stellt Kohlenmonoxid die einzige mögliche Gefahr beim Umgang mit diesem Holzvergaser dar.

Gasdurchflussrate

Im Jahr 1999 wurde von einer amerikanischen Forschergruppe aus Colorado eine Entdeckung gemacht, die für den Betrieb von Holzvergasern aller Art ganz entscheidend ist. Professor Thomas Reed von der Stiftung für En-

2. Prinzip der Holzvergasung

ergie aus Biomasse, Colorado und seine Kollegen entwickeln Holzgasöfen und Kochherde für Entwicklungsländer. Ihnen geht es hauptsächlich darum, einfache Technologien zu entwickeln, welche die chemische Energie des Holzes möglichst effizient nutzen, denn die Hälfte der Weltbevölkerung kocht und heizt mit Holz. Diese einfachen Apparate sollen den Menschen in den Entwicklungsländern helfen, mit weniger Holz als Brennstoff auszukommen, so dass dort weniger abgeholzt und der Raubbau an der Natur unterbunden oder wenigstens stark eingeschränkt wird.

Die Forscher untersuchten mit einer Messapparatur und fein reguliertem Gasfluss den Einfluss verschiedener Gasdurchflussraten (Gasvolumen pro Sekunde pro Brennraumquerschnittsfläche = $m^3/(s \times m^2)$ auf die Gasproduktion. Wie man sieht, hat diese Größe die Dimension einer Geschwindigkeit (m/s) wenn man die Kubikmeter durch die Quadratmeter kürzt. Darum nennen die Forscher diese Größe auch Oberflächengeschwindigkeit. Sie fanden dabei heraus, dass die Durchflussrate die Zusammensetzung der Vergasungsprodukte und die produzierte Gasmenge bestimmt. Eine niedrige Durchflussrate bewirkt eine langsame Pyrolyse bei niedriger Temperatur (600 °C) und ergibt viel Holzkohle 20 % bis 30 % und unverbrannten Teer sowie wenig Gas mit hohem Kohlenwasserstoffanteil und hohem flüchtigen Teeranteil. Eine hohe Durchsatzgeschwindigkeit bewirkt eine sehr schnelle Pyrolyse mit weniger als 10 % Holzkohlenasche bei 1.050 °C und heißen Gasen in der flammenden Pyrolysezone. Diese Gase reagieren mit der verbliebenen Holzkohleasche und liefern Teer, weniger als 1.000 ppm und etwa 5 % bis 7 % Holzkohleasche und ein Gas mit geringerem Energiegehalt.

In ihrer kleinen Messapparatur stieg bei Durchflussraten von 0,05 m pro Sekunde bis 0,26 m pro Sekunde die Gasproduktion auf fast das Siebenfache an. Die Holzkohleproduktion sank auf ein Drittel und der Teer im Gas verringerte sich auf weniger als ein Fünfundzwanzigstel.

Bei niedrigen Durchflussraten wird der Brennstoff langsam auf Pyrolysetemperatur erhitzt und die Temperatur bleibt so innerhalb des Brennguts überall gleich (isotherm). Bei hohen Durchflussraten kann die Außenseite eines Partikels glühen (> 800 °C) und die Innenseite hat noch Raumtemperatur. Das ermöglicht den entweichenden Gasen mit der Holzkohle zu reagieren und so die Menge an Holzkohle zu reduzieren und die Gasmenge zu erhöhen. Dies nennen die Forscher simultane Pyrolyse und Vergasung.

Für den Betrieb von Holzgasöfen ist eine geringe Durchflussgeschwindigkeit und damit eine niedrige Pyrolysetemperatur günstig, weil das entstehende Gas einen hohen Brennwert besitzt. Zudem wird Holzkohle erzeugt, die ebenfalls gut verbrannt werden kann. Holzgasgeneratoren zum Betreiben von Verbrennungsmotoren sollten eine hohe Durchflussgeschwindigkeit haben. Man kann mit der Durchflussrate noch höher gehen, als 0,25 m pro Sekunde, denn so wird mehr Gas produziert, das jedoch einen niedrigeren Brennwert hat. Somit wird das Produkt aus Gasmenge und Brennwert nicht größer und damit auch nicht die insgesamt nutzbare Energie.

Wassergehalt des Holzes

Frisch geschlagenes Holz hat einen Wasseranteil von 25 % bis 60 %, lufttrockenes Holz nur von etwa 12 % bis 15 %. Ausserdem hängt der Wasseranteil davon ab, zu welcher Zeit im Jahr das Holz geschlagen wurde und um welchen Teil des Baumholzes es sich handelt, zudem hat die Art der Lagerung, geschützt oder ungeschützt, Auswirkungen auf die Restfeuchte. Man rechnet bei frischem Holz grob mit 50 % Feuchte, nach einem Jahr trocknen an der Luft hat man 30 % und nach zwei Jahren etwa 20 % Feuchtegehalt. In Holzvergasern sollte Holz nur mit einem Feuchteanteil bis 20 % verwendet werden. In Versuchen, in denen Hölzer mit 35 % Feuchte vergast worden sind, wurde eine erhebliche Verringerung der Leistung festgestellt, weil viel Energie aufgebracht werden musste, um das Holz zu trocknen. Aus Holz mit mehr als 20 % Feuchtegehalt entsteht anteilig mehr Wasserstoff als Kohlenmonoxid, doch der Kohlenmonoxidanteil nimmt schneller ab, als der Wasserstoffanteil zunimmt. Laut FAO Papier, nimmt auch der Wasserstoffanteil ab etwa 35 % Feuchte ab. Nach einer belgischen Studie nimmt der Brennwert von Holz mit zunehmendem Feuchtegehalt etwa in folgenden Stufen ab: Wasserfreies Holz: 5,1 kWh/kg, zwei Jahre an der Luft getrocknet: 3,86 kWh/kg, ein Jahr luftgetrocknet: 3,27 kWh/kg und frisches Holz: 2,14 kWh/kg. Wasserhaltiges Holz ist natürlich auch schwerer, als trockenes Holz, aber man bekommt aus feuchtem Holz pro Kilogramm Trockensubstanz auch weniger Heizenergie, als aus trockenem Holz, da ein Teil der Energie verbraucht wird, um das enthaltene Wasser zu verdampfen. Beispielsweise liefert Hartholz oder Weichholz mit 50 % Restfeuchte etwa 9 % weniger Heizenergie pro Kilogramm Trockensubstanz, als das gleiche Holz mit 30 % Restfeuchte.

Ascheanteil

Wichtig sind auch der Aschegehalt des Brennstoffs und die Schmelztemperatur der Asche. Bei aschereichen Brennstoffen, wie Gerstenstroh kann durch die hohen Temperaturen in der Oxidationszone die Asche zu größeren Agglomeraten verschmelzen, die in der Reduktionszone abkühlen und so den Luftdurchfluss dauerhaft blockieren. Es sollte deshalb nur Brennstoff mit maximal 5 % Asche verwendet werden. In den heimischen Hölzern bewegt sich dieser Anteil unter 0,5 % und beträgt somit weniger als ein Zehntel der tolerablen Werte. Nadelholz liefert weniger Asche als Laubholz und hartes Holz (wie Eiche oder Buche) liefert weniger Asche als weiches Holz (wie

Weide oder Pappel). Kernholz ist härter als rindennahes Holz. Bei Astschnitt, der einen hohen Rindenanteil hat, ist daher der Ascheanteil höher, aber bei einem Wert von 3 % immer noch akzeptabel. Ein höherer Ascheanteil erfordert in jedem Fall kürzere Reinigungsintervalle.

Größe der Brennstoffteile

Auch die Größe der Holzblöcke ist nicht unwichtig. Zu große Holzstücke können sich verkeilen und so Luftkanäle bilden und zu kleine Teile können verkleben und den Luftfluss stark behindern. In holzbeheizten Vergasern sollten die Blöcke nicht größer als 8 cm × 4 cm × 4 cm und nicht kleiner als 1 cm × 0,5 cm × 0,5 cm sein. Laut FAO Bericht liefert jedes Kilogramm Holz im Normalbetrieb etwa 2,5 m^3 Holzgas.

Holzgas und Mineralkraftstoff im Vergleich

Im FAO Bericht steht, dass ein 1 m^3 Holz ungefähr 1,5 Raummeter Rundholz entspricht, da zwischen den Hölzern natürlich Lücken bleiben. Wird das Holz zu Klötzen verarbeitet und damit der Holzvergaser beschickt, erhält man etwa 540 kg Holz mit einem Brennwert von 135 Litern Benzin. Wenn man die gleiche Menge Holz zu Holzkohle verschwelt, erhält man 120 kg bis 140 kg Holzkohle mit einem Brennwert von 65 Litern Benzin.

Die Angabe zum Holzgewicht ist ein Mittelwert, Nadelhölzer (wie Tanne und Fichte) wiegen 410 kg bis 430 kg pro m^3, während Laubbäume (wie Buche oder Eiche) 650 kg bis 690 kg pro m^3 wiegen.

Der Holzvergaser liefert Kraftstoff vor allem für Viertakt-Benzinmotoren im Leistungsbereich von 10 PS bis 150 PS (7,5 kW bis 110 kW). Wenn ein Dieselmotor entsprechend umgerüstet ist, kann er überwiegend mit Holzgas gefahren werden, dazu muss die Luftaufnahmeeinheit modifiziert werden, damit sie das Holzgas mit aufnehmen kann. So braucht der Motor nur sehr wenig Diesel zur Zündung und kann mit nur 10 % bis 20 % Dieselkraftstoff betrieben werden. Die Versuche in Schweden mit Holzvergasern für Traktoren und LKWs wurden mit Dieselmotoren im Mischbetrieb durchgeführt, d.h. 10 % des üblichen Dieselverbrauchs, der Rest der Energie kam vom Holzgas. Es lassen sich aber nicht alle Typen von Dieselmotoren umrüsten: Motoren mit Vorkammer oder Wirbelkammer, wie sie in den achtziger Jahren gebaut wurden, arbeiten mit einer zu hohen Verdichtung. Die Verwendung von Holzgas führt dort zum Klopfen des Motors. Direkteinspritzer Dieselmotoren, das ist der Regelfall bei den moderneren Fahrzeugen, lassen sich dagegen im Allgemeinen erfolgreich umstellen.

Die Verbrennungsgeschwindigkeit von Holzgas ist gering im Vergleich zu Luft-Mineralkraftstoff-Gemischen. Wenn die Verbrennungsgeschwindigkeit etwa die gleiche Geschwindigkeit hat, wie der Kolben, dann sinkt der Wirkungsgrad deutlich ab. Bei Holzgas wird dies etwa im Drehzahlbereich von 2.500 Upm erreicht, man sollte daher den Motor unterhalb dieser Drehzahl betreiben.

Der Heizwert des Gases ist abhängig von der zugeführten Luftmenge, sowohl Luftüberschuss als auch Luftmangel führen zu abnehmendem Brennwert. Es ist schwierig, den optimalen Luftdurchfluss über die Brenndauer zu bewahren, weil sich die Verhältnisse in der Brennkammer laufend ändern. Die einzige Möglichkeit, dies zu erreichen, ist durch eine Feinregulierung des Luft-Gas-Gemisches von Hand.

Wenn die Holzvergaser so effizient sind, so einfach und preiswert zu bauen, sollte man eigentlich mehr von ihnen hören und sehen. Doch es gab durchaus Gründe, warum man nach dem Krieg die Holzvergaser massenweise verschrottet hat: Sie waren den meisten zu aufwendig im Umgang. Die Erfahrung mussten auch die zuständigen Behörden in Schweden bei Langzeitversuchen mit den weiterentwickelten Holzvergasern in den achtziger Jahren machen. Man erprobte die Technologie überwiegend in der Forstwirtschaft, doch viele der dort beschäftigten LKW-Fahrer waren nicht dazu zu bewegen, auf Dauer mit den Holzvergaserfahrzeugen zu fahren, weil es ihnen zu viel Mühe machte, sich um den ordnungsgemäßen Betrieb zu kümmern. Darum mussten extra geschulte Forstwirtschaftsstudenten jeweils im Halbjahresrhythmus diese Arbeiten übernehmen. Die Einweisung selbst dauerte nur einen Tag, doch das Einfüllen des Holzes ist kräftezehrend, das Auswechseln der Filter, das Beseitigen der Kondensate ist zeitraubend und schmutzig. Zudem kann man sein Auto nicht sofort starten und losfahren, sondern man muss warten, bis genug Gas produziert wird und das dauert etwa eine Viertelstunde.

Nachdem in den U.S.A. die Versuche mit dem vereinfachten Vergaser abgeschlossen waren, begann die Zeit der niedrigen Ölpreise, wodurch der Anreiz fehlte, mit Holzvergasern zu fahren. So ist diese Technologie lange in Vergessenheit geraten. Erst in jüngster Zeit, als die Mineralölpreise sich in kurzer Zeit mehr als verdreifacht hatten, erinnerte man sich wieder an diese Technologie.

3. Holzvergaser heute

Im sonnigen Kalifornien hat man Jahr für Jahr immer wieder mit Waldbränden zu kämpfen. Das knochentrockene Unterholz fängt schnell Feuer und dies gefährdet die Natur und die Siedlungen der Bewohner dieser waldreichen Gebiete. Ed Burton, ein pensionierter Feuerwehrmann aus Willits in

3. Holzvergaser heute

Kalifornien, kam auf die zündende Idee: Er sammelt nun das trockene Unterholz und bricht es mit Hilfe einer Maschine in kleine Teile.

Abb. 12
Ed Burton mit Sonnenkollektor

Zerkleinerte Holzstücke trocknet er in einer selbst entwickelten Trocknungsanlage. Sie besteht aus einem von ihm gebauten Sonnenkollektor, der die nötige Wärme liefert (siehe Abbildung 12 links und Abbildung 13 oben rechts), dazu einem kleinen Photovoltaikpaneel (nicht auf den Abbildungen). Dieses Paneel liefert den Strom für die Warmwasser-Umwälzpumpe, die sich in der großen Tonne neben dem Sonnenkollektor befindet und für ein Gebläse. Ein alter Autokühler, wird von dem warmen Wasser durchströmt und gibt die Wärme an die Umgebung ab. Er befindet sich in dem Holzkasten, in den ein Schlauch mit warmem Wasser vom Sonnenkollektor führt und ein abgehender Schlauch das abgekühlte Wasser zur Pumpe leitet, die es in den Sonnenkollektor zurückpumpt. Der Ventilator des Autokühlers bläst die vorgewärmte Luft in die beiden breiten Faltenschläuche, die die warme Luft in die Trockenbehälter leiten, in denen die zu trocknenden Holzstücke geschüttet wurden. Die feuchte Luft entweicht und übrig bleibt getrocknetes Holz.

Mit der Anlage gelingt es Ed Burton, das Holz auf einen Restfeuchtegehalt von 10 % bis 15 % zu bringen. An einem normalen Tag im sonnigen Kalifornien beträgt die Außentemperatur etwa 18 °C, unter diesen Bedingungen wird das Wasser im Sonnenkollektor fast 70 °C warm und die feuchte Abluft aus der Trocknungsanlage hat immer noch etwa 40 °C.

Das Holzgas treibt einen Motor mit Generator an, der elektrischen Strom erzeugt. Gestartet wird der Motor mit Propan (Flüssiggas) und wenn der Holzvergaser genug Gas produziert, wird auf Holzgasbetrieb umgeschaltet. So schlägt man mehrere Fliegen mit einer Klappe, denn man verringert die Waldbrandgefahr, hat mit dem trockenen Holz einen guten Brennstoff für den Holzvergaser und kann gleichzeitig noch nützlichen Strom für Beleuchtung, Klimaanlage und Kühlschränke liefern.

III. Holz-, Produkt- und Generatorgas – Grundlagen

Abb. 13
Holzvergaser
von Ed Burton

Im Oktober 2000 brachte das Fernsehen einen Bericht über einen Holzvergaser-Fan in Finnland. Der Ingenieur Vesa Mikkonen fährt mit seinem normalen Auto und einem Holzvergaser auf dem Anhänger durch die finnischen Wälder. Sein chromglänzender Generator aus Edelstahl, den er selbst gebaut hat, wird mit Holz oder Torf betankt. Für 100 km braucht er etwa 100 l Torf. Eine vollständige Generatorladung bringt ihn 300 km weit. Mit diesem Brennstoff erreicht der Motor nur die halbe Leistung, daher kann Vesa Mikkonen nur maximal 90 km/h schnell fahren. Er fährt nun schon sechs Jahre lang mit dem Generator und hat vierzigtausend Kilometer damit zurückgelegt. Das Holzgas verunreinigt den Motor kaum, meint sein Besitzer, denn das Öl ist angeblich stets sauber. Das Starten ist jedoch etwas umständlich, weil man je nach Außentemperatur fünfzehn bis dreißig Minuten lang vorheizen muss, bis der Motor startet. Probleme gibt es leider mit der EU-Bürokratie. Holzgas ist bisher nicht als umweltfreundlicher Kraftstoff anerkannt worden, daher werden nur Fahrzeuge für den Betrieb zugelassen, die vor 1978 gebaut sind. Hier drängt sich die Frage auf, inwiefern die Mineralöllobby ihre Finger im Spiel hat.

Wie der finnische Ingenieur haben auch andere PKW-Fahrer, die einen Holzvergaser nutzen, diesen auf einem Anhänger montiert, so z.B. ein Ehepaar, das Ende der achtziger Jahre mit Holzgasantrieb Australien durchquerte. Auch auf weiteren Bildern im Internet sind solche Fahrzeuge zu sehen, beispielsweise ein SAAB 99, der einen Holzvergaser vom IMBERT-Typ hinter sich herzieht.

Der Schweizer Fridolin Loertscher aus Escholzmatt im Kanton Luzern stieß Mitte der sechziger Jahre bei Aufräumarbeiten auf einen original verpackten Holzvergaser der Firma Kaiser AG. Nur um seinen Kindern zu zeigen, dass man mit Holz tatsächlich einen Motor antreiben kann, setzte er den Holzvergaser in Betrieb. Der Vergaser war mit 340 kg zu schwer für einen PKW und brachte zu wenig Leistung für einen LKW, darum montierte er ihn hin-

3. Holzvergaser heute

ten an einem zwanzig Jahre alten Landrover. Seit 1968 wird der Wagen nun mit Holzgas betrieben, jedoch nur selten gefahren. Bis zum Jahr 2003 hatte Fridolin Loertscher damit 9.000 km zurückgelegt. Der Holzvergaser wird mit 2,5 cm großen Würfeln aus Buchen- oder Eichenholz gefüllt. Mit 40 kg Holz kommt er etwa 80 km weit. Bereits 5 Minuten nach dem Anheizen entsteht genug Gas, um anfahren zu können. Neben dem Brenner sind auf beiden Seiten Kühlelemente angebracht, die das Gas passieren muss. Diese sind mit Holzwolle gefüllt und dienen gleichzeitig als Grobpartikelfilter. Danach wird das Gas durch ein Rohr mit 5 cm Durchmesser unter dem Boden nach vorn geleitet, in das Rohr sind zwei Wasserabscheider integriert. Vor dem Eintritt in den Motor durchströmt das Gas noch einen Feinfilter aus Stahlwolle und eine Luft-Gas-Mischeinheit, die den Vergaser ersetzt. Diese wird von der Fahrerkabine aus bedient, damit kann man das Gemisch optimal einstellen, denn der Verlauf der Gasproduktion macht eine Regulierung erforderlich. Zuerst ist das Gemisch recht arm an brennbaren Gasen, dann nimmt dieser Anteil zu und liefert lange gutes Gas, das was gegen Ende wieder magerer wird. Im Gasbetrieb entwickelt der Wagen etwa 10 % bis 15 % weniger Leistung, als zuvor im Benzinbetrieb. Auch in der Schweiz dürfen Holzvergaserfahrzeuge nur mit Sondergenehmigung fahren, für den regulären Straßenverkehr sind sie nicht zugelassen.

Prinzipiell könnte man das Holzgas genau wie Biogas oder Erdgas verdichten, z.B. auf 200 bar, und dann in Druckbehälter abfüllen, damit man wie in einem Erdgasfahrzeug damit fahren kann. Dagegen sprechen allerdings zwei Gründe: Die brennbaren und die inerten Gase im Holzgas lassen sich viel schlechter voneinander trennen, als dies beim Biogas der Fall ist. Zudem ist ein Hauptbestandteil des brennbaren Gases im Holzgas das Kohlenmonoxid, das ein starkes Atemgift ist. Sollte man einen Unfall mit Leckage haben, handelt es sich hierbei um eine große Gefahrenquelle.

Im Notfall sind Holzvergaser als Energielieferanten für den Autoantrieb geeignet, dabei sollte man es aber belassen. Viel besser kann man die Holzvergasertechnologie in Kleinkraftwerken nutzen und ganz besonders gut mit Kraft-Wärme-Kopplung.

Holzvergaser für Blockheizkraftwerke

Holzvergaser sind durchaus nicht nur etwas für Sonderlinge, die Technologie scheint für dezentrale kleine Kraftwerke wie geschaffen. Dort, wo örtlich viel Holz anfällt und die Transportwege kurz sind, möglichst mit kleinen Siedlungen in der Nähe, kann Strom produziert und die Abwärme des Gases und des Motors zum Heizen verwendet werden. In Österreich, Schweiz und Dänemark betreibt man bereits seit einigen Jahren Blockheizkraftwerke mit Holzgas, die in Kraft-Wärme-Kopplung elektrischen Strom und Heizwärme produzieren. Die dafür eingesetzten Gasmotoren kommen zum Beispiel von der Firma GE Jenbacher GmbH aus Jenbach in Österreich. Die Erfahrungen sind sehr vielversprechend, daher hat man auch in Deutschland die Zeichen der Zeit erkannt und setzt zumindest auf das Heizen mit Holzvergasern. Doch da Kleinanlagen mit Kraft-Wärme-Kopplung hier steuerlich gefördert werden und das Energieeinspeisegesetz gute Strompreise garantiert, wird auch hier die Stromproduktion mit Holzvergasermotoren zunehmen.

Im FAO Bericht werden Beispiele aus Paraguay und Sri Lanka erwähnt, wo man bereits in den achtziger Jahren mit stationären Holzvergasern wesentlich kostengünstiger, als mit Dieselkraftstoff elektrischen Strom und Heizwärme in Kleinkraftwerken erzeugt hat. Dort wurde jedoch auch festgestellt, dass die Erfahrungen aus Schweden und Deutschland nicht 1 : 1 übernommen werden können, weil die Tropenholzarten, die dort wachsen, ganz andere Brenneigenschaften besitzen. Diese hatten zum Teil einen viel höheren Ascheanteil, der häufigere Wartungsintervalle erforderte und wegen der höheren Dichte des Holzes musste mehr Luft zugeführt werden, als dies für die einheimischen Holzarten nötig ist.

Auf einer Konferenz zur Nutzung von Biomasse als Energieträger im August 1999 in Oakland, Kalifornien, U.S.A., wurde eine Studie vorgestellt, die zeigt, dass stationäre Holzvergaser in Kraftwerken mit Kraft-Wärme-Kopplung bis zu einer Leistung von 1 MW vor allem in entlegen Gebieten die Energiekosten auf ein Fünftel reduzieren könnten. Man berücksichtigte mehrere Varianten der Holzenergienutzung, darunter Dampfproduktion für eine Dampfturbine, Gasproduktion für eine Gasturbine und Gasproduktion für einen Verbrennungsmotor. Letztere Variante wurde als die sinnvollste angesehen, weil sie die größte Wirkung entfalten kann, da man keine neuen Generatoren dafür bauen muss, sondern die bestehenden einfach auf Holzvergasertechnik umstellen kann.

In der amerikanischen Zeitschrift Ernergy Services Bulletin 22/6 von 2003 wurde berichtet, dass man in Colorado, U.S.A., dabei ist, Kleinstkraftwerke im Bereich von 5 kW bis 15 kW auf der Basis von Holzvergasern zu bauen. Diese sind für Wohnhäuser, Schulen und Kleingewerbebetriebe gedacht, die in dünn besiedelten Gebieten liegen und daher nicht an das Elektrizitätsnetz angeschlossen sind. Mit den Holzvergasern spart man nicht nur Mineralöl und schont die Umwelt, sondern fördert die Entwicklung des ländlichen Raums und beseitigt die Waldbrandgefahr. Diese Technologie ist für die Entwicklungsländer in Äquatornähe aus denselben Gründen wie geschaffen. Eine solche 15 kW-Anlage wurde inzwischen zu den Philippinen geliefert und dort mit gutem Erfolg eingesetzt.

In Deutschland wurde ein neuer Holzvergaser im Jahr 2002 in Baden Württemberg hinsichtlich Betriebssicherheit, Leistung und Wartungsfreundlichkeit geprüft. Der Joost-Vergaser, benannt nach seinem Erfinder,

3. Holzvergaser heute

beruht weitgehend auf den Plänen des IMBERT- Vergasers. In einem Dauertest konnte der Vergaser seine Tauglichkeit bestätigen. Die Leistung wurde als elektrische Leistung an einem angeschlossenen Stromgenerator gemessen: Mit Holz von 20 % Restfeuchte wurde ein durchschnittlicher spezifischer Verbrauch von 0,8 kg Holz pro kWh gemessen. Interessant ist der Vergleich mit herkömmlich betriebenen Motoren. Bei neueren Tests mit Prüfmotoren stellte man fest, das Benzinmotoren bei optimalem Verbrauch 0,32 kg pro kWh erreichen können und Dieselmotoren auf 0,20 kg pro kWh kommen. Diese Werte kann man so allerdings nicht direkt vergleichen, weil an den Prüfmotoren die mechanische Energie gemessen wird. Die Umwandlung in elektrische Energie ist sehr effizient, doch nicht 100%ig. Sie liegt bei Stromgeneratoren im Bereich zwischen 88 % und 95 %, wobei die Effizienz bei Kleingeneratoren schlechter ist, als bei großen. Für einen mittleren Wirkungsgrad von 92 % beträgt der spezifische Verbrauch bei einem Benzingenerator 0,34 kg pro kWh und bei einem Dieselgenerator 0,22 kg pro kWh. Mit flüssigen Kraftstoffen wird gern in Litern gerechnet, dafür muss man noch die Dichte berücksichtigen. Benzin hat etwa eine Dichte von 0,75 g pro cm^3 und bei Diesel sind es etwa 0,8 g pro cm^3.

Auch die Firma Krypton GmbH in Bremen hat im Jahr 2003 einen Holzvergaser in Betrieb genommen, der Altholz mit 25 % Restfeuchte verwendet. Altholz ist nach Angaben der Betreiber eine gute Brennstoffquelle, denn jedes Jahr fallen davon mehrere Millionen Tonnen an und etwa 75 % davon wurde bis 2004 deponiert, seit 2005 ist die Deponierung untersagt. Durch Vergasung kann man die Abfallmenge reduzieren und gleichzeitig Strom und Wärme produzieren. Die Anlage der Firma Krypton hat einen elektrischen Wirkungsgrad von 28 % und ein Gesamtwirkungsgrad von 80 % könnte erreicht werden, wenn sie als Blockheizkraftwerk betrieben würde.

Energieeinspeisegesetz

Auch aus Holzgas kann man durch Nutzung des Energieeinspeisegesetzes (EEG) Geld machen. Für Strom aus Biomasse werden nach EEG für elektrische Leistungen bis 150 kW Vergütungen von 11 ¢/kWh gewährt. Wenn die Biomasse rein pflanzlich ist, werden nach §8, Abs. 2 (EEG 2005) sogar 6 ¢/kWh zusätzlich vergütet. Da diese Voraussetzungen für Holzgas erfüllt sind, kann man mit 17,5 ¢/kWh rechnen.

Nutzt man das Biogas in einem Blockheizkraftwerk mit Wärme-Kraft-Kopplung, dann gibt es weitere 2 ¢/kWh dazu (EEG 2005, § 8, Abs. 3). Diese zusätzlich gewährten 2 ¢/kWh sind jedoch mit einem erheblichen bürokratischen Aufwand verbunden. Anträge müssen gestellt und die Anlage muss begutachtet werden. Es ist daher fraglich, ob sich die Mühe wirklich lohnt.

IV. Holzgas – Praxis

1. Allgemeines

Wenn man sich selbst einen Holzgasgenerator bauen möchte, sollte man den Vorschlägen des FEMA Berichts folgen. Die genaue Formgebung und Größe ist nicht entscheidend, es ist jedoch darauf zu achten, dass die Verbrennungskammer, die ableitenden Rohre und die Filtereinheit luftdicht sind. Während des Betriebs strömt die Luft gleichmäßig abwärts und passiert dabei vier Zonen, daher kommt die Bezeichnung „geschichteter Generator".

- Die erste Zone (von oben gesehen) ist der Bereich in dem der nicht reagierte Brennstoff liegt, wo Luft und damit Sauerstoff von oben eintreten. Die Temperaturen liegen bei etwa 150 °C, das reicht, um das Holz weiter zu trocknen, eine Pyrolyse findet aber noch nicht statt.

- In der zweiten Zone läuft die Pyrolyse (das Aufbrechen der Kohlenwasserstoffketten bei höherer Temperatur) ab, dies findet jedoch erst ab ca. 250 °C statt. Die dafür notwendige Hitze entsteht weiter unten, dort wo die flüchtigen Pyrolyseprodukte mit dem vorhandenen Luftsauerstoff verbrannt werden, dies ist der Oxidationsbereich. Hier verbrennt Wasserstoff mit Sauerstoff zu Wasser und Kohlenstoff mit Sauerstoff zu Kohlendioxid. Diese Reaktionen liefert die Wärmeenergie für die anhaltende Pyrolysereaktion, es entstehen Temperaturen bis zu 1.500 °C. Am unteren Ende dieser Zone ist der gesamte Luftsauerstoff vollständig verbrannt und da der Brennstoffvorratsraum oben offen ist, kann die Luft von oben immer wieder nachströmen.

- Die dritte Zone ist die Holzkohle, die als Rückstand der unvollständigen Verbrennung in der zweiten Zone entsteht, dies ist der Reduktionsbereich. Der heiße Wasserdampf aus den Gasen reagiert mit dem Kohlenstoff der Holzkohle und bildet die brennbaren Gase Kohlenmonoxid und Wasserstoff. Das Kohlendioxid gibt ein Sauerstoffatom an den Kohlenstoff ab und es entstehen zwei Moleküle Kohlenmonoxid. Kohlendioxid und Wasserstoff können auch zu Kohlenmonoxid und Wasserdampf umgesetzt werden. Diese Reaktionen verbrauchen Energie, darum kühlen sich die Gase etwas ab. Das Methan, das in geringer Menge im Holzgas enthalten ist, kann durch Umsetzung von Kohlenstoff und Wasserstoff gebildet werden, diese Umsetzung ist energieneutral. Es kann aber auch aus Kohlenmonoxid und Wasserstoff-Methan und Wasserdampf entstehen und diese Reaktion verbraucht ebenfalls Energie.

- Das inerte (inaktive) verkohlte Holz und die Asche bilden die vierte Zone. Sie sind normalerweise zu kühl, um weitere Reaktionen einzugehen. Da die vierte Zone jedoch für Hitze und Sauerstoff zugänglich ist, wenn sich mit der Zeit die Bedingungen ändern, dienen sie als Puffer und als Holzkohlereservoir. Unterhalb dieser Zone befindet sich der Rost. Die Holzkohle und die Asche schützen den Rost vor zu hoher Temperatur.

Die erste Frage zur Bedienung des Holzgasgenerators betrifft meist das Entfernen der Holzkohle und der Asche. Normalerweise beträgt der Ascheanteil vom Holz nur etwa 0,5 % bis 2 %, aber wenn die Holzkohle durch die Reaktion mit den Verbrennungsgasen allmählich immer leichter wird, zerbröckelt sie schließlich und wird zu Staub, der Asche und unverbrannten Kohlenstoff enthält. Daher können 2 % bis 10 % Staub übrig bleiben. Die kleinen Teile können mit den Gasen davongetragen werden und schließlich den Rost zusetzen, darum müssen sie durch Schütteln oder Rühren entfernt werden.

Ein wichtiges Konstruktionsmerkmal des neuen Vergasers ist die größere Sicherheit gegenüber Verkeilung und Verstopfung. Schwere, blockartige Brennstoffe wandern problemlos abwärts, doch Sägespäne, Sägemehl oder Rinde können verkleben und verklumpen und so den kontinuierlichen Durchfluss hemmen. Darum kann es nötig sein, von Zeit zu Zeit am Rost zu rütteln. Wenn der Vergaser ein Fahrzeug antreibt, geschieht dies bereits durch die Vibration im Fahrzeug, aber bei längeren Standzeiten sollte man den angebrachten „Schüttler" benutzen.

Der Prototypvergaser ist im Bezug auf Materialien, Verrohrung, Filter und Vergaseranschluss als das absolute Minimum anzusehen. Der Vergaser sollte auch bei geringen Fahrzeuggeschwindigkeiten noch angemessen gekühlt sein, doch bei stationärem Betrieb oder an sehr langsamen Fahrzeugen müsste ein Gaskühler und ein sekundärer Filter vor dem Anschluss zum Motor angebracht werden. Die ideale Holzgastemperatur am Einlass zum Vergaser des Motors beträgt 20 °C, mit hinnehmbaren Spitzen von 60 °C bis 70 °C. Für jede Temperaturerhöhung des Gases um 5 °C ist mit einer verringerten Motorleistung um jeweils 1 % zu rechnen. Das liegt daran, dass kühleres Gas eine höhere Dichte besitzt und daher mehr brennbare Bestandteile pro Volumeneinheit enthält.

Die Millionen Holzvergaser, die im 2. Weltkrieg gebaut wurden, haben bewiesen, dass Form und Abmessungen des Vergasers wenig bis keinen Einfluss auf seine Leistung haben. Das Ersetzen der angegebenen neuen Materialien durch gleichwertige gebrauchte Teile oder durch ausgebaute Komponenten vom Sperrmüll oder Schrottlager ist daher akzeptabel. Es kommt hauptsächlich auf

- die Länge und den Innendurchmesser der Brennkammer an, denn diese müssen auf die angegebene Leistung des Motors abgestimmt sein, für den das Holzgas erzeugt werden soll.
- Der Vergaser selbst und alle Verbindungsrohre müssen jederzeit luftdicht sein.
- Unnötige Reibung sollte in allen Luft und Gas führenden Leitungen verhindert werden. Man sollte scharfe Biegungen vermeiden und die Verbindungsrohre nicht zu eng wählen.

2. Bauanleitung eines Vergasers

Die Abbildung 15 zeigt eine Explosionszeichnung der Holzvergasereinheit und dem Brennstofftrichter, die Materialliste ist in der nachfolgenden Tabelle angeführt. Nur die Abmessung der Brennkammer (Teil 1A) muss genau eingehalten werden; die anderen Abmessungen und Materialien können durch weitere geeignete ersetzt werden, solange die Konstruktion vollständig luftdicht ist. Im Folgenden beziehen sich alle Teilenummern auf Abbildung 15.

Abb. 14
Holzvergaser

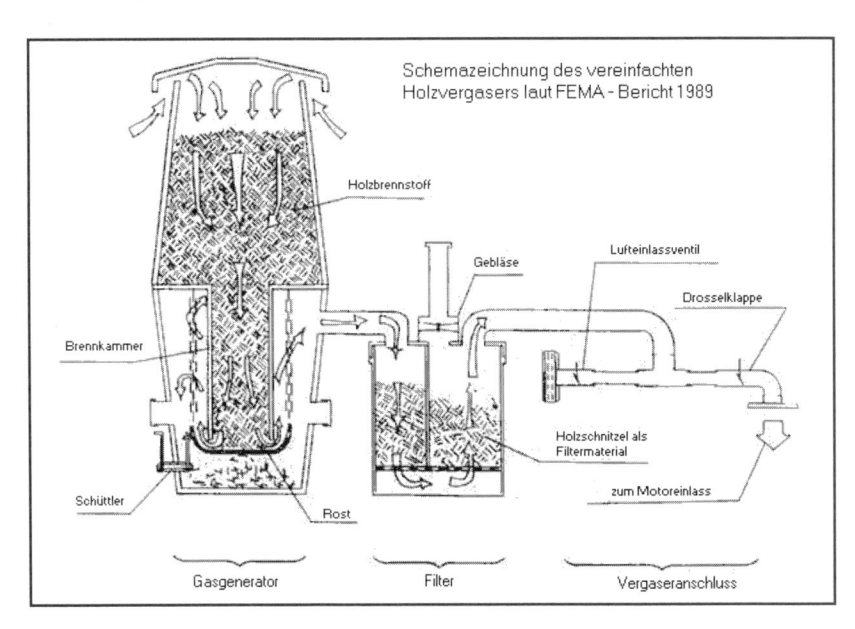

Die Prototyp Einheit, die hier beschrieben wird, wurde für einen Benzinmotor mit 35 PS (26 kW) konstruiert. Die Brennkammer hat einen Durchmesser von 15 cm. Ein Holzvergaser mit einer Brennkammer bis zu 23 cm Durchmesser (das ist ein Holzvergaser zum Betrieb von Maschinen bis 65 PS [48 kW]), kann nach den folgenden Anweisungen gebaut werden.

IV. Holzgas – Praxis

Wenn Ihr Motor eine Brennkammer mit 25 cm oder mehr benötigt, verwenden Sie für den Brenner ein 200 l Stahlfass und für den Brennstofftrichter ebenfalls ein solches.

Die folgende Bauanleitung ist allgemein gültig und kann für die Konstruktion von Holzvergasereinheiten jeder Größe dienen, die spezifischen Größenangaben, die in der Teileliste und in den Anweisungen erwähnt werden, beziehen sich auf den Prototyp.

Brennstoffvorratsbehälter und Brennkammer

1. Je nach Leistungsanforderung der Maschine, die mit dem Holzgas betrieben werden soll, sucht man sich die Größenangaben (Innendurchmesser und Länge) der Brennkammer (Teil 1A) aus der nachfolgenden Tabelle heraus. Man formt sich eine zylindrische Kammer oder man schneidet sie sich aus einem Rohr mit entsprechenden Abmessungen. Für den Prototyp wurde eine Brennkammer von 15 cm Durchmesser und 48 cm Länge verwendet.

Abb. 15
Holzvergasereinheit und Brennstofftrichter

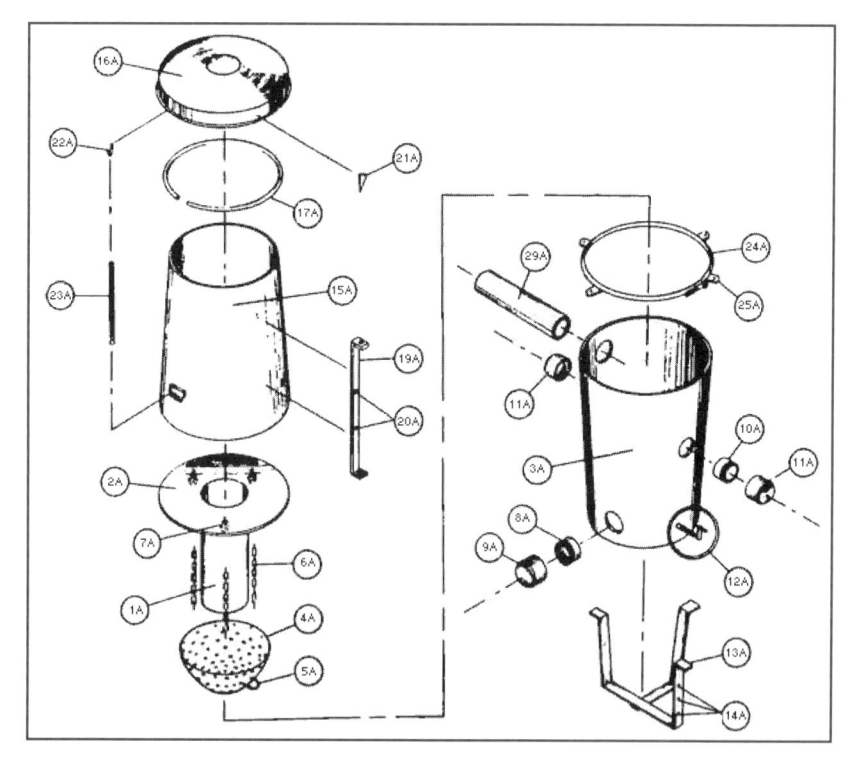

2. Die runde Abdeckplatte (Teil 2A) sollte auf den gleichen Durchmesser zugeschnitten sein, wie der Außendurchmesser des Brennkammergehäuses (Teil 3A) an seinem oberen Ende. Ein rundes Loch sollte in die Abdeckplatte geschnitten werden und der Innendurchmesser des Lochs

2. Bauanleitung eines Vergasers

sollte dem Außendurchmesser der Brennkammer entsprechen. Die Brennkammer (Teil 1A) sollte dann so an die Abdeckplatte (Teil 2A) geschweißt werden, dass sie damit einen rechten Winkel bildet.

3. Der gewölbte Rost (Teil 2A) sollte aus rostfreiem Stahl sein, z.B. aus einem Durchschlag oder einer Schüssel. Ungefähr 125 Löcher mit einem Durchmesser von 12 mm sollten gut verteilt unten und an den Seiten hineingebohrt werden. Ein U-Bolzen (Teil 5A) sollte waagerecht an einer Seite, etwa 5 cm vom Boden entfernt, angeschweißt werden. Dieser U-Bolzen wird später in den Rüttelmechanismus (Teil 12A) eingehakt.

4. Die Aufhängeketten (Teil 6A) sollen am Rost in drei Löchern mit gleichem Abstand am oberen Rand befestigt werden. Diese Ketten werden mit der Abdeckplatte (Teil 2A) über Augbolzen (Teil 7A) verbunden. Jeder Augbolzen sollte zwei Muttern haben, eine auf jeder Seite der Abdeckplatte, damit die Augbolzen auf die richtige Länge angepasst werden können. Nach der Montage sollte der Boden der Brennkammer etwa 3 cm Abstand vom Boden des Rosts haben.

5. Ein Loch von der Größe der Reinigungsöffnung für die Asche (Teil 8A) sollte in die Seite des Vergasergehäuses (Teil 3A) geschnitten werden. Das untere Ende des Lochs sollte etwa 12 mm oberhalb vom Fassboden sein. Wegen der dünnen Wände von Ölfässern und Abfalleimern wird Schweißen nicht empfohlen. Das Hartlöten solcher Teile am Fass oder am Eimer erzeugt sowohl Festigkeit als auch Luftdichte.

6. Zwei Löcher mit der Größe, die dem Außendurchmesser der Anzündeöffnung (Teil 10A) entspricht, müssen ebenfalls ins Vergasergehäuse geschnitten werden. Die Mitte der Löcher soll vom oberen Rand des Gehäuses so weit entfernt sein, wie es der Länge der Brennkammer entspricht, minus 18 cm (In diesem Fall sind es 48 cm – 18 cm = 30 cm). Die beiden Löcher sollten auf gegenüberliegenden Stellen angebracht werden, wie in Abbildung 15 gezeigt. Die Anzündeöffnungen sollten durch Hartlöten am Gehäuse angebracht werden.

7. Wenn die Öffnungen für die Aschereinigung (Teil 8A) und das Anzünden (Teil 10A) am Vergasergehäuse (Teil 3A) angebracht sind, sollten sie mit Rohrkappen verschlossen werden (Teile 9A bzw. 11A). Die Gewinde der Rohrkappen sollten zuerst mit Hochtemperatursilikonöl (Teil 27A) beschichtet werden, um Luftdichte zu gewährleisten. Man kann noch einen Stahlstab quer auf die Verschlusskappe schweißen, damit man einen besseren Hebel hat und sie später leichter öffnen kann.

8. Die Schütteleinrichtung (Teil 12A) ist in Abbildung 16 dargestellt. Das 12 mm Rohr (Teil 1AA) sollte an der Innenseite des Gehäuses (Teil 3A) durch Hartlöten befestigt werden und zwar ca. 4 cm vom Boden des Gehäuses entfernt. Die Länge des Rohrs, das in das Gehäuse ragt, muss so gewählt werden, dass der senkrechte Stift (Teil 2AA) in einer Linie mit

IV. Holzgas – Praxis

dem U-Bolzen (Teil 5A) liegt. Ebenso muss die Länge des aufrechten Stifts so gewählt werden, dass er mit dem U-Bolzen verbunden werden kann.

9. Schweißen Sie den aufrechten Stift (Teil 2AA) an den Kopf des Bolzens (Teil 3AA). Das Gewindeende des Bolzens sollte heruntergedrückt oder an einer Seite abgeflacht werden, damit er in die Öffnung passt, die in den Handgriff (Teil 4AA) gebohrt und gefeilt werden muss. Der Griff kann in jede gewünschte und gefällige Form gebracht werden.

10. In den Rohrverschluss (Teil 7AA) muss ein Loch gebohrt werden, so dass die Schraube (Teil 3AA) eng hineinpasst. Die enge Passung hilft, den Vergaser luftdicht zu halten.

11. Bevor man den „Schüttler" zusammensetzt, sollte man die Schraube (Teil 3AA) mit etwas Fett einschmieren. Bevor Sie die Schraube in das Rohr schieben, füllen Sie dieses mit Hochtemperatursilikonöl (Teil 27A) um es luftdicht zu halten. Ziehen Sie die Muttern (Teil 6 AA) an, damit der Griff (Teil 4 AA) durch Reibung in Position gehalten wird, aber dennoch bewegt werden kann, wenn man den Vergaser reinigt bzw. bei stationärem Betrieb.

Abb. 16
Schüttler

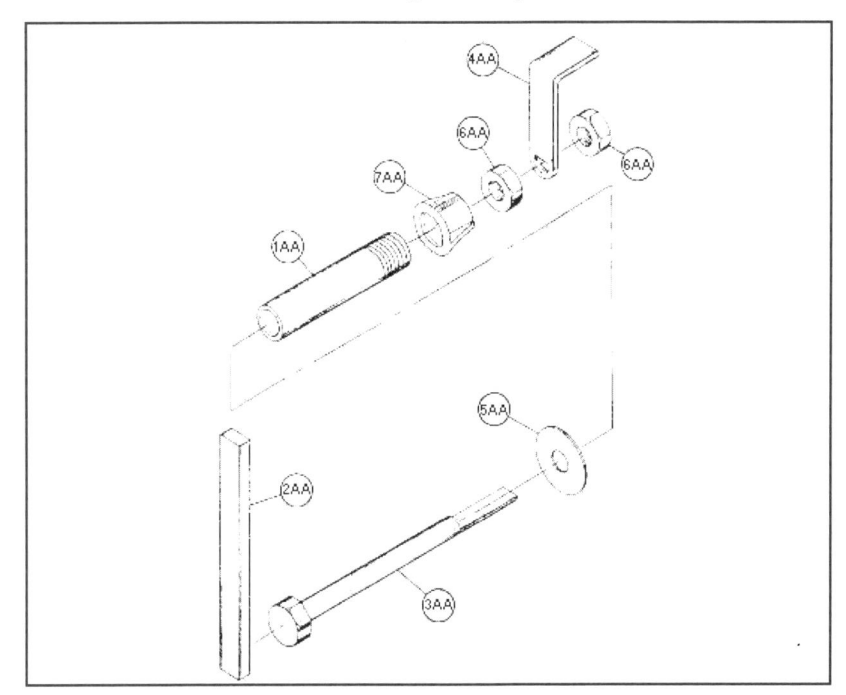

12. Fertigen Sie die Stützstreben (Teil 13A) für das Vergasergehäusefass (Teil 3A) aus rechteckigem Stabeisen. Die Form und die Höhe der Stützstangen müssen dem Fahrzeug angepasst sein, auf dem der Vergaser montiert werden soll. Die Stützen können am Boden und an den Seiten angeschraubt werden, z.B. mit 6 mm Schrauben, oder sie können direkt an das Fass hartgelötet werden.

> **Achtung:** Denken Sie daran, alle Bohrlöcher zu versiegeln, damit die Apparatur luftdicht bleibt!

13. Der Boden des Gehäusefasses (Teil 3A) muss einen Zentimeter dick mit hydraulischem (unter Wasser aushärtendem) Zement bedeckt werden. Der Zement sollte in die Innenseite der Trommel gefüllt werden, mit einer Höhe von bis zu 10 cm. Die Ecken sollten abgerundet werden, damit man die Asche besser entfernen kann.

14. Der Brennstofftrichter (Teil 15A) muss aus einem zweiten Behälter gefertigt werden, z.B. einer verzinkten Mülltonne, diese muss auf den Kopf gestellt werden. Entfernen Sie den Boden und lassen Sie einen Rand von etwa 6 mm stehen.

15. Ein Gartenschlauch wird der Länge nach aufgeschnitten, so dass er genau auf den Rand des Brennstofftrichters passt. Er sollte auf die Kante gesetzt werden, genau dort wo der Boden herausgeschnitten wurde. Das hilft, Unfälle beim Befüllen des Trichters zu verhindern. Um einen guten Sitz des Mülleimerdeckels (Teil 16A) auf dem Brennstofftrichter zu garantieren, sollte ein Streifen Neopren-Schaumgummi (Teil 18A) unten am Deckel angebracht werden, wo er Kontakt mit dem Brennstofftrichter hat.

16. Schneiden Sie vier Stützstäbe (Teil 19A) zu, die etwa 6 cm länger sind, als der Brennstofftrichter (Teil 15A) hoch ist. Bohren Sie ein 1 cm dickes Loch in das Ende von jedem der vier Stützstäbe. Diese sollten zentriert etwa 2 cm unter dem Ende des jeweiligen Stabs sein. Biegen Sie etwa 5 cm jedes Endes im rechten Winkel ab, dann bringen Sie diese in gleichmäßigem Abstand zueinander am Brennstofftrichter (Teil 15A) außen an, verwenden Sie dazu 6 cm Schrauben (Teil 20A). Ein Ende der Stützstäbe sollte so dich wie möglich am unteren Ende des Brennstofftrichters sein.

17. Schneiden Sie vier dreieckige Abstandshalter (Teil 21A) aus Metall aus und schweißen, hartlöten oder nieten Sie diese flach gegen den Rand des Deckels (Teil 16A). Sie müssen mit den Stützstäben (Teil 19A) am Brennstofftrichter in Übereinstimmung gebracht werden können. Während des Betriebs muss der Deckel mindestens 2 cm Abstand ringsherum haben, damit die Luft frei hinein strömen kann. Die Abstandshalter sollten diesen Zwischenraum für den Deckel schaffen, wenn sie in den Löchern an den oberen Enden der Stützstäbe (Teil 19A) sind.

18. Zwei Haken (Teil 22A) sollten an entgegengesetzten Enden des Deckels (Teil 16A) angebracht sein. Zwei Metallfedern (Teil 23A) sollten an den Griffen des Mülleimers befestigt werden und unter Spannung stehen, um den Deckel (Teil 16A) entweder offen oder geschlossen zu halten.

IV. Holzgas – Praxis

19. Schneiden sie den Verschlussring für das Ölfass (Teil 24A) so zu, dass er genau den Umfang der Deckplatte (Teil 2A) hat, damit er eng um das Vergasergehäuse (Teil 3A) passt.

20. Schneiden Sie vier 5 cm × 5 cm × 0,6 cm Platten (Teil 25A) zu und dann hartlöten Sie diese an den Verschlussring (Teil 24A), in gleichen Abständen und übereinstimmend mit den Stützstäben (Teil 19A) am Brennstofftrichter. Bohren Sie 1 cm dicke Löcher in jede Platte, damit sie genau mit den Löchern der Stützstäbe (Teil 19A) am Brennstofftrichter übereinstimmen.

21. Das Verbindungsrohr (Teil 29A) zwischen Vergasereinheit und Filtereinheit sollte so am Vergasergehäuse (Teil 3A) angebracht werden, dass es etwa 18 cm unterhalb der oberen Kante des Vergasergehäuses (Teil 3A) austritt. Das Rohr muss mindestens 5 cm Durchmesser haben und sollte aus Gründen der Kühlung mindestens 1,80 m lang sein. Zumindest ein Ende des Rohrs muss für Reinigungs- und Wartungszwecke abnehmbar sein. Bei der Prototypeinheit wurde eine luftdichte Elektrokupplung dafür benutzt. Viele ähnliche Verbindungen sind erhältlich und können benutzt werden, falls sie für Temperaturen von über 200 °C zugelassen sind. Das Rohr kann auch direkt an das Gehäuse geschweißt oder hartgelötet werden.

22. Wenn man die Vergasereinheit zusammenbaut, muss man darauf achten, dass der senkrechte Stab (Teil 2AA) auf der Schütteleinrichtung in den U-Bolzen (Teil 5A) am Rost greift.

23. Der Verschlussring klammert das Vergasergehäuse (Teil 3A) und die Abdeckplatte (Teil 2A) zusammen. Die Stützstäbe (Teil 19A) für den Brennstofftrichter müssen an den Platten (Teil 25A) des Verschlussrings (Teil 26A) mit Schrauben befestigt werden. Hochtemperatursilikon (Teil 27A) sollte auf alle Ränder aufgetragen werden, um eine luftdichte Verbindung zu schaffen.

Bau der Hauptfiltereinheit

Die Abbildungen 17 und 18 zeigen Explosionszeichnungen der Hauptfiltereinheit und die Materialliste ist in einer nachfolgenden Tabelle angegeben. In den folgenden Anleitungen beziehen sich alle Teilenummern entweder auf Abbildungen 17 oder 18.

Der Hauptfilter für den Prototyp wurde aus einem 20 l Farbeimer gebaut, diese Größe scheint ausreichend für Holzvergaser bis zu einem Brennkammerdurchmesser von 25 cm zu sein. Wenn ein Brennkammerdurchmesser von mehr als 25 cm erforderlich ist, sollte man einen Mülleimer mit Fassungsvermögen von 80 l oder 120 l verwenden. Die Filtereinheit kann in beliebiger Form und Abmessung gebaut werden, solange sie luftdicht gefertigt ist und der ungehinderte Gasfluss ebenfalls gewährleistet ist. Wenn man einen 20 l Eimer verwendet, muss dieser sauber und frei von Chemikalienrückständen sein und der obere Rand muss glatt sein und darf keine Einkerbungen haben. Wenn man einen anderen Behälter findet, der einen größeren Durchmesser besitzt, dann kann man die Wartungsintervalle verlängern.

Abb. 17
Filter,
Bodenplatte,
Abstandhalter

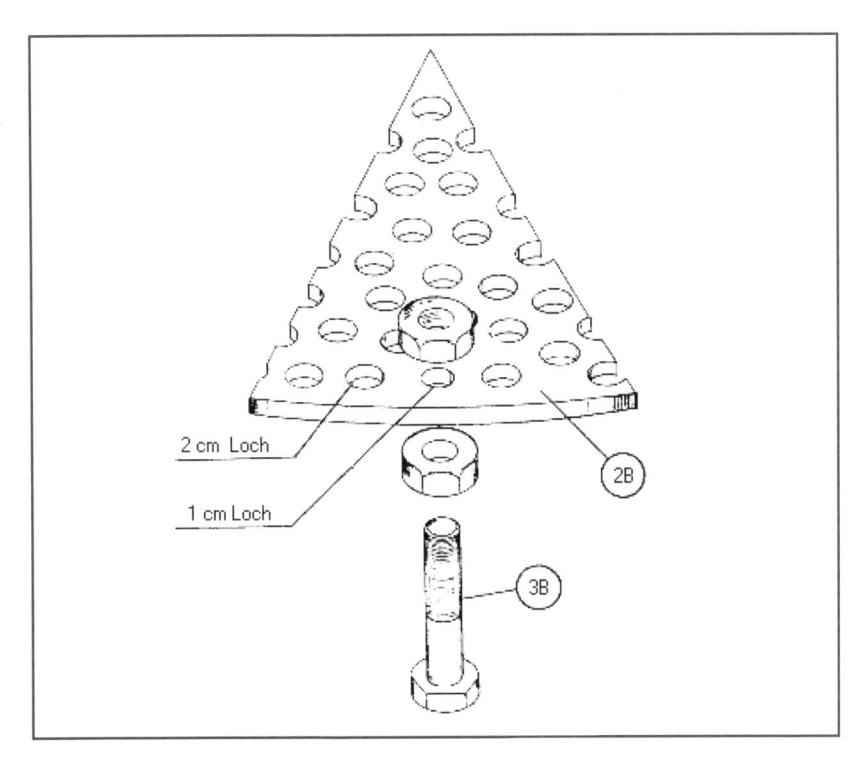

Die Rohrverbindung (Teil 29A) die den Vergaser mit dem Hauptfilter verbindet, sollte als notwendiger Teil des Kühlsystems angesehen werden und sollte keine Durchmesser besitzen, die kleiner als 5 cm sind. Ein flexibles Rohr, wie es für den Automobilauspuff benutzt wird, fand beim Prototyp Verwendung. Es wurde im Halbkreis geführt, so dass eine größere Länge auch einen größeren Kühleffekt hat.

Herstellung

1. Ein Loch von der Größe des Außendurchmessers des Entwässerungsrohrs (Teil 13B) sollte in die Seite des Filterbehälters (Teil 1B) geschnitten werden. Der untere Rand der Öffnung sollte etwa 15 mm oberhalb vom Innenboden des Behälters liegen.

IV. Holzgas – Praxis

Abb. 18
Filter

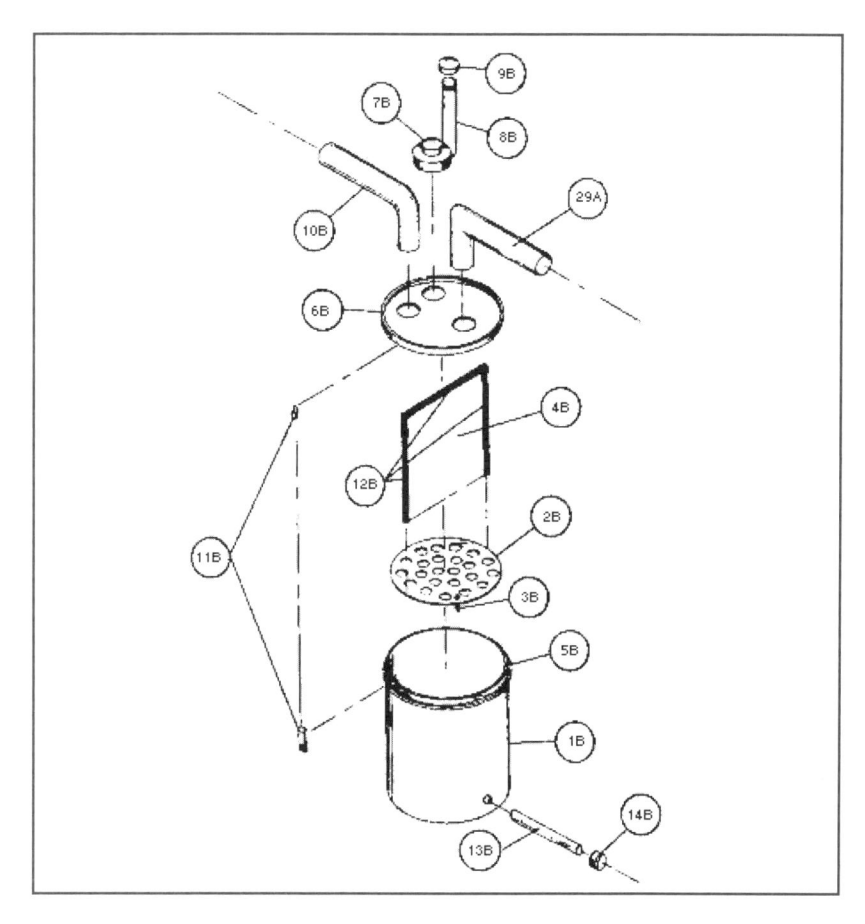

2. Das Entwässerungsrohr (Teil 13B) sollte in das zuvor geschnittene Loch in den Filterbehälter eingesetzt werden und so positioniert sein, das sein gewindeloses Ende dicht an der Mitte des Behälters liegt und etwa 12 mm Abstand vom Boden hat. Wenn diese Position gesichert ist, sollte das Rohr an der Innenseite des Filterbehälters hart eingelötet (nicht geschweißt) werden. Das äußere Ende mit dem Gewinde sollte mit einer Rohrkappe (Teil 14B) verschlossen werden.

3. Beschichten Sie den Boden der Filtereinheit (Teil 1B) mit einer 1 cm dicken Schicht aus hydraulischem (unter Wasser aushärtendem) Zement (Teil 28A). Geben Sie Acht, dass Sie die Öffnung des Entwässerungsrohrs (Teil 13A) nicht mit Zement verschließen oder verengen. Füllen Sie das Entwässerungsrohr zu diesem Zweck mit festem aber leicht entfernbarem Material, z.B. Papier oder Styropor. Der Zement sollte etwa 4 cm dick auf der Innenwand in Bodennähe aufgetragen und die Ecken sollten leicht abgerundet werden. Der Zement soll eine Bahn bilden, über die Kondensat abfließen kann. Er soll ausgehärtet sein, bevor man

2. Bauanleitung eines Vergasers

mit den weiteren Bauschritten fortfährt. Nach dem Aushärten des Zements muss das Füllmaterial aus dem Drainagerohr entfernt werden.

4. Eine runde Bodenplatte (Teil 2B) mit einem Durchmesser, der ca. 1 cm kleiner als der Innendurchmesser des Filterbehälters (Teil 1B) ist, sollte zurechtgeschnitten werden. Dies ermöglicht die Wärmeausdehnung und ein leichtes Entfernen beim Reinigen. In die Bodenplatte sollten auch so viele Löcher mit 2 cm Durchmesser gebohrt werden, wie es für die jeweilige Plattengröße möglich und praktisch ist. Außerdem sollten noch drei 1 cm Löcher mit gleichem Abstand voneinander am Rand gebohrt werden, in die Schlossschrauben als Abstandshalter (Teil 3B) gesetzt werden.

5. Abbildung 18 zeigt im Detail, wie die drei Schrauben (Teil 3B) als Abstandhalter für die Bodenplatte (Teil 2B) verwendet werden. Die Länge der Schrauben sollte so gewählt werden, dass sie einen Freiraum von 5 cm zwischen der Zementschicht am Boden des Behälters (Teil 1B) und der Bodenplatte (Teil 2B) schaffen.

6. Eine rechteckige Trennplatte (Teil 4B) sollte so zurechtgeschnitten werden, dass sie eine Breite hat, die etwa 6 mm kleiner ist als der Innendurchmesser des Filterbehälters (Teil 1B) und eine Höhe, die um etwa 6 cm geringer ist, als die innere Höhe des Behälters. Diese Trennplatte sollte dann im rechten Winkel auf die Mittellinie der Bodenplatte (Teil 2B) geschweißt werden.

7. Schneiden Sie ein Stück von einem hochtemperaturbeständigen Wasserschlauch (Teil 5B) zu, so dass seine Länge dem äußeren Umfang des Filterbehälters entspricht. Er sollte in der ganzen Länge aufgeschnitten und auf den oberen Rand des Filterbehälters (Teil 1B) gesetzt werden, damit dieser luftdicht verschlossen werden kann.

8. Ein runder Deckel (Teil 6B) sollte zugeschnitten werden, so dass er so breit ist, wie der Außendurchmesser des Filterbehälters (Teil 1B). Drei Löcher sollten in diesen Deckel geschnitten werden: Eins für das Abgasrohr (Teil 29A) das vom Vergaser kommt, eins für das Gebläse (Teil 7B) und eins für das Abgasrohr des Filters (Teil 10B), das zum Motor geht. Beachten Sie die Anordnung der drei Löcher. Das Rohr (Teil 29A), das vom Holzvergaser kommt, muss den Deckel auf der einen Seite der Trennplatte (Teil 4B) durchdringen, das Gebläse (Teil 7B) und das Abgasrohr (Teil 10B), das vom Filter zum Motor führt müssen auf der anderen Seite der Trennplatte durch den Deckel gehen.

9. Das Verbindungsrohr (Teil 29A) zwischen der Holzvergasereinheit und der Filtereinheit sollte am Deckel (Teil 5B) der Filtereinheit befestigt werden. Wenigstens eines der Enden dieses Verbindungsrohrs (Teil 29A) muss für Reinigungs- und Wartungszwecke abnehmbar sein. Bei der Prototypeinheit wurde eine luftdichte Elektrokupplung dafür be-

nutzt. Viele ähnliche Verbindungen sind erhältlich und können benutzt werden, falls sie für Temperaturen von über 200 °C zugelassen sind. Das Rohr kann auch direkt an den Filterdeckel geschweißt oder hartgelötet werden.

10. Bringen Sie das Gebläse (Teil 7B) am Deckel des Filterbehälters (Teil 6B) an. Beim Holzvergaser Prototyp der hier beschrieben wird, wurde ein Heizgebläse eines VWs dafür verwendet. Die Verbindungen für ein vertikales Verlängerungsrohr (Teil 8B) müssen angefertigt werden. Eine Verschlusskappe (Teil 9B) wird ebenfalls für den Gebläseauspuff benötigt. Dafür kann eine fertige passende Kappe aus Metall oder Plastik verwendet werden, wenn diese festsitzt (wenn nicht, muss man eine passende anfertigen). Die senkrechte Verlängerung und die Abschlusskappe sind in Abbildung 18 zu sehen.

11. Der Gasauslass (Teil 10B) zur Vergasereinheit des Motors sollte mindestens 3 cm Durchmesser haben. Wenn man diese Verbindung herstellt, sollte man jede scharfe, enge Biegung vermeiden, damit das Gas frei fließen kann. Ein Ellenbogenwinkel aus dem Installationsbereich ist hierfür hilfreich. Der Gasauslass (Teil 10B) kann entweder durch Schweißen oder Hartlöten am Deckel (Teil 6B) des Filterbehälters befestigt werden, oder man verwendet eine luftdichte Muffenverbindung, wie z.B. für den Elektrobereich.

12. Lascheinrichtungen (Teil 11B) sollten durch Schweißen oder Hartlöten am Deckel und an den Seiten des Filterbehälters angebracht werden. Die Verbindung zwischen Deckel und Filtereinheit muss luftdicht verschließbar sein.

13. Schneiden Sie zwei Längen von einem hochtemperaturbeständigen Wasserschlauch (Teil 12B) zu, so dass diese so lang sind, wie die Trennplatte (Teil 4B) hoch ist. Schneiden Sie eine dritte Länge vom Schlauch zu, die der Breite der Trennplatte entspricht. Schneiden Sie diese Schläuche jewils der Länge nach auf und setzen sie zuerst die beiden Schläuche auf beide Seiten der Trennplatte und den dritten auf den oberen Rand der Trennplatte.

14. Setzen Sie die Trennplatte (Teil 4B) in den Filterbehälter (Teil 1B) ein. Versichern Sie sich, dass die Schläuche (Teil 12B) an den Seiten luftdicht abschließen. Durch Verstellen der Höhe der Abstandhalterschrauben (Teil 3B), passen Sie die Höhe der Trennplatte so an, dass sie **genau** mit dem Rand des Filterbehälters abschließt. Stellen Sie sicher, dass der Deckel (Teil 5B) flach aufliegt und fest gegen das obere Ende der Trennplatte drückt.

15. Füllen Sie den Filterbehälter (Teil 1B) auf beiden Seiten der Trennplatte mit Holzschnitzeln (dieselben Schnitzel, die Sie als Brennstoff für den Holzvergaser verwenden). Nachdem Sie die Schnitzel vorsichtig bis

2. Bauanleitung eines Vergasers

oben eingefüllt haben, setzen Sie den Deckel (Teil 6B) auf den Filterbehälter und ziehen Sie die Laschen fest.

Bau der Vergasereinheit

Die Abbildungen 19 und 20 zeigen eine Explosionszeichnung der Vergasereinheit. Es folgt die Beschreibung einer einfachen Art, einen Vergaser zusammenzubauen, mit dem man die Luftzumischung steuern und die Gaszufuhr drosseln kann. Sie kann von oben oder von unten auf den Verteiler gesetzt werden, da man sie auch umgedreht aufsetzen kann. Der größte Teil der Bauanleitung befasst sich mit dem Zusammenbau der Schmetterlingsventile: Eines braucht man für die Gasdrosselung und eines für die Luftmischung. Der Rest der Vergasereinheit kann aus herkömmlichen Gewinderohren zusammengesetzt werden, die für gewöhnlich im Installationsbereich verwendet werden.

Die Innendurchmesser der Rohre, die für die Vergasereinheit verwendet werden, müssen an die Maße des Motors angepasst sein und dürfen nicht enger sein als die Einlassöffnung für den Verteiler am Motor. Wenn man im Zweifel ist, sollte man lieber einen größeren Rohrdurchmesser nehmen, denn das verringert Reibungsverluste und verlängert die Wartungsintervalle.

Abb. 19 Vergaseranschluss

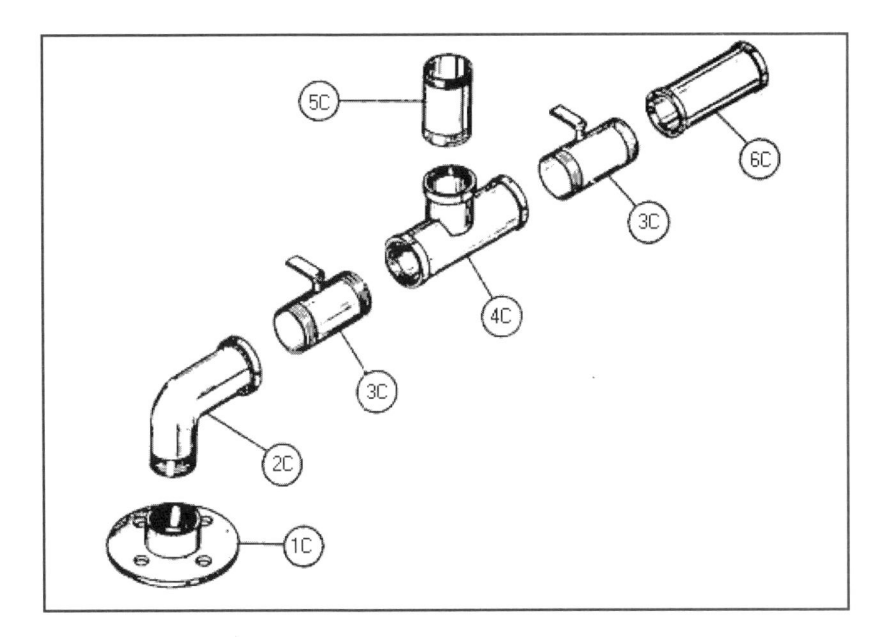

Wenn das Holzgas die Filtereinheit verlässt, sollte es normalerweise eine Temperatur von unter 80 °C haben. Etwa 60 cm vom Filterbehälter entfernt kann man einen Wasserschlauch für den Automobilbereich an das Rohr der Vergasereinheit setzen. Dieser Schlauch (er sollte ziemlich neu sein) soll verhindern, dass durch Motorvibration Luftlöcher in der Filtereinheit oder den

IV. Holzgas – Praxis

Verbindungsrohren entstehen. Schläuche dieser Art haben innen eine Stahlfeder, die verhindert, dass sie bei Unterdruck kollabieren. Die Feder rostet schnell, wenn sie zuerst mit Wasser und dann mit dem heißen Holzgas in Kontakt kommt.

Bau der Schmetterlingsventile

1. Der Verteileradapter (Teil 1C in Abbildung 19) muss mit Schrauben und/oder Löchern ausgestattet sein, um am Saugrohr des Motors angebracht werden zu können. Da die Benzinmotoren mit so vielen verschiedenen Einlassöffnungen gebaut werden, muss man sich von Einfallsreichtum und gesundem Menschenverstand leiten lassen, um die Vergasereinheit (Teil 1C) an den Motor anzupassen, für den der Holzgasgenerator bestimmt ist. Eine Dichtungsscheibe (Teil 7C) muss zurechtgeschnitten werden, die genau auf die Form der Einlassöffnung des Motors passt.

2. Das Schmetterlingsventil (Teil 3C) ist in Abbildung 20 dargestellt, man benötigt zwei davon. Ein 1 cm dickes Loch sollte senkrecht in der Mitte der Rohrbreite und der Mitte der Rohrlänge durch beide Wände jedes Ventilkörpers (Teil 1CC) gebohrt werden.

Abb. 20
Schmetterlingsventil

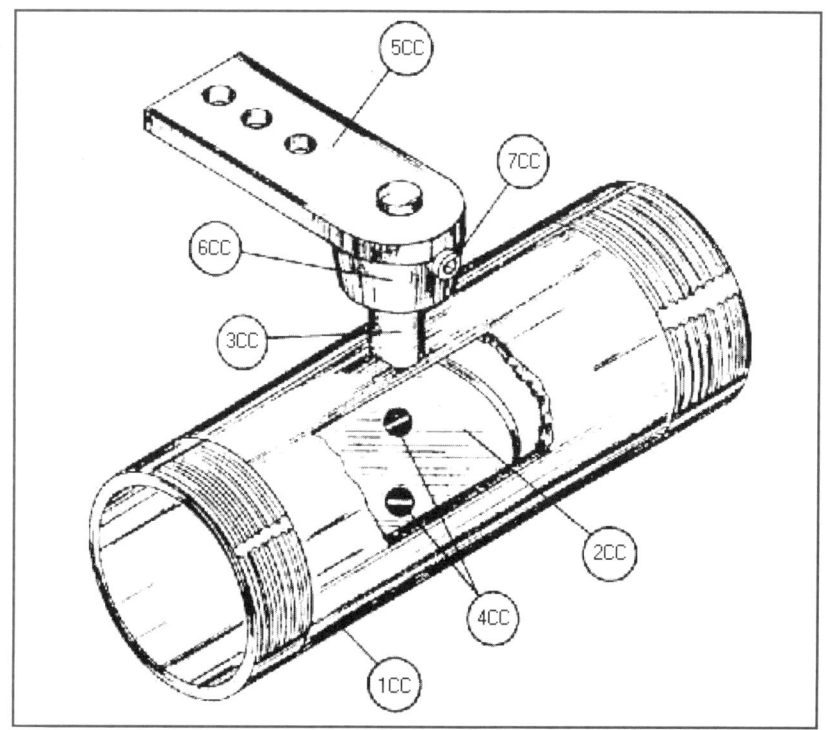

2. Bauanleitung eines Vergasers

3. Die Ventilplatte (Teil 2CC) muss oval geformt sein, nach den Abmessungen, der nachfolgenden Tabelle angegeben sind. Sie muss diese Form haben, weil sie im geschlossenen Zustand etwa 10 ° Neigung zum Querschnitt hat. Das stellt sicher, dass die Klappe zu einem Haltepunkt kommt, wenn sie ganz geschlossen ist.

4. Die Ränder der Ventilplatte (Teil 2CC) um den längeren Durchmesser des Ovals sollten angeschrägt werden, um einen guten Luftabschluss zu ermöglichen. Zwei Löcher von je 6 mm Durchmesser sollten in gleichen Abständen auf dem kurzen Durchmesser des Ovals angebracht werden.

5. Die Ventilachse (Teil 3CC) sollte auf einer Seite flach gefeilt oder geschliffen werden, siehe Abbildung 20. Der flache Bereich muss 6 mm vor einem Ende beginnen und sich über die volle Länge des Innendurchmessers beim Ventilkörper (Teil 1CC) erstrecken.

6. Zwei 5 mm Löcher sollten in den flachen Bereich der Ventilachse (Teil 3CC) gebohrt werden. Diese Löcher müssen übereinstimmen mit den Löchern in der Ventilplatte (Teil 2CC) und werden später mit Muttern verschlossen, durch Schrauben (Teil 4CC), die durch die Ventilklappe gesteckt werden.

7. Das Schmetterlingsventil (Teil 3C) sollte so zusammengesetzt werden, dass man zuerst die Ventilachse (Teil 3CC) durch den Ventilkörper (Teil 1CC) steckt. Die Ventilplatte (Teil 2CC) muss in eine Seite des Ventilkörpers gesteckt und dann in den flachen Teil der Ventilachse eingesetzt werden. Die beiden Schrauben (Teil 4CC) sollten verwendet werden, um die Ventilplatte an der Achse zu befestigen. Prüfen Sie, ob sich die Ventilklappe frei drehen lässt und in der geschlossenen Position gut abdichtet.

8. Eine Mutter (Teil 6CC) sollte flach an eine Seite des Drosselventilarms (Teil 5CC) geschweißt werden. Ein 3 mm Loch sollte in die Seite der Mutter gebohrt werden. In dieses Loch sollte ein Gewinde geschnitten werden, das eine Stellschraube (Teil 7CC) aufnehmen muss. Mindestens ein Loch sollte in den Arm der Drosselklappe gebohrt werden, um die Gasdrosseleinrichtung und die Luftmischeinrichtung anbringen zu können.

9. Bringen Sie die Mutter (Teil 6CC) an der Drosselklappe so an, dass sie an einem Ende der Ventilachse sitzt und benutzen Sie die Stellschraube, um die Anordnung zu befestigen. Der Drosselklappenarm kann in jeder beliebigen Orientierung angebracht werden.

10. Die übrigen Teile der Vergaseranordnung sollten so zusammengeschraubt werden, wie es in den Abbildungen 19 und 20 gezeigt ist. Rohrgewindemittel sollte aufgetragen werden, um luftdichte Verbindungen zu gewährleisten. Die zusammengebaute Vergasereinheit sollte so am Motorverteilereinlass angebracht sein, wie in Abbildung 21 gezeigt.

IV. Holzgas – Praxis

Abb. 21
Vergaseran-
schluss

11. Dieser Holzgasgenerator wurde entworfen, um dann betrieben zu werden, wenn Benzin nicht verfügbar ist, falls dualer Betrieb mit Holz und Benzin vorgesehen ist, dann sollte das 90° Winkelrohr (Teil 2C) durch ein T-Stück ersetzt werden, damit man auch einen Benzinvergaser anbringen kann.

12. Der Arm des Schmetterlingsventils (Teil 3C), der dichter am Krümmer (Teil 2C) sitzt, sollte mit dem Fußgaspedal bzw. mit dem Handgashebel verbunden werden. Das andere Schmetterlingsventil sollte mit einem Choke-Kabel verbunden werden, das man von Hand bedienen kann. Falls der Motor eine automatische Choke-Einrichtung besitzt, dann sollte man einen Choke extra für die Handbedienung installieren. Beide Schmetterlingsventile und die Steuerverbindungen müssen leichtgängig sein. Sie müssen die Ventilklappen einstellen können aber auch während des Betriebs in der eingestellten Position bleiben und die Steuerungen müssen die Ventile luftdicht verschließen, wenn der Motor abgeschaltet ist.

13. Der Lufteinlass (Teil 6C) sollte mit einem Verlängerungsschlauch oder -rohr aus Metall oder Kunststoff mit dem am Motor vorhandenen Luftfilter verbunden werden, um das Ansaugen von Staub von der Straße oder Agrarrückständen zu vermeiden.

14. Der Holzgaseinlass (Teil 5C) muss mit dem abgehenden Rohr (Teil 10B) von der Filtereinheit verbunden werden. Ein Teil dieser Verbindung sollte aus temperaturbeständigem Gummi oder einem Neoprenschlauch sein, um die Vibrationen des Motors zu dämpfen.

2. Bauanleitung eines Vergasers

Der Vergaseranschluss ist am Motoreinlass (Saugrohr) montiert. Das Holzgas kommt von vorne oben in das T-Stück und die Luft kommt von rechts. Das Schmetterlingsventil auf der rechten Seite des T-Stücks ist teilweise verdeckt und mit dem Choke-Kabel verbunden. Das linke Ventil (Drosselklappe) ist an den Gaszug angeschlossen.

Tabelle zur Problembehandlung beim Umgang mit dem Holzvergaser:

Problem	Ursache	Abhilfe
Das Starten dauert zu lange.	Das System ist schmutzig, oder die Rohre sind verstopft.	Reinigen Sie den Gasgenerator und alle damit verbundenen Rohrleitungen.
Das Starten dauert zu lange.	Das Gebläse ist zu schwach.	Überprüfen Sie das Gebläse und den Batterieladezustand.
Das Starten dauert zu lange.	Die Holzkohle ist nass oder von schlechter Qualität.	Überprüfen Sie die Holzkohle und ersetzen Sie diese. Füllen Sie die Holzkohle bis zur richtigen Höhe nach.
Das Starten dauert zu lange.	Der Brennstoff ist verkeilt.	Drücken Sie das Holz vorsichtig hinunter oder ersetzten Sie es durch kleinere Holzstücke.
Der Motor startet nicht.	Nicht genug Gas vorhanden.	Benutzen Sie das Gebläse etwas länger, während der Startphase.
Der Motor startet nicht.	Feuchtes Holz	Blasen Sie Dampf und Rauch einige Minuten lang durch die Brennkammer.
Der Motor startet nicht.	Falsches Gas/Luft-Gemisch	Regulieren Sie die Ventile für Gas und Luftzufuhr nach.
Der Motor startet, aber geht schnell wieder aus.	Es wurde noch nicht genug Gas gebildet.	Benutzen Sie eine niedrigere Drehzahl beim Starten und behalten Sie diese eine Weile bei.
Der Motor startet, aber geht schnell wieder aus.	Es haben sich Luftkanäle im Brennraum gebildet.	Drücken Sie vorsichtig das Holz im Brennstofftrichter hinunter, aber zerdrücken Sie nicht die Holzkohle in der Brennkammer.

IV. Holzgas – Praxis

Problem	Ursache	Abhilfe
Der Motor startet aber verliert schnell Leistung unter Last.	Eingeschränkter Gasfluss in den Rohrleitungen	Verringern Sie das Luft/Gas Gemisch. Überprüfen Sie ob es in den Rohren oder im Filter zu Verstopfungen gekommen ist.
Der Motor startet aber verliert schnell Leistung unter Last.	Das System ist undicht.	Überprüfen Sie alle Deckel und Rohre auf Luftdichtigkeit.

Tabelle zur Berechnung der Brennkammerabmessung für eine gegebene Motorleistung:

Innendurchmesser (cm)	Mindestlänge (cm)	Motorleistung (PS kW)	Hubraum (cm^3)
5	40	5/3,7	164
10	40	15/11	492
15	40	30/22	983
18	46	40/29	1.311
20	51	50/37	1.639
23	56	65/48	2.131
25	61	80/59	2.622
28	66	100/74	3.278
30	71	120/88	3.934
33	76	140/103	4.589
36	81	160/118	5.245

Der Holzvergaser Prototyp (FEMA Report) wurde vorn an einem Traktor (John Deere) montiert, siehe Abbildungen 22 und 23. Am Gasgenerator erkennt man den Handgriff des Schüttelmechanismus und die Schraubkappe auf der Anzündeöffnung.

3. Fluidyne Holzvergaser Pioneer Class

Abb. 22
Holzvergaser
an Traktor

Abb. 23
Traktor mit
Holzvergaser

3. Fluidyne Holzvergaser Pioneer Class

Die Firma Fluidyne Gasification Ltd. in Neuseeland hat im Jahr 2001 ihr 25-jähriges Jubiläum gefeiert. Sie wurde 1976 in Zeiten der ersten Ölkrise gegründet und seitdem hat sich das Unternehmen kontinuierlich mit For-

IV. Holzgas – Praxis

schung und Entwicklung von Holzvergasern für die Stromerzeugung befasst. In der Nachkriegszeit hat kein anderes Unternehmen so lange und intensiv praktische Erfahrung auf dem Gebiet der Holzvergasung gesammelt. Unternehmensleiter Doug Williams bereist seit vielen Jahren den Globus als Berater in allen Fragen die Holzvergaser betreffen.

Doug Williams:

Aus wirtschaftlicher Sicht hat die Holzvergasung noch immer damit zu tun, die negativen Eindrücke auszuräumen, die durch voreilig durchgeführte Projekte in den siebziger und achtziger Jahren entstanden sind.

Während all dieser Jahre, in denen wir uns im Holzvergaserforum ausgetauscht haben, war ich bemüht, denen zu helfen, die praktisch mit Holzvergasern arbeiten mussten. Dies ging nur innerhalb des Rahmens der durch meine eigenen wirtschaftlichen Verpflichtungen gesteckt wurde und durch meine Furcht, andere könnten unsere Entwürfe kopieren.

Für den, der an Holzvergasern wirklich interessiert ist, reicht es irgendwann nicht mehr aus, Fragen beantwortet zu bekommen. Sondern er hat das Bedürfnis, tatsächlich einen korrekt konstruierten Holzvergaser zu bauen, mit dem man eine Maschine betreiben kann, ohne diese zu zerstören.

Es gibt auch das Bedürfnis die vielfachen Veränderungen zu untersuchen, die bei der Umwandlung von Holz zu Holzkohle und schließlich zu Holzgas auftreten. Auch dafür bedarf es eher praktischer Hilfe, als nur allgemeiner Antworten.

Im Jahr 1989 wurde Fluidyne als Betreuer und Aufsichtsorgan für ein Holzvergaserprojekt ausgewählt, das die Gesellschaft für Technische Zusammenarbeit (GTZ) an der Universität Bremen durchgeführt hat. Das Ziel dieses Projekts war die Entwicklung eines einfachen funktionellen Holzvergasers für Entwicklungsländer. Der Holzvergaser sollte Holz verwerten und ein Gas liefern, das für den Betrieb von Motoren geeignet wäre.

Als Ergebnisse dieser Bemühungen entstand ein Holzvergaser der überwiegend mit Ferrozement gebaut werden konnte. Ferrozement ist mit Maschendraht (Kaninchendraht) armierter Zement, der für flächige Bauteile verwendet wird. Für den Vergaser wurden nur wenige gusseiserne Bauteile benötigt, weil nur diese die hohen Temperaturen (um 1.000 °C) in der Oxidationszone aushalten können.

Der Entwurf dafür war wirklich eine etwas größere und vielseitiger anwendbare Variante des sogenannten Pioneer Class Holzvergasers von Fluidyne, der nicht in Serienproduktion gegangen war. Der ursprüngliche Entwurf

3. Fluidyne Holzvergaser Pioneer Class

war für eine Ausgangsleistung von 10 kW elektrisch und einen Verbrauch von 14 kg Holz pro Stunde konzipiert. Es ist ein idealer kleiner Holzvergaser, mit dem man Maschinen mit bis zu 2.000 ccm Hubraum betreiben kann, oder um einfach nur das Gas zu verbrennen und verschiedene Brennstoffe zu testen. Die Konstruktion kann vorhandene ausrangierte, verschrottete Stahlzylinder verwenden und wenn es einen nicht stört, häufiger Ersatzteile auszutauschen, dann kann man alles aus Standard Stahlplatten und Stahlrohr bauen. Für größere Zuverlässigkeit ist es vorteilhaft, hitzebeständigen Stahl, wie Inconel oder Avesta 253MA für das Reduktionsrohr, den Rost und die Spitzen der Lufteinlassdüsen zu nehmen, denn dadurch gewinnen Sie mehrere Jahre Betrieb.

Doug Williams:

Unser Exemplar ist inzwischen etwa 13 Jahre alt. Es ist ein großartiger kleiner Vergaser ohne Tücken und er toleriert auch die Bedienung durch Anfänger. Man kann ihn leicht öffnen ohne die Brennstoffanordnung zu zerstören. Alles bleibt Schicht für Schicht erhalten und liefert genug Information für jeden wissbegierigen Forscher oder Studenten, der erneuerbare Energien demonstrieren möchte.

Wo wir gerade von Studenten sprechen, dies ist kein Spielzeug oder nur ein Vergaser-Modell. Alle Sicherheitsvorkehrungen müssen eingehalten werden, das gilt sowohl für den Aufstellort, als auch für den Betrieb.

Wenn man ihn richtig bedient, produziert dieser kleine Vergaser teerfreies Gas aus einer breiten Palette von Holzbrennstoffen und Stückgrößen, von Holzschnitzeln bis zu kleinen Blöcken. Er sollte daher mit Brennstoffen funktionieren, die für die meisten Betreiber verfügbar sind. Nicht für die Verwendung geeignet sind Sägemehl und Torf. Das Kühlen und Reinigen des Gases kann aufwendig sein, wenn man kommerziellen Standards genügen möchte. Am besten ist es, wenn Sie selbst die geeignete Lösung finden, die für Ihre Anwendung passt.

Die Original Pioneer Class Zeichnung ist im Fluidyne Archiv zu sehen (www.fluidynenz.250x.com) mit den wesentlichen Beschreibungen aller Teile. Es besteht noch viel Raum für Innovation, ändern Sie jedoch nicht die wesentlichen Abmessungen, es sei denn so, wie beschrieben.

Fluidyne DIY Holzvergaser

Im Wesentlichen werden für dieses Projekt zwei Stahlzylinder von 3 mm Wandstärke benötigt. Sie können aus Stahlblech gerollt werden, oder ein vorhandener verwertbarer Zylinder kann in 2 Teile geschnitten werden. Beide Zylinder sollten den gleichen Durchmesser von etwa 460 mm besitzen, um eine Verjüngung oberhalb der Düsen zu vermeiden.

IV. Holzgas – Praxis

Übernehmen Sie die angegebene Länge für den Brennkammer-Zylinder und die Verjüngung, wie in der Zeichnung angegeben. Der Behälter für den Brennstoffvorrat kann so lang sein, wie es Ihnen praktisch erscheint. Nach Erfahrung der Firma Fluidyne sind 60 bis 80 Liter eine gut handhabbare Größe. Verbinden Sie die beiden Zylinder mit einem Flansch und 6 Schrauben von je ca. 10 mm Durchmesser. Sie können hitzebeständiges Dichtungsband benutzen oder eine Dichtungsmasse, die Hochtemperatur verträgt.

Die drei Düsenhalterungen sind halbzöllige Gewinderohrfassungen oder Rohrverbinder und werden zur Hälfte in der Wand steckend eingeschweißt. Die halbzölligen Rohrdüsen werden von der Innenseite eingeschraubt und eine kleine Muffe aus hitzebeständigem rostfreiem Stahl (Avesta 253 ma oder gleichwertig) wird um das Ende geschweißt, damit die Düsen länger halten.

Aus Sicherheitsgründen sollten die Lufteinlässe auf der Außenseite einen Mehrfachanschluss oder einen 90 ° Bogen mit nach unten weisender Öffnung erhalten. Die Öffnung muss abgedeckt werden, um den Holzvergaser auszumachen. Diese Maßnahme schützt Sie vor einem Rückschlag, der Sie mit brennender Holzkohle versengen könnte.

Das Eingangsrohr (Hals) zur Reduktionszone ist 160 mm lang und geht durch eine Stützplatte aus 5 mm oder 6 mm Stahl. Am besten man schneidet zwei Kerben aus den gegenüberliegenden Seiten der Mittelöffnung der Platte und setzt auf die Außenseite des Rohrs einander gegenüber eine Reihe von Stoppern in kurzen Abständen. So kann man das Rohr durch die Platte auf und ab verschieben und durch Drehen in der gewünschten Höhe arretieren. Die Stützplatte liegt unten mit dem Rand nur auf und somit kann die gesamte innere Konstruktion entfernt werden, um bei Bedarf an das untere Ende zu kommen.

Bauen Sie den Rost genau so, wie er abgebildet ist, mit Freiraum an den Enden innerhalb des Eingangsrohrs. Es ist wirklich am Besten, hitzeresistenten rostfreien Stahl für diesen Zweck zu verwenden, wenn man ihn nicht verfügbar hat, sollte man sich viele Ersatzroste aus Baustahlstangen herstellen.

Ein Stiel hängt von der Mitte des Rosts und reicht durch das Stützrohr und durch das untere Ende. Schweißen Sie eine 12 mm Schraubmutter auf die Außenseite des Stützrohrs damit eine lange Schraube oder eine Gewindestange hineingeschraubt werden kann, um den Rost ein wenig weiter nach oben oder unten zu schieben. Man kann auch gegen die Stange klopfen und den Rost etwas erschüttern, falls sich eine Verstopfung bildet.

Reinigungsöffnungen werden aus kurzen 80 mm Gewinderohrenden hergestellt, die man in zwei Teile trennt. Die Rohrkappen müssen aufgesetzt werden, um dicht zu schließen. Vergewissern Sie sich, dass sie wirklich dicht sind, sonst wird Luft einströmen oder Gas ausströmen.

Es ist wichtig, eine große Auslassöffnung für das Gas zu schaffen, sonst drosselt man die heißen Gase. An die Auslassöffnung kann man dann anschließen, was man möchte.

Es ist notwendig, dass der Behälterdeckel für den Brennstoffvorrat dicht schließt und er sollte auch eine gefederte Klammer als Sicherheitsventil besitzen. Jedes Luftleck im Deckel wird wiederholte kleine Explosionen im Vorratsbehälter hervorrufen. Eine Beobachtungsöffnung oberhalb der Verbindungsflansch ist nützlich, um sicher zu gehen, dass der Brennraum gut gepackt ist, bevor man den Vergaser jeweils startet.

Versuchen Sie, wenn möglich, rostfreien Avesta 253 ma oder Inconel Stahl zu verwenden. Er hat sich für die Düsenhüllen, für das Rohr (Hals) in der Brennkammer (2 mm) und für die Stäbe beim Rost (12 mm) bewährt.

Stützen können außen an den unteren Zylinder geschweißt werden. Es sollte unten etwas Freiraum bleiben, damit man Zugang zur Verstellschraube des Rosts und zum „Klopfer" behält.

Bedienungshinweise

Die Funktion des Holzvergasers kann nur so gut sein, wie die Aufbereitung des Brennstoffs. Jeder Typ von Brennstoff oder jede Holzart kann spezielle Anpassungen erfordern z.B. am Brennraumrohr oder am Rost, damit alles einwandfrei funktioniert. Der Brennstoff muss in jedem Fall trocken sein, d.h. es darf nicht mehr als 15 % bis 20 % Restfeuchte vorhanden sein.

Wenn es Probleme durch Verstopfungen gibt, kann der Brennstoff nicht nachrutschen. Darum verbinden wir den Motor, der das Holzgas verwendet, über eine Stange mit einem Stützbein des Vergasers. So wird der Vergaser in leichte Vibration versetzt, die hoffentlich den Brennstoff gut durchrüttelt.

Abhängig davon, ob man in den Vergaser bläst, oder ob man Luft durch ihn saugt, kann ein Manometer am Einlass oder am Auslass den Luftwiderstand quer zum Brennraum messen.

Für den ersten Anlauf zur Herstellung eines Vergasers verwenden Sie bitte die Maße, die in der Zeichnung angegeben sind, denn diese eignen sich für die meisten Holztypen, wenn man kleine Holzblöcke oder große Schnitzel verwendet. Füllen Sie die Brennkammer mit Holzkohle die auf die Größe eines Daumennagels zerkleinert ist und zwar bis 100 bis 120 mm oberhalb der Lufteinlassdüsen, geben Sie dann 40 Liter Holz darauf. Wenn viel freier

Luftraum zwischen Holz und Deckel übrig ist, lassen Sie einige Seiten brennendes Zeitungspapier auf das Holz fallen und schließen Sie den Deckel dann fest. Das sollte überschüssigen Sauerstoff verbrauchen und verhindern, dass es beim Starten zu Explosionen kommt.

Starten Sie als nächstes den Saugventilator und halten Sie einen glühenden Holzscheit oder eine Fackel an eine der Lufteinlassdüsen. Sie sollte sich sofort entzünden und Gas sollte sich innerhalb weniger Minuten entwickeln. Das Feuer sollte sehr hell brennen und wenn man kräftig ansaugt, sollte es auch die ganze Zeit so bleiben. Wenn aus irgendwelchen Gründen die Saugleistung oder die angeschlossene Maschine nicht groß genug sind, sollte man das Ende der Lufteinlassdüsen etwas zusammenquetschen, damit man die richtige Flammenhelligkeit erzielt.

Wenn der Brennraum den Widerstand erhöht, dann heben Sie den Rost an, bis sich der Druck stabilisiert oder senken Sie den Rost ab, wenn der Saugwiderstand schwindet.

Wenn das Rohr in der Brennkammer zu niedrig ist, dann kann sich Teer im Gas bilden. Dann müssen Sie das Rohr etwas anheben, bleiben Sie aber auf jeden Fall außerhalb der Oxidationszone, denn sonst kann die Einlassöffnung geschmolzen oder verbrannt werden.

Generatorgas aus Holz ist sehr feucht und wenn das Gas abkühlt, ist es notwendig, das Kondenswasser aus dem Gasstrom zu entfernen.

Sicherheit

Unter keinen Umständen darf der Holzvergaser in unbelüfteter Umgebung betrieben werden und man muss darauf achten, keinen Rauch oder Dämpfe einzuatmen, die aus der Apparatur entweichen.

Es kann Bestimmungen geben, die Sie daran hindern, eine solche Apparatur zu betreiben, daher ist es wichtig, dass Sie sich informieren, welche Bestimmungen für Sie gelten.

Pioneer Class Vergaser

In Abbildung 24 ist der kleine Holzvergaser zu sehen, wie er ursprünglich konstruiert wurde.

3. Fluidyne Holzvergaser Pioneer Class

Abb. 24
Ursprünglicher
Holzvergaser

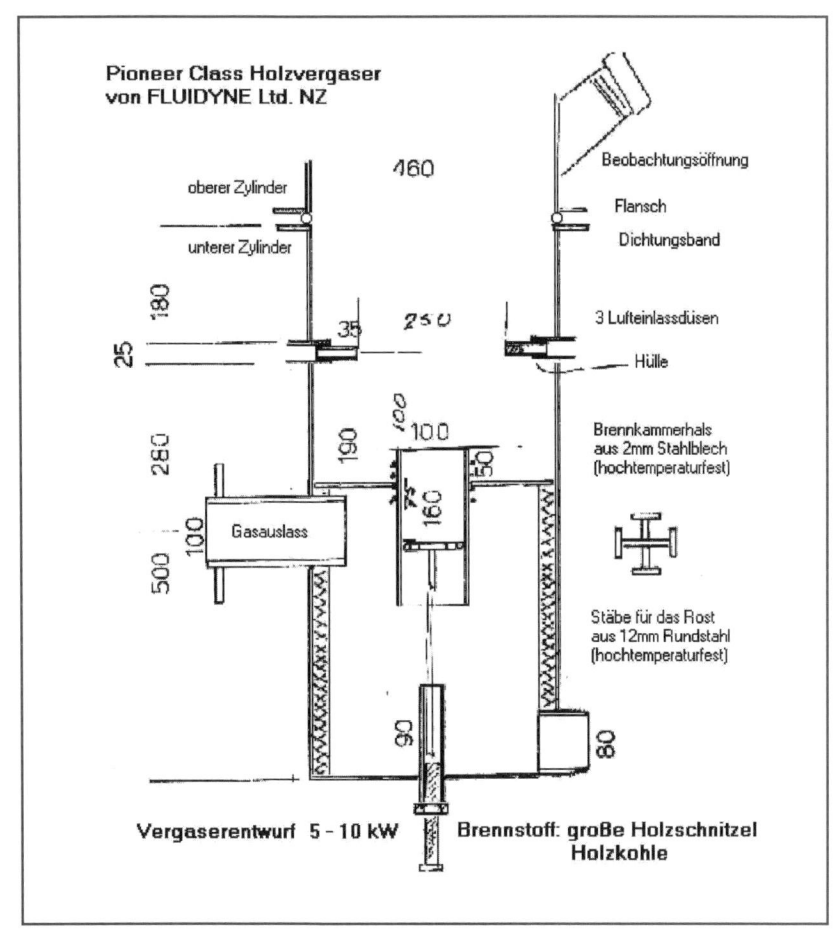

Pioneer Class Holzvergaser von FLUIDYNE Ltd. NZ

- oberer Zylinder
- unterer Zylinder
- 460
- Beobachtungsöffnung
- Flansch
- Dichtungsband
- 3 Lufteinlassdüsen
- Hülle
- Brennkammerhals aus 2mm Stahlblech (hochtemperaturfest)
- Gasauslass
- Stäbe für das Rost aus 12mm Rundstahl (hochtemperaturfest)

Vergaserentwurf 5 - 10 kW   Brennstoff: große Holzschnitzel Holzkohle

Doug Williams:

Es gab Probleme mit dem kleinen Brennstoffvorratsgefäß und darum wurde ein größeres aufgesetzt. So sind der obere und der untere Zylinder unterschiedlich im Durchmesser. Für jemanden, der den Entwurf nachbauen möchte, ist es jedoch einfacher, beide Zylinder gleich groß zu machen, wie in der korrigierten Zeichnung angegeben.

Man erkennt, dass die Lufteinlassdüsen durch einen ringförmigen Kanal untereinander verbunden sind und man sieht auch die Anzündeöffnung auf der linken Seite.

Der rechts unten abgebildete Hebel für den Rostschüttler hat nie richtig funktioniert. Es reicht aus, einfach auf den Boden zu klopfen, um Verstopfungen zu lösen. Den Vibrationsarm vom Motor, der durch die ständige leichte Erschütterung das Auftreten von Verstopfungen von vorn herein unterbinden soll, befestigt man etwa 150 mm unterhalb des Vergaserbodens am Stützfuß. Schließlich sollte man alles sandstrahlen und mit Silikonfarbe

IV. Holzgas – Praxis

anstreichen. Beim Sandstrahlen wird Druckluft tangential über einen Sandbehälter mit engem Auslass geleitet. Der im Sandbehälter entstehende Unterdruck bewirkt, dass der Sand aus dem Behälter gesogen und mitgerissen wird, so dass die Druckluft wie ein Sandsturm wirkt. Der feine Sand, der mit hoher Geschwindigkeit auf die zu reinigende Fläche trifft, hat die Eigenschaft von Schmirgelpapier. Im Gegensatz zu diesem kann der Sand jedoch auch an schwer zugängliche enge Stellen gelangen und auch diese zuverlässig säubern.

Abb. 25
Foto vom Holzvergaser

Es hat zwar auf dem Foto den Anschein, als sei der Vergaser direkt an einem Motor angeschlossen, doch das ist ganz sicher nicht der Fall. Das Gas muss aufwendig in mehreren Stufen gereinigt werden, um Teer, Staub und Kondenswasser zu entfernen. Die Filterbehälter und Kühler, die dafür nötig sind, kann man auf dem Foto nicht finden, weil sie unter dem Gehäuse verborgen sind, das hinter dem Vergaser zu sehen ist.

4. Holzvergaser aus Ferrozement

Den Holzvergaser kann man mit der Abbildung 26 allein als Vorlage nicht nachbauen. Es fehlen Abmessungen und Materialstärken und selbst eine Funktionsbeschreibung ist nicht dabei. Zwar meint Doug Williams von Fluidyne, dass dieser Vergaser nur eine etwas größere Version von Fluidynes Pioneer Class Vergaser ist, doch man kann aus der Zeichnung sehen, dass wesentliche Konstruktionsmerkmale nicht übereinstimmen.

Die Zeichnung ist deswegen nicht nutzlos, allein schon die Idee, Ferrozement zu verwenden, ist eine gute Anregung für Experimente mit diesem kostengünstigen Material, das sich leicht verarbeiten lässt. Bei genauerem

4. Holzvergaser aus Ferrozement

Hinsehen erkennt man, dass dieses Modell nur für den stationären Betrieb gedacht sein kann. Und mit der Zeit bekommt man auch eine Vorstellung davon, wie dieser Vergaser funktionieren könnte.

Abb. 26
Holzvergaser aus Ferrozement

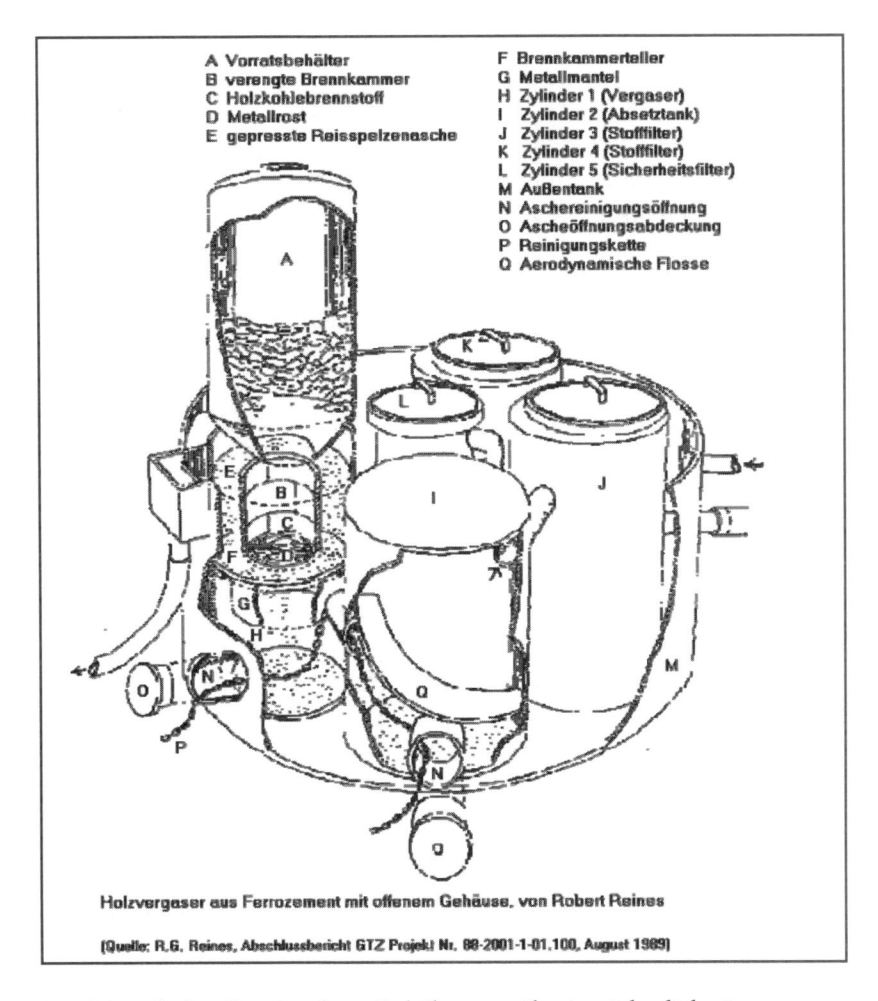

A Vorratsbehälter
B verengte Brennkammer
C Holzkohlebrennstoff
D Metallrost
E gepresste Reisspelzenasche
F Brennkammerteller
G Metallmantel
H Zylinder 1 (Vergaser)
I Zylinder 2 (Absetztank)
J Zylinder 3 (Stofffilter)
K Zylinder 4 (Stofffilter)
L Zylinder 5 (Sicherheitsfilter)
M Außentank
N Aschereinigungsöffnung
O Ascheöffnungsabdeckung
P Reinigungskette
Q Aerodynamische Flosse

Holzvergaser aus Ferrozement mit offenem Gehäuse, von Robert Reines

(Quelle: R.G. Reines, Abschlussbericht GTZ Projekt Nr. 89-2001-1-01.100, August 1989)

Der Mantel, der die einzelnen Behälter umgibt, ist sicherlich eine wasserdichte Wanne. Ferrozement ist wasserbeständig, denn er wird im Bootsbau verwendet. Die Behälter werden daher wohl mit Wasser gekühlt. Das ist eine gute Idee und wahrscheinlich sogar zwingend notwendig, denn das Material ist bei weitem nicht so gut wärmeleitend, wie Metall. Nur mit Außenluft könnte man die Behälter mit ihrer geringen Oberfläche nicht angemessen kühlen, damit Teer- und Wasserdampf kondensieren und sich so aus dem Gas abscheiden lassen. Man erkennt auf der rechten Seite der Wanne den Wasserzulauf und nahe der Brennkammer den Wasserüberlauf, der verhindert, dass der Pegel zu stark ansteigt und somit die Oxidationszone kühlt.

Leider fehlt zur Luftzufuhr jede Angabe und auch in der Zeichnung sind keine Düsen zu erkennen, durch die Luft zur Oxidationszone gelangt. Dies lässt nur den Schluss zu, dass die Luft von oben durch das Vorratsgefäß eintritt, so wie es beim FEMA Vergaser geschieht, der ebenfalls in diesem Buch vorgestellt ist.

Eine spezielle Anzündeöffnung ist auch nicht zu erkennen, doch durch den Reinigungsschacht unten am Brennergehäuse könnte man den Brennstoff entzünden, indem man etwas Brennendes hinein hält, etwa einen Holzscheit oder eine Zeitung.

Die Gasreinigungsstufen sind bei Fluidyne offenbar Betriebsgeheimnis, jedenfalls sind diese bei der Beschreibung des Pioneer Class Vergasers nicht enthalten. In der Abbildung erkennt man mehrere hintereinander geschaltete Filter, die gröbere Partikel, Teer und Staub abscheiden sollen. Derartige Filter sind auch bei anderen Holzvergasertypen üblich. Der erste Filter ist ein vereinfachter Zyklon, mit dem tangentialen Luftstrom und der Ablenkflosse sollen grobe Partikel an der Wand entlang und nach unten gelenkt und so aus dem Gasstrom abgeschieden werden. Die beiden Stofffilter sind zum Abtrennen von Feinstaub gedacht.

Die Funktion des Sicherheitsfilters ist leider unklar. Vorstellbar ist, dass der Filter im Normalfall überbrückt wird und nur dann zum Einsatz kommt, wenn vom Vergaser Gefahr ausgeht. Als Gefahrenquelle, die man mit einem Filter entschärfen kann, kommt eigentlich nur das Kohlenmonoxid in Frage, das zu etwa 20 % Volumenanteil im Holzgas enthalten ist. Dieses Gas ist geruchlos und hoch giftig, denn es führt zu Atemlähmung. Das ist der Grund dafür, dass man den Vergaser nur an gut belüfteten Orten betreiben darf. Man kann das Gas jedoch mit Aktivkohle binden. Daher nehme ich an, dass der Sicherheitsfilter Aktivkohle enthält, mit dem man das austretende Gas im Notfall entgiften kann. Zu dem Zweck müsste die Überbrückung des Filters aufgehoben werden, indem man durch entsprechende Stellventile das Gas nach dem letzten Stofffilter zunächst durch den Sicherheitsfilter lenkt, bevor es die Apparatur durch die Austrittsöffnung verlässt.

Teil C
Weitere Anwendungen

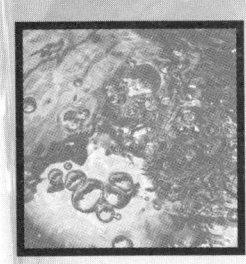

1. Kraftstoffe aus Abfall für Stirling Motoren

Im Zusammenhang mit der Nutzung alternativer Energien, wie Sonnenenergie oder Biomasse, ist immer wieder auch von Stirling Motoren die Rede. Einerseits werden sie oft erwähnt, andererseits sind sie kaum zu finden, es gibt daher nur wenige klare Vorstellungen von dieser Technologie. Damit man weiß, worum es dabei geht, wird hier kurz erklärt, wie diese Motoren funktionieren, wo man sie bekommen kann, und was man von ihnen erwarten darf. Wer sein Wissen zu diesem Thema vertiefen möchte, findet im Anhang einige gute Internetseiten angegeben.

Den Namen haben diese Motoren von ihrem Erfinder, dem schottischen Pastor Robert Stirling. Er hat das Motorprinzip bereits Anfang des 19. Jahrhunderts erfunden, geleitet von der Hoffnung, einen Antrieb zu entwickeln, der weniger gefährlich ist, als die Dampfmaschinen seiner Zeit. Diese arbeiteten damals noch nicht sehr zuverlässig, denn man beherrschte die Technologie der hohen Drücke noch nicht. Das hatte gelegentlich katastrophale Folgen, wie Kesselexplosionen, bei denen sich Menschen schwer verletzten oder gar zu Tode kamen. Stirling entwickelte einen alternativen Motor, für den er 1816 das Patent erhielt. In den folgenden Jahren verbesserte Robert Stirling gemeinsam mit seinem Bruder James den Motor weiter bis er einen Wirkungsgrad von 6 % bis 7 % erzielte, gegenüber den Dampfmaschinen dieser Zeit, die nur 2 % bis 3 % Wirkungsgrad erreichten, war das ein deutlicher Fortschritt.

In unseren herkömmlichen Benzin- und Dieselmotoren wird im Motorhubraum ein zündfähiges Gemisch aus Luft und Kraftstoff zur Explosion gebracht. Durch die Hitzeentwicklung dehnt sich das Gas aus und erzeugt einen Druck, der auf den Kolben wirkt, man spricht daher auch von Motoren mit innerer Verbrennung. Im Gegensatz dazu arbeitet ein Stirlingmotor mit äußerer Verbrennung, die Wärme wird ihm von außen zugeführt.

Der Stirling Motor ist ein Heißluftmotor. Die Kolbenbewegung kommt zustande durch abwechselndes Erhitzen und Abkühlen eines Gases (meist Stickstoff oder Helium) im Motorhubraum. Über eine Kurbelwelle wird die Hubbewegung in eine Drehbewegung umgesetzt, das Gas verlässt den Motor nicht, sondern bleibt in einem geschlossenen Kreislauf. Um den Temperaturwechsel im Motor zu erreichen, wird eine Seite von außen erhitzt, die andere gekühlt. Das heiße Gas treibt in der Expansionsphase den Kolben und umströmt danach einen sogenannten Regenerator, ein feines Metallgitter, das gut wärmeleitend ist und eine große Oberfläche besitzt. Dabei gibt das Gas seine Wärme an den Regenerator ab, kühlt sich dann ab und dadurch wird die anschließende Kompressionsphase erleichtert. Der Regenerator wird von der Außenseite gekühlt und so wird die Wärme abgeführt. Der Regenerator wird also regeneriert, denn nun ist er bereit, im nächsten Zyklus wieder die Wärme des erhitzten Gases aufzunehmen. Die Differenz zwischen Aufheiztemperatur und Abkühlungstemperatur des Gases bestimmt den maximalen theoretischen Wirkungsgrad der Maschine. Er errechnet sich nach der Formel von Carnot für Wärmekraftmaschinen:

$$\text{Wirkungsgrad } (\Theta) = 1 - \frac{\text{Abkühltermperatur}}{\text{Aufheiztemperatur}}$$

Wichtig ist noch, dass in der Formel die Temperatur nicht in Grad Celsius, sondern als absolute Temperatur angegeben wird. Das bedeutet, bei Raumtemperatur (20 °C) ist die absolute Temperatur in Grad Kelvin 293 °C. Wenn zum Beispiel dies die Abkühltemperatur ist und 100 °C die Aufheiztemperatur, (373 °K), dann ergibt sich daraus der maximal mögliche Wirkungsgrad von 21,5 %.

Beispiel
$$\text{Wirkungsgrad (maximal)} = 1 - \frac{293}{373} = 1 - 0{,}785 = 0{,}215 = 21{,}5\%$$

Dieser Wirkungsgrad wird in der Praxis nicht erreicht, weil Verluste durch Wärmeübertragung, Totvolumen und Reibung dabei nicht berücksichtigt sind. Tatsächlich kann man in diesen Temperaturbereichen nur mit Wirkungsgraden um 5 % rechnen. Die typischen Temperaturdifferenzen für leistungsfähige Stirling Motoren liegen daher im Bereich von mehreren 100° Celsius. Damit erreicht man bedeutend höhere Wirkungsgrade, die zwischen denen von Benzin- und Dieselmotoren liegen.

Die Vorteile von Stirling Motoren gegenüber herkömmlichen Verbrennungsmotoren sind vielfältig: Sie können mit jeder Art von Brennstoff arbeiten, weil die Wärme von außen zugeführt wird. Also bereitet die Verbrennung von Pflanzenöl oder nicht gereinigtem Biogas oder Holzgas diesen Motoren keine Probleme. Sogar mit Solarwärme können sie angetrieben werden! Die Motoren laufen geräuscharm und erschütterungsfrei, noch dazu sind sie abgasarm, weil es bei äußerer Verbrennung weniger Probleme mit Luftmangel und damit unvollständiger Umsetzung von Brennstoffen gibt.

Natürlich gibt es auch Nachteile, denn sonst würden wir nur noch Stirling Motoren benutzen. Ein Problem ist die schlechtere Regulierbarkeit, d.h. die Motoren sind reaktionsträge beim Beschleunigen und Abbremsen, daher sind sie eher für den gleichmäßigen Dauerbetrieb geeignet. Der zweite Grund ist die geringe Leistungsdichte der Motoren, bei gegebener Leistung sind die Motoren im Vergleich zu Benzin- oder Dieselmotoren groß. Das macht sie nicht nur schwerer, sondern wegen des größeren Materialbedarfs auch teurer.

1. Kraftstoffe aus Abfall für Stirling Motoren

Kommerzielle Anwendung finden Stirling Motoren daher im stationären Bereich, z.B. gekoppelt mit einem Stromgenerator für die Kraft-Wärme-Kopplung in Einzelhaushalten. Die installierte elektrische Leistung liegt dabei im Bereich von 1 kW bis 9 kW.

Stirling Motoren in Blockheizkraftwerken

In Deutschland auf dem Markt ist derzeit das Modell V161 der Firma Solo STM in Sindelfingen, die gasbetriebene Blockheizkraftwerke mit 24 kW thermischer Leistung und 3 kW bis 9 kW elektrischer Leistung liefert. Ein Schema des Motors mit angekoppeltem Stromgenerator ist in der folgenden Abbildung zu sehen.

Abb. 27
Motorschema
Stirling Motor

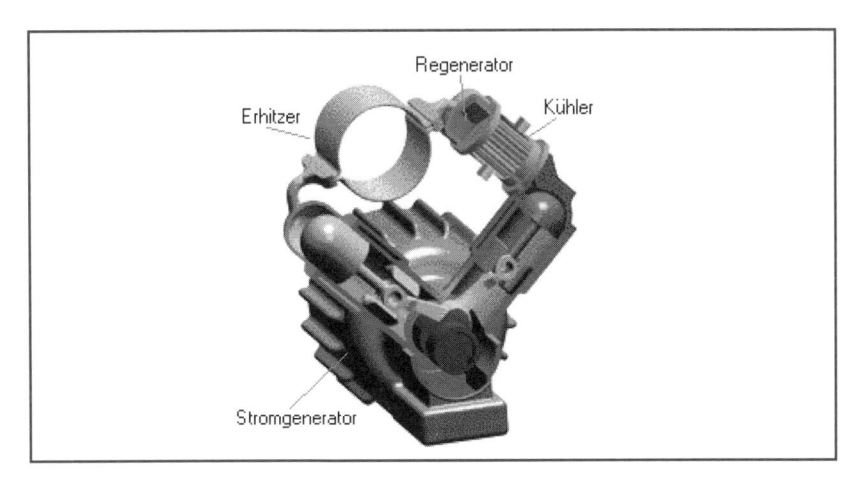

Der Motor der Firma Solo beruht auf dem 2-Zylinder Modell V160 von United Stirling in Schweden, das dort seit 1968 entwickelt wurde. Dabei konnten die Schweden über ein Lizenz- und Kooperationsabkommen auf Knowhow der Firma Phillips Gloeilampenfrabrieken in Eindhoven zurückgreifen, das die Niederländer in den vierziger Jahren bei ihren Entwicklungsanstrengungen auf dem Gebiet der Heißluftmotoren erworben hatten. Mittlerweile stecken in diesem Stirling Motor mehr als 40 Jahre Entwicklungsarbeit und er kann daher als entsprechend ausgereift gelten.

Die Sunmachine 2006, der Firma Sunmachine Gesellschaft für Stirling-Technologien mbH in Nürnberg, ist ebenfalls ein 2-Zylinder Stirling Motor, doch er arbeitet nach einem anderen Prinzip. Das Unternehmen produziert den Motor in Kooperation mit dem deutschen Entwickler Dieter Viebach, auf dessen ST 05 G der Entwurf zurückgeht. Die Maschine leistet 3 kW elektrisch und kann mit Gas oder Holzpellets betrieben werden.

Das Modell WhisperGen der Firma Whisper Tech aus Christchurch in Neuseeland, arbeitet mit einer eigenen Entwicklung, einem patentierten 4-Zylinder Stirlingmotor, der zu Anfang der neunziger Jahre an der Universität von Canterbury in Neuseeland konstruiert wurde. Er ist für BHKW mit Gas- oder Heizölfeuerung für 6 kW bis 8 kW thermische und 0,8 kW bis 1,2 kW elektrische Leistung konstruiert. Mit seiner deutlich geringeren Wärmeleistung im Vergleich zu den hier üblichen Heizanlagen ist WhisperGen für die milderen Temperaturen in Großbritannien ausgelegt und wird dort bereits zum Preis von 4.500 € angeboten. Der britische Energieversorger Powergen hat 80.000 Stück davon bestellt, die in den kommenden fünf Jahren auf der Insel abgesetzt werden sollen. Dafür muss Whisper Tech allerdings erst noch die erforderlichen Produktionskapazitäten schaffen. Seit Mitte 2006 wird WhisperGen auch in Deutschland in einer Kleinserie von zwanzig Stück vertrieben.

Kühlaggregat oder Wärmepumpe

Der Prozess des Heißluftmotors lässt sich auch umkehren: Man kann nicht nur Temperaturdifferenzen in mechanische (elektrische) Arbeit verwandeln, sondern man kann auch umgekehrt mechanische Arbeit in eine Temperaturdifferenz verwandeln. So lässt sich prinzipiell mit dem Stirlingmotor auch heizen oder kühlen. Das Heizen ist nicht sehr interessant, weil mechanische Energie wertvoller ist als Wärmeenergie, aber für die Kältetechnik gibt es sehr wohl Bedarf. Mit Stirling Motoren hat man schon Temperaturen von –100 °C erzeugt. Stirling Cryogenics & Refrigeration B.V., Niederlande, eine Tochter von Phillips in Eindhoven, nutzt die Technologie in Kältemaschinen, beispielsweise zur Verflüssigung von Stickstoff.

Im Eigenbau

Wer einen Stirling Motor selbst bauen möchte, kann vom Entwicklungsbüro Dieter Viebach, Anschrift siehe www.geocities.com/viebachstirling, eine Reihe von Unterlagen dafür bekommen. Dazu gehören detaillierte Konstruktionszeichnungen, CDs mit Funktionsbeschreibungen, sowie Videos vom Bau und Betrieb des Motors. Bis vor kurzer Zeit hat Herr Viebach auch einzelne Bauteile geliefert und Werkstätten vermittelt, die bei der Fertigung helfen können. Auf Wunsch kann man auch eine Referenzliste von Personen erhalten, an die er Bausätze bereits ausgeliefert hat. Je nach Anteil der Eigenarbeit kostet so ein Motor dann zwischen 2.500 € und 10.000 €.

2. Kompostwärme aus Abfall

Obwohl Niedertemperatur-Wärme sicher nicht als Kraftstoff angesehen werden kann und obwohl man beispielsweise Stirling-Motoren damit betreiben könnte, gibt es doch enge Wechselbeziehungen zwischen Wärme und Kraftstoff. Bedenkt man, dass etwa die Hälfte unserer Energie für Heizzwecke ausgegeben wird, so hilft Wärmeproduktion aus Abfall Kraftstoff einzusparen, z.B. Erdgas oder Heizöl.

Das New Alchemy Institute (NAI) auf Cape Cod an der amerikanischen Ostküste hat in der Zeit von 1970 bis 1991 viele experimentelle Arbeiten zum sparsamen Umgang mit Energie und Rohstoffen geleistet, das Institut hat 1991 seine Forschungsarbeiten eingestellt. Nachfolger ist das Green Center, ein gemeinnütziges Bildungsinstitut, an gleicher Stelle in Falmouth, Massachusetts, U.S.A. Dort werden auch die Publikationen des NAI zu verschiedenen Themen vertrieben, unter anderem die Erfahrungsberichte zur Arbeit mit kompostbeheizten Gewächshäusern die von 1984 bis 1986 dort konstruiert und untersucht wurden. Anders als bei Jean Pain wurde der Kompost nicht außerhalb, sondern innerhalb des Hauses verrottet. Man erhoffte sich davon eine doppelte Wirkung, nämlich einerseits die Wärmeentwicklung direkt vor Ort und eine hohe CO_2 Konzentration, die das Wachstum der Pflanzen fördern sollte.

Die Erfahrung hat allerdings gezeigt, dass nicht beide Ziele unter einen Hut zu bringen sind. Wenn man die Kompostmenge nach dem Wärmebedarf bemisst, produziert der Haufen die sechsfache Menge des benötigten Kohlendioxids und viel zu hohe Nitrat- und Ammoniakkonzentrationen. Das Ammoniak schädigt die Pflanzen und das überschüssige Nitrat wird in die Früchte (Tomaten, Gurken) aufgenommen. Hohe Nitratkonzentrationen sind für die Ernährung von Kleinkindern schädlich und sie lassen auch die Früchte schneller verderben. Wenn man aber die Kompostmenge nach dem Bedarf an Kohlendioxid bemisst, wird nur etwa 15 % der benötigten Heizenergie geliefert.

Um das Treibhaus ganzjährig, also auch in den relativ milden Wintern an der amerikanischen Ostküste zu heizen, bräuchte man etwa 4 m^3 Kompost pro m^2 Treibhausfläche. Daran kann man gut sehen, dass man einen Zugang zu Kompost in großen Mengen haben muss. Außerdem ist das entsprechende Gerät zur Handhabung von tonnenweisem Kompost nötig.

Der Gewächshausbetreiber John Crockett, aus Carmel im Staate New York, U.S.A., hat im Jahr 2004 ein Verfahren zum Patent angemeldet, mit dem er Gewächshäuser durch Kompostwärme heizt. Seit 1993 experimentiert er mit verschiedenen Methoden, die er immer weiter verfeinert. Er ist der Gründer der Genossenschaft Mother Nature's Farms, der 45 Landwirtschaftsbetriebe angehören, die über ganz Amerika verstreut sind. Die genaue Funktion seines Patents wollte er der Presse nicht verraten. Doch soviel gab er preis: Wenn man einen Hektar Fläche kompostiert, dann kann man damit einen Hektar Gewächshausfläche heizen. Man muss Kompostraum und Gewächshaus trennen, aber dicht zusammenbauen, um keine Energie zu verschwenden. Die Luft vom Kompost muss man zuerst durch einen Biofilter leiten, der die Gerüche (Ammoniak) entfernt. Außerdem ist aktive Belüftung für den Kompost erforderlich, denn Sauerstoff ist der begrenzende Faktor. Der Luftstrom muss gar nicht so stark sein, etwa so viel, wie man braucht, um eine Kerze auszublasen. Aber der Luftumsatz pro Stunde, den man für eine optimale Mikrobenaktivität braucht, kann leicht das fünffache Volumen des Komposts betragen. Krocketts Ziel ist es, mehr als 4 Milliarden aktive Mikroben auf jedem Teelöffel voll Kompost zu erreichen. Nur so, meint er, sei die maximale Stoffwechselwärme zu erzeugen. Wenn der Kompost fertig ist und keine Wärme mehr liefert, ist er als nährstoffreicher Boden für Pflanzen bestens geeignet und kann daher als Kultursubstrat im Gewächshaus eingesetzt werden.

Mother Earth News, aus Hendersonville in North Carolina, U.S.A., ist ein Ökomagazin, das seit Januar 1970 erscheint. Ein Schwerpunkt des Magazins ist die Verbreitung der Information auf dem Gebiet der alternativen Energien und sanften Technologien. Die Redakteure der Zeitschrift arbeiten selbst auch experimentell an diesen Themen und berichten über eigene Erfahrungen. So haben sie, angeregt durch ihren Besuch bei Jean Pain, selbst eine Kompostheizung installiert. Allerdings konnte das Team von Mother Earth, mangels dafür notwendiger Geräte, die Anordnung Jean Pains nicht 1 : 1 übernehmen, sie mussten daher kleiner anfangen. Ein weiteres Problem war, dass sie keinen Holzzerkleinerer auftreiben konnten, der so arbeitete wie der von Jean Pain. Daher mussten sie einen Shredder benutzen, der eher würfelförmige Stücke erzeugte. Diese konnten aber nicht so viel Wasser binden und hatten daher nicht die gleiche Wärmekapazität, wie die Stücke von Jean Pain.

Beim ersten Versuch hatten das Team Lattengerüste hochkant und Kaninchendraht verwendet, was eine sehr aufwendige Konstruktion war, Stabilitätsprobleme mit sich brachte und mehrere Leute und einen Frontlader für einige Tage beschäftigte. Zudem war die Wärmeabgabe an die Umgebung zu groß. Im zweiten Versuch ging das Team von einem reinen Holzkompost auf ein Gemisch im Verhältnis von 4 : 1 mit Tiermist über und konnte so schon eine höhere und konstantere Wärmeproduktion erzielen, die allerdings noch nicht dauerhaft genug war. Im dritten Versuchsansatz konnte schließlich ein Ergebnis erzielt werden, das die Erwartungen voll erfüllte. Mit einem Gemisch aus Holz und Tiermist im Verhältnis von 3 : 1 haben sie einen Komposthaufen errichtet, der 6 Tonnen wog und etwa 9 m^3 groß war, darin eingebettet waren 60 m Plastikschlauch mit 2,5 cm Durchmesser. Mit diesem konnten sie viereinhalb Monate lang Wasser von 60 °C erzeugen. Das Wasser wurde im Kreislauf über einen Wärmetauscher geführt, in dem es die Wärme an eine Brauchwasserheizung abgab.

Der Komposthaufen war 3,5 m lang, 3 m breit und 1,5 m hoch, mit schrägen Seiten und mit einer schwarzen Plastikplane überzogen, um die Verdunstung herabzusetzen und Strahlungswärme zu absorbieren. Eine Person allein konnte diesen innerhalb von 12 Stunden errichten.

3. Schema des IMBERT Generators

Abb. 28
Schema
IMBERT-
Generator

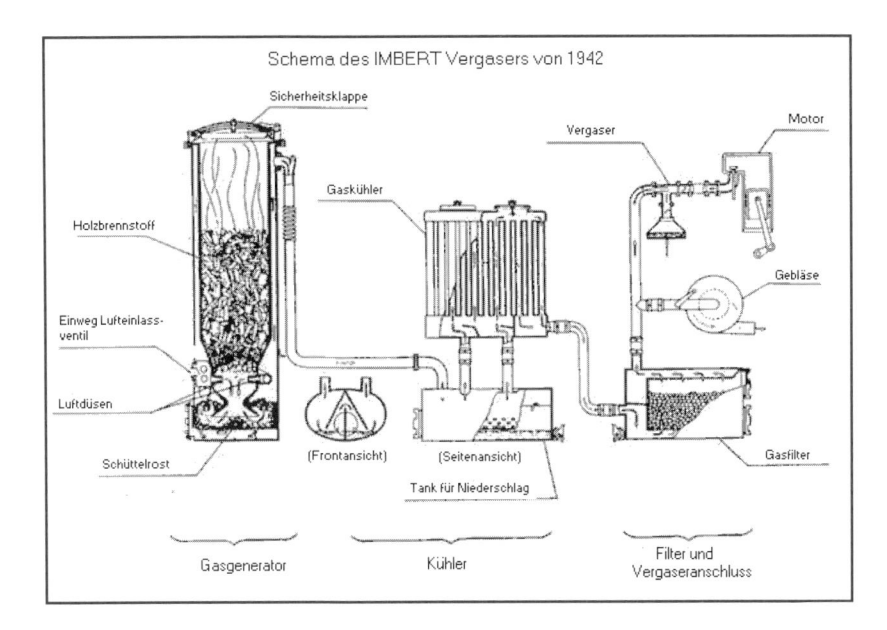

Anhang

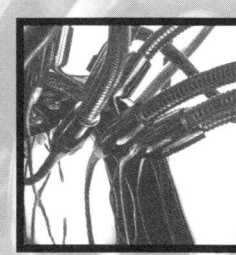

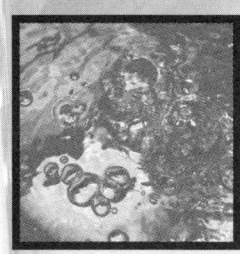

Literatur

Döringer, Hans-Dieter und andere: Kraftfahrzeug-Technologie. Verlag Handwerk und Technik, Hamburg sowie Holland + Josenhans Verlag, Stuttgart, 2002.

Englhard, Oskar: Dieselmotorenanlagen. Vogel Buchverlag, Würzburg, 1999.

Pischinger, S.; Rütten, O. und Umierski, U.: Erdgas als Kraftstoff der Zukunft – Effiziente Brennverfahren und Applikation. VDI-Berichte 1808, Kraftstoffe und Antriebe der Zukunft. 20. Internationale VDI/VW Gemeinschaftstagung, Wolfsburg, 3.–5. Dezember 2003. VDI Verlag GmbH, Düsseldorf 2003.

Schrader, Knut; Hartmann, Marc; Krzikalla, Norbert: Praxishandbuch Kraft-Wärme-Kopplung, Deutscher Wirtschaftsdienst, Köln, 2004.

Stan, Cornel: Alternative Antriebe für Automobile. Springer Verlag, Berlin Heidelberg, 2005.

Zacharias, Friedemann: Gasmotoren. Vogel Buchverlag, Würzburg, 2001.

Biogas – Strom aus Gülle und Biomasse. Top Agrar Fachbuch, Landwirtschaftsverlag GmbH, Münster, 2002.

Biogas – Eine Möglichkeit der alternativen Energiegewinnung. 2. Auflage. Herausgeber: Energie- und Umweltzentrum am Deister, Sanfte Energie Technologie- und Verlagsgesellschaft mbH, 1982.

Fachagentur Nachwachsende Rohstoffe e.V.: Biomasse-Vergasung – Der Königsweg für eine effiziente Strom- und Kraftstoffbereitstellung? Landwirtschaftsverlag GmbH, Münster, 2003.

Fachagentur Nachwachsende Rohstoffe e.V.: Biomasse als Festbrennstoff. Landwirtschaftsverlag GmbH, Münster, 1996.

Neue Energie vom Bauernhof. Top Agrar Fachbuch, Landwirtschaftsverlag GmbH, Münster, 2003.

The Mother Earth News: Handbook of homemade power. Bantam Books, New York, U.S.A. 1974.

Glossar

Abpuffern: abfedern, abmildern.

Aceton: Dimethylketon, Propanon; Summenformel: CH_3COCH_3; Siedepunkt 56 °C. Lösungsmittel für wässrige und fettartige Substanzen, wird unter anderem als Nagellack-Entferner verwendet.

Alkalisalze: Sie entstehen bei der Reaktion von Alkalilaugen (Natronlauge, Kalilauge) mit Säuren. Natriumchlorid (Kochsalz) entsteht beispielsweise, wenn Natronlauge mit Salzsäure reagiert.

alkalisch: Das Gegenteil von sauer und der pH-Wert ist größer als 7. Laugen sind alkalisch.

Alkohol(e): Sammelbezeichnung für organisch chemische Verbindungen (Kohlenwasserstoffe), die eine oder mehrere -OH Gruppen (an Sauerstoff gebundenen Wasserstoff) tragen.

alkoholische Gärung: Ethanol entsteht durch alkoholische Vergärung von Glucose (Traubenzucker, $C_6H_{12}O_6$) durch Hefen, z.B. Saccharomyces cerevisiae. Aus einem Molekül Glucose werden zwei Moleküle Ethanol (C_2H_5OH) und zwei Moleküle Kohlendioxid (CO_2). Die verschiedenen Hefestämme unterscheiden sich hinsichtlich ihrer Toleranz gegenüber höheren Alkoholkonzentrationen. Die höchsten Alkoholkonzentrationen liefern Sherry-Hefen, die 18 % bis 20 % Alkohol tolerieren.

Aräometer: Ein Gerät zur Dichtemessung, bzw. zur Messung des Alkoholgehalts. Es besteht aus einem Glasrohr, das mit kleinen Bleikugeln gefüllt, mit einer Skala versehen und luftdicht zugeschmolzen ist. Es wird in eine zu messende Flüssigkeit gesteckt und man läst es dort schwimmen. Aus der Eintauchtiefe kann man auf den Auftrieb der Flüssigkeit und damit auf die Dichte und den Alkoholgehalt schließen. Je tiefer das Aräometer eintaucht, desto höher ist der Alkoholgehalt.

Äthanol: siehe Ethanol.

Atom: Die kleinste Einheit eines chemischen Elements (Grundstoffs). Wasserstoff, Sauerstoff und Kohlenstoff sind beispielsweise Elemente.

Ausfällung: Ausfällung ist eine chemische Präparationsmethode, bei der man die Löslichkeit des abzutrennenden Stoffs herabsetzt, so dass er aus der Lösung herausfällt, d.h. sich am Boden niederschlägt.

Glossar

Autogas: Flüssiggas, LPG (Liquid Petroleum Gas); es handelt sich um Gemische aus etwa 70 % Propan (C_3H_8) und 30 % Butan (C_4H_{10}). Die Oktanzahl liegt je nach Mischungsverhältnis zwischen 90 und 110. Diese Gase können schon unter vergleichsweise geringem Druck (11,2 bar statt 350 bar bei Erdgas) und bei gemäßigten Minustemperaturen verflüssigt werden. Sie sind Nebenprodukte der Erdgasreinigung und der Erdölraffination. In Polen und in Italien ist Autogas als Kraftstoff sehr verbreitet. Der Brennwert von Autogas ist höher als der von Benzin, doch dies gilt nur für speziell angepasste Motoren mit höherer Verdichtung. Die Fahrzeuge sind in der Regel für Dualbetrieb ausgelegt und können so die Klopffestigkeit von Autogas nicht voll ausnutzen.

Azeotrop: Es handelt sich um ein Stoffgemisch, das man nicht durch gewöhnliche Destillation trennen kann, da die Zusammensetzung der Flüssigkeit und der Gasphase gleich sind. Beim Sieden verhalten sich azeotrope Gemische wie Reinstoffe.

bar: ein Druckmaß, 105 kg/(m*s^2), 1 bar = 100 Kilo-Pascal (kPa) = 0,1 Mega-Pascal (mPa) = 14,286 pound per square inch (PSI).

Base: Lauge.

Benzin: (Rohbenzin), Gasoline, Petrol, RUG (regular unleaded gasoline). Der Siedepunkt liegt zwischen 40 °C und 180 °C, die Länge der Kohlenwasserstoffketten ist hauptsächlich C_5 bis C_9, Fahrzeugbenzin enthält unterschiedliche Anteile der verschiedenen Kohlenwasserstoffketten. Danach richtet sich auch die Oktanzahl.

Biodiesel: Biodiesel ist ein dieselähnliches Produkt, das aus Pflanzenöl durch Umesterung hergestellt wird. In Deutschland ist es überwiegend Rapsöl, in Frankreich oft Sonnenblumenöl, in den U.S.A. hauptsächlich Sojaöl, das zur Herstellung von Biodiesel verwendet wird, doch auch Palmöl und Erdnussöl eignen sich dafür. Pflanzenöle sind Ester des dreiwertigen Alkohols Glycerin mit verschiedenen Fettsäuren. Bei der Umesterung wird das Glycerin ausgetauscht gegen Methanol oder Ethanol. Die Methyl- oder Ethylester haben nur etwa ein Drittel der Größe und eine entsprechend niedrigere Viskosität, verglichen mit dem Pflanzenöl, aus dem sie hergestellt werden. Biodiesel aus Raps ist nicht besonders energieeffizient, siehe: Vergleich zu Biogas.

Biodiesel-Standards: Biodiesel sind von unterschiedlicher Qualität, je nachdem, welche Ausgangsprodukte verwendet wurden und wie vollständig die Umesterung stattgefunden hat, wie gründlich und schonend (Fettsäure-Oxidation) anschließend gewaschen wurde und wie fein das Produkt filtriert wurde. Für die Beurteilung der Motortauglichkeit sind diese Unterschiede wichtig. Es wurden daher in europäischen Ländern, der EU und in den U.S.A. Standards zur Qualitätssicherung beschrieben, die untere Grenzwerte für erwünschte und Obergrenzen für unerwünschte Bestandteile festlegen. Dazu gibt es in einigen Ländern auch noch Vorschriften, die die Verwendung von Ausgangsstoffen einschränken. Biodiesel nach DIN darf beispielsweise nur aus frischem Pflanzenöl hergestellt werden. In den U.S.A. gilt diese Einschränkung nicht; dort (und in Großbritannien) gibt es auch keine Steuerermäßigung für Biokraftstoffe.

Alles was als Motorkraftstoff dient, wird dort wie Mineralölkraftstoff versteuert. In den U.S.A. ist daher Biodiesel aus frischem Pflanzenöl teurer als herkömmlicher Kraftstoff. Somit ist verständlich, dass besonders in diesen Ländern aus Kostengründen viele Rezepturen mit gebrauchtem Speiseöl ausprobiert wurden.

Biogas: Kompogas, siehe auch Sumpfgas, ist ein Gärprodukt methanogener (Methan-bildender) Bakterien. In Abwesenheit von Luftsauerstoff zersetzen sie organisches Material, wobei überwiegend Methan (50 % bis 70 %) und Kohlendioxid (30 % bis 50 %) entstehen. Je nach Gärmaterial können auch unterschiedliche Anteile von Schwefelwasserstoff und in Spuren auch Wasserstoff enthalten sein. In der Natur entsteht Biogas am Grund von Sümpfen und Teichen. Man kann es am Aufsteigen von Blasen erkennen. Außerdem wird es in Magen und Darm der Wiederkäuer (Rind, Schaf, Ziege) gebildet, daher enthält frischer Kot dieser Tiere aktive Methanbildner. Biogas entsteht auch in den Faultürmen bei der Abwasserreinigung. Ebenso wird es auf Mülldeponien durch den mikrobiellen Abbau organischer Verbindungen gebildet. Ungereinigtes Biogas ist brennbar, hat aber wegen des Kohlendioxidanteils einen geringeren Brennwert als Erdgas. Es ist zum Kochen und Heizen geeignet. Gereinigtes Biogas (>95 % Methan) entspricht Erdgas. Biogas aus nachwachsenden Rohstoffen (Mais) ist bezogen auf den Hektarertrag an Kraftstoff vier Mal so ergiebig wie Biodiesel aus Raps. Als Kraftstoff im Automotor entspricht 1 kg gereinigtes Biogas 1,43 l Benzin und 1,25 l Diesel.

Carbonsäuren: siehe Fettsäuren.

Cellulose : Cellulose ist ein langkettiger Naturstoff, bestehend aus in bestimmter Weise miteinander verknüpften Glucose-Molekülen. Cellulose ist Hauptbestandteil der grünen Pflanzen und des Holzes. Höhere Organismen können die speziellen Verbindungen zwischen den Glucose-Molekülen in der Cellulose nicht aufbrechen, darum ist sie für uns unverdaulich. Reine Zellulose (Watte, Baumwollsamen) ist weiß.

centi-Stokes: Eine Viskositätseinheit in cm^2/Sekunde, mit der die Zähflüssigkeit eines Stoffs gemessen wird.

Cetan-Zahl: Sie ist ein Qualitätsmaß für Dieselkraftstoffe, welche die Zündwilligkeit des Diesels angibt. Sie richtet sich nach dem Zündverhalten im Vergleich zu Cetan ($C_{16}H_{34}$), dessen Cetan-Zahl als 100 angenommen wird.

chemisches Gleichgewicht: Viele chemische Reaktionen sind reversibel (umkehrbar). Das bedeutet, z.B. zwei Ausgangsprodukte reagieren zu zwei Endprodukten. Am Anfang sind nur die Ausgangsprodukte vorhanden, doch mit der Zeit werden diese weniger und die Endprodukte häufen sich an. Die Endprodukte können wieder zurückreagieren und zu den Ausgangsprodukten werden. Der Punkt an dem keine merkliche Veränderung der jeweiligen Anteile von Ausgangs- und Endprodukt mehr stattfindet ist der Gleichgewichtspunkt. Dann sind die Geschwindigkeiten der Hin- und der Rückreaktion gleich.

Glossar

CO: Kohlenstoffmonoxid: Ein hoch-giftiges Gas, das die Atmung lähmt. Es entsteht durch unvollständige Verbrennung bei Sauerstoffmangel. Es bildet den Hauptanteil der brennbaren Gase im Holzgas.

CO_2: Kohlenstoffdioxid, kurz Kohlendioxid: Das vollständige Verbrennungsprodukt des Kohlenstoffs. Neben Wasser ist es das Hauptendprodukt des Abbaus biologischen Materials.

Destillation: Der Prozess zur Trennung von Stoffen aufgrund ihrer unterschiedlichen Siedepunkte. Destillation ist nötig, um hoch angereicherten Alkohol bis maximal 95 % zu erhalten.

Destille: So nennt man die Apparatur, mit der die Destillation durchgeführt wird. Destillen bestehen aus einem Heizgefäß, einem Thermometer zur Temperaturkontrolle, einem Kühler zum Wiederverflüssigen des siedenden Stoffs und einem Auffanggefäß für das Destillat. Rückflussdestillen sind besonders ausgereifte Formen der Destille, bei denen das Destillat zuerst in einem Rückflusskühler gesammelt wird, bevor der Weg zum Abschlusskühler frei gegeben wird und das Destillat in das Auffanggefäß fließen kann.

Detergenz: Ein Stoff, der die Oberflächenspannung des Wassers herabsetzt und die Löslichkeit für fettartige Stoffe erhöht. Spülmittel sind Detergenzien, sie wirken als Emulgatoren.

Dieselkraftstoff: Diesel, Dieselöl, Petrodiesel, Mineraldiesel; hat einen Siedebereich zwischen 150 °C und 390 °C und einen Flammpunkt >55 °C. Dieselkraftstoff enthält hauptsächlich Kohlenwasserstoffe der Kettenlängen C_{11} bis C_{18}.

E10: Benzinkraftstoff, dem 10 % Ethanol beigemischt sind. E10 Kraftstoff kann in herkömmlichen Benzinmotoren gefahren werden.

E85: Kraftstoff, dem 85 % Ethanol und nur 15 % Benzin und Additive zugesetzt sind. E85 Kraftstoff kann in umgerüsteten Fahrzeugen gefahren werden, die über eine spezielle Lambdasonde und eine damit gekoppelte Zündsteuerung und Kraftstoffmischeinrichtung verfügen. Diese stellt den Sauerstoffgehalt im Kraftstoff fest und steuert danach das Luft-Kraftstoff-Gemisch und den Zündzeitpunkt.

E-Diesel: Diesel der mit Ethanol gemischt wurde. Dieser Kraftstoff befindet sich noch in Erprobung mit Ethanolanteilen zwischen 10 % und 30 %. Versuche mit Gemischen von 15 % Ethanol, 5 % Additive (Mischungsstabilisatoren und Schmierverbesserer) und 80 % Diesel wurden in Busflotten über 400.000 km gefahren, ohne erkennbare Schadwirkung im Vergleich zu normalem Diesel.

EEG: siehe Energie-Einspeise-Gesetz.

Emissionsprotokoll: Bericht über die Zusammensetzung schädlicher Abgase.

Emulgator: Ein Stoff, der die Bildung von Emulsionen begünstigt, da er sich in den verschiedenen Flüssigkeiten löst. Seife ist beispielsweise ein Emulgator für Fett und Wasser.

Emulsion: Ein Gemisch zweier oder mehrerer Flüssigkeiten mit ungleichen Löslichkeitseigenschaften. Milch ist beispielsweise eine Emulsion aus Fett in Wasser.

endotherm: Wärme-verbrauchend. Verdunstung von Wasser ist beispielsweise endotherm. Um Holz zu trocknen, muss man ihm Wärme zuführen.

Energie-Einspeise-Gesetz: EEG, österreichisches Pendant dazu ist das Ökostromgesetz. Es ist ein Gesetz aus dem Jahr 2004, die Novelle dazu von 2005. Das EEG fördert die Herstellung und Vergütung von Strom erzeugt aus regenerativer Energiequellen, wie Sonne, Wind und Biomasse.

Erdgas: siehe Methan, Propan. Erdgas kann unter hohem Druck und bei tiefen Temperaturen verflüssigt werden. Diese Verfahren sind sehr energie- und kostenintensiv. Als Autokraftstoff findet Erdgas in verdichteter Form (200 bar) Verwendung.

Essig: Essig ist in Wasser gelöste Essigsäure. Essig-Essenz hat einen Anteil von 25 % Essigsäure in Wasser.

Ester: Ester sind chemische Verbindungen, die aus einem Alkohol und einer Säure unter Wasserabspaltung entstehen. Die allgemeine chemische Nomenklatur dafür ist R-COO-R, wobei das erste R- einen beliebigen Alkoholrest bezeichnet, das zweite -R einen beliebigen (Fett-)Säurerest. Die Ester des Alkohols Glycerin nennt man Glyceride. Biodiesel ist meist eine Mischung von Estern des Alkohols Methanol mit Fettsäuren (Carbonsäuren) unterschiedlicher Kettenlänge und Sättigung. Die Ester des Methanols nennt man Methylester, die des Ethanols Ethylester.

Ethanol: Äthanol, Ethylalkohol, Trinkalkohol, hat die Summenformel C_2H_5OH und einen Siedepunkt bei 78,3 °C, sowie eine Dichte von 0,79 g/cm^3. Trinkalkohol wird hoch versteuert. Durch geringe Zusätze weiterer Chemikalien, meist Pyridin, Methanol und Benzin, kann man ihn ungenießbar machen. So behandelter Alkohol heißt vergällter Alkohol oder Brennspiritus.

Ethoxid: Es handelt sich um einen stark ätzenden, hochreaktiven Komplex aus Kalilauge und wasserfreiem Ethanol. Es wird benötigt, um die Fette in Ethylester umzuwandeln, siehe dazu auch: Methoxid.

exotherm: Wärme-liefernd. Ein Prozess ist exotherm, wenn er Energie freisetzt. Die Verbrennung von Holz ist beispielsweise exotherm. Das Gegenteil von exotherm ist endotherm.

FAO: Food and Agriculture Organization of the United Nations.

Glossar

FAO Report: Bericht von 1986 in englischer Sprache über Holzgas als Motorkraftstoff. Der vollständige Bericht kann als PDF-Datei aus dem Internet geladen werden. Genaue Angaben dazu finden sich bei den Referenzen.

FEMA: Federal Emergency Management Agency, U.S.A. (amerikanische Bundesnotstandsverwaltung).

FEMA-Report: Der Bericht in englischer Sprache über den Bau eines einfachen Holzvergasers zur Verwendung mit Verbrennungsmotoren im Fall eines Erdöl-Notstands vom März 1989. Der vollständige Bericht kann aus dem Internet als PDF-Datei geladen werden. Genaue Angaben finden sich in den Referenzen.

Fermentation: siehe auch Gärung.

Fett(e): Fette sind Ester, sie umfassen auch Öle, Talg und Wachse. Öl bezeichnet ein Fett, das bei normaler Umgebungstemperatur flüssig ist, dagegen ist Talg gerade noch streichfähig und Wachs ist bei gleicher Temperatur fest. Gehärtete Fette sind solche, deren ungesättigte Fettsäuren nachträglich mit Wasserstoff abgesättigt wurden. Dadurch wird der Schmelzpunkt erhöht und vormals bei Raumtemperatur flüssiges Fett wird streichfähig.

Fettsäuren: So nennt man Carbonsäuren ab einer Kettenlänge von 12 Kohlenstoffatomen (chemisches Symbol = C). Die allgemeine chemische Nomenklatur ist R-COOH, wobei R- der Fettsäurerest und -COOH die Carbonsäuregruppe ist. Die Fettsäuren der höheren Lebewesen haben alle geradzahlige Kettenlängen zwischen 14 und 22 C-Atomen. Am häufigsten sind Kettenlängen von 16 und 18 C-Atomen. Man unterscheidet gesättigte Fettsäuren, das sind solche ohne Doppelbindungen zwischen den Kohlenstoffatomen und einfach oder mehrfach ungesättigte Fettsäuren, das sind solche, die eine oder mehrere Doppelbindungen tragen. In der Natur überwiegen die ungesättigten Fettsäuren. Gesättigte Fettsäuren sind bei Raumtemperatur fest, ungesättigte sind hingegen flüssig.

Fettsäureoxidation: Der Begriff wird für verschiedene Vorgänge verwendet. Hier ist damit die Reaktion ungesättigter Fettsäuren mit Luftsauerstoff und die Bildung von Fettsäurepolymeren (Verkettung und Vernetzung von Fettsäuren) gemeint. Die Oxidation ist ein Problem das durch Lagerung an der Luft aber auch durch die Methode der Blasenwäsche verstärkt wird.

FFS: siehe freie Fettsäuren.

Flansch: Das ist ein überstehender, flacher Rand, der bei Zylindern wie ein flacher Ring aussieht. Wenn oberer und unterer Zylinder jeweils einen nach außen abgeflachten Rand besitzen, kann man sie aufeinander stellen, so dass die Ränder aufeinander liegen. Durch diese Ränder kann man Löcher bohren und durch diese Löcher kann man Schrauben stecken. Wenn man nun von der anderen Seite Muttern auf die Schrauben setzt und diese fest zieht, hat man die beiden Zylinder fest miteinander verbunden. Damit die Verbindung luftdicht ist, muss man vor dem Verschrauben hitzebeständiges Dichtungsmaterial dazwischen aufbringen.

freie Fettsäuren: Sie können durch Abspaltung aus Fetten entstehen, z.B. beim Erhitzen in Gegenwart von Wasser.

Gärung: Gärung ist der Abbau von biologischem Material in Abwesenheit von Luftsauerstoff. Man unterscheidet verschiedene Gärungstypen: Bekannt sind vor allem die alkoholische Gärung und die Methangärung.

Gallone: Gallone ist ein angelsächsisches Volumenmaß. Der amerikanischen Gallone entsprechen in etwa 3,8 l.

Gaschromatograph: Dieser wird bei Chemikern kurz GC genannt, es ist ein Analysegerät mit dem man gasförmige bzw. vergasungsfähige chemische Substanzen aus Substanzgemischen identifizieren und quantitativ bestimmen kann. Diese Geräte sind sehr teuer und ihre Bedienung erfordert erhebliches Know-How, daher werden sie nur in Speziallabors genutzt.

Glycerin: Glycerol, mit der Summenformel $C_3H_8O_3$. Es ist ein dreiwertiger Alkohol, dessen Ester als Glyceride bezeichnet werden. Je nachdem ob eine, zwei oder alle drei Alkoholgruppen verestert sind, nennt man diese Mono-, Di-, oder Triglyceride. Pflanzenfette sind Triglyceride. Durch Umesterung der Pflanzenfette mit Methanol wird das Glycerin freigesetzt.

HDPE: High Density Poly Ethylene. Ein Kunststoff, der Temperaturen über 100 °C aushalten kann.

Hemicellulose: Mit der Cellulose verwandter aber stärker verzweigter Naturstoff, der ebenfalls aus Glucose besteht. Auch diesen Stoff können höhere Organismen nicht verdauen.

Holzgas: Generatorgas, Produktgas, wood gas, producer gas. Es entsteht durch trockene thermische Zersetzung (Pyrolyse) von biologischem Material bei Temperaturen über 700 °C. Holzgas ist ein Gasgemisch, das überwiegend aus Kohlenmonoxid und Wasserstoff (als brennbare Gase) besteht. Es ist ein schwaches Gas mit geringem Brennwert, etwa 15 % bis 30 % des Werts von Erdgas. Die genauen Werte hängen unter anderem vom Feuchtegehalt des Holzes und von der Verbrennungstemperatur ab. Erzeugt wird das Gas in Apparaturen, die Holzvergaser genannt werden.

Holzvergaser: Gasifier, Gazogène. Es sind Apparaturen zum Vergasen von Holz. Vor allem im zweiten Weltkrieg, als Mineralöl rationiert war, hat man zivile Fahrzeuge mit Holzvergasern ausgestattet und die Motoren damit angetrieben. Bekannt wurden vor allem die Anlagen von Georges Imbert, der in einem Kölner Werk während der Kriegsjahre hunderttausende Holzvergaser baute. In neuerer Zeit hat man in den U.S.A. und in Schweden als Antwort auf die Energiekrisen die Holzvergasertechnologie wieder aufgegriffen und weiterentwickelt.

hygroskopisch: wasseraufsaugend. Salze und Zucker sind stark hygroskopisch, sie nehmen die Luftfeuchtigkeit auf.

inert: unveränderlich, reaktionsträge.

Inertgase: Es handelt sich um Gase, die chemisch stabil sind. Im strengen Sinn sind das nur die Edelgase, wie Helium, Neon, Argon, Krypton, Xenon. Im weiteren Sinn bezeichnet man auch Gase, wie Kohlendioxid oder Stickstoff als Inertgase, weil sie keinen Brennwert haben, im Gegensatz zu brennbaren Gasen wie Methan und Propan.

Isopropanol: Isopropylalkohol, Propanol-2, C_3H_7OH, mit einem Siedepunkt von 82 °C. Eine besondere Form des Propanols, bei der die Alkoholgruppe nicht am Ende der Kohlenstoffkette, sondern am mittleren Kohlenstoffatom gebunden ist. Dieser Alkohol ist ein guter Lösungsvermittler zwischen wasserlöslichen und wasserunlöslichen Stoffen.

Kalilauge: Kaliumhydroxid, KOH, potassium hydroxide. Diese Substanz ist stark ätzend. Beim Umgang damit sollten Schutzbrille, Kittel und Handschuhe getragen werden. Kalilauge wird zur Verseifung von Fetten verwendet. Die dabei entstehende Seife ist flüssig (Schmierseife). Kalilauge ist etwas teurer als Natronlauge, aber einfacher zu handhaben als diese. Für die Herstellung von Ethoxid ist Kalilauge gegenüber Natronlauge vorzuziehen, da sie sich wesentlich besser in Ethanol löst.

Kaliumhydroxid: siehe Kalilauge.

Katalysator: Ein Katalysator ist ein Reaktionsbeschleuniger, er setzt die nötige Aktivierungsenergie einer Reaktion herab. Dadurch kann eine Reaktion unter milderen Bedingungen stattfinden (geringere Temperatur und/oder Druck) und insgesamt schneller ablaufen. Bei der Herstellung von Biodiesel dienen Natronlauge, Kalilauge oder Säuren als Katalysatoren.

Kerosin: Kerosene, K1, Flugbenzin, hat einen Siedebereich zwischen 175 °C und 288 °C, der Flammpunkt liegt zwischen 28 °C und 38 °C. Kerosin entspricht Schwerbenzin und ist im Dieselkraftstoff mit enthalten. Flugbenzin für den öffentlichen Flugverkehr ist von der Mineralölsteuer befreit, für private Nutzung wird dagegen Mineralölsteuer erhoben.

Koagulation: Gerinnung.

KOH : siehe Kalilauge.

Kohlendioxid: siehe CO_2.

Kohlenmonoxid: siehe CO.

Kompogas: siehe Biogas. In der Schweiz gebräuchliche Bezeichnung.

KWK: Kraft-Wärme-Kopplung, siehe auch WKK.

Lackverdünner: siehe Terpentinersatz.

Lauge: Base.

Lignin: Lignin ist der Holzstoff. Neben Cellulose ist es der Hauptbestandteil von Holz und gibt dem Holz die dunkle Farbe. Lignin wird bei der Methangärung nicht abgebaut, wird aber bei der Holzvergasung zersetzt.

Methan: CH_4, siehe Erdgas und Biogas.

Methanol: Methylalkohol, Holzalkohol, hat die Summenformel CH_3OH und einen Siedepunkt bei 64,7 °C. Methanol ist der kleinste Alkohol und kann als Verunreinigung bei der Vergärung von Zucker vorkommen. Er ist giftig: Der Genuss kleinster Mengen kann zur Erblindung führen, schon geringe Mengen können tödlich sein. Methanol wird in speziellen Rennfahrzeugen als Treibstoff verwendet.

Methoxid: Methoxid ist ein hochreaktiver, ätzender Komplex aus Natronlauge, bzw. Kalilauge und Methanol. Er wird benötigt, um die Spaltung der Esterbindungen zwischen Glycerin und Fettsäuren im Speiseöl zu beschleunigen und die abgespaltenen Fettsäuren auf Methanol zu übertragen und so zu Methylestern umzuestern.

Micron: Micrometer, millionstel Meter, m.

Mineraldiesel: siehe Dieselkraftstoff.

Molekül: Ein Molekül ist die kleinste Einheit einer chemischen Verbindung. Eine chemische Verbindung muss aus mindestens zwei Atomen bestehen. Wasser ist eine chemische Verbindung und besteht aus Molekülen vom Typ H_2O.

NaOH: siehe Natronlauge.

Nassvergärung: Dies ist eine Vergärung von Substraten mit hohem Wasseranteil von 90 % bis 95 % und die bisher die verbreitetste Art der Methangärung.

Natriumhydroxid: siehe Natronlauge.

Glossar

Natronlauge: Natriumhydroxid, NaOH, sodium hydroxide, lye. Die Substanz ist stark ätzend. Beim Umgang damit sollten Schutzbrille, Kittel und Handschuhe getragen werden. Sie wird für die Herstellung von Methoxid benötigt. Natronlauge zieht stark Feuchtigkeit und CO_2 aus der Umgebung, darum muss sie in luftdicht geschlossenen Gefäßen aufbewahrt werden. Reine Natronlauge besteht aus abgeflachten blassen Perlen mit glatter Oberfläche. Carbonisierte Natronlauge ist weiß und besitzt eine raue Oberfläche.

Neutralisation: Dies ist eine chemische Reaktion zum Ausgleich von Säureüberschuss oder Laugeüberschuss. Säuren werden mit Laugen neutralisiert, entsprechendes gilt im Umkehrfall. Das Ergebnis einer Neutralisationsreaktion ist Wasser und ein Salz.

Neutralpunkt: Der pH-Wert 7 ist der Neutralpunkt für wässerige Lösungen. Sie sind dann weder sauer noch alkalisch, d.h. sie haben weder einen Elektronenmangel noch einen Elektronenüberschuss.

NO_x: Das ist eine Sammelbezeichnung für Stickoxide. Stickstoff ist ein reaktionsträges Gas, aus dem etwa 79 % unserer Atemluft (Atmosphäre) besteht. Bei hohen Temperaturen (1.000 °C) im Verbrennungsraum eines Motors ist so viel Aktivierungsenergie vorhanden, dass der Luftsauerstoff und der Luftstickstoff miteinander zu verschiedenen Verbindungen reagieren können. Allen diesen Verbindungen ist gemeinsam, dass sie die Atemwege schädigen.

Öl: Öl ist keine chemisch definierte Stoffklasse. Es bezeichnet schlecht wasserlösliche Stoffe, die bei Raumtemperatur flüssig sind und eine höhere Viskosität als Wasser besitzen. Während Speiseöle Ester sind, bestehen Mineralöle aus Kohlenwasserstoffen, die keinen Sauerstoff enthalten.

Oktanzahl: Ein Maß für die Klopffestigkeit eines Benzinkraftstoffs. Motoren mit hoher Verdichtung benötigen Benzin mit höherer Klopffestigkeit (Superbenzin). Die Oktanzahl wurde für Iso-Oktan mit 100 und für Heptan mit 0 festgelegt. Gebräuchliche Fahrzeugbenzine haben Oktanzahlen zwischen 90 und 100. Ein für Diesel analoges Qualitätsmaß ist die Cetan-Zahl.

Oxidation: Der Entzug von Elektronen, ursprünglich verwendet für die Reaktion mit Sauerstoff (Oxygenium).

PET: Polyethylenterephthalat. Ein klarer, relativ hitzebeständiger Kunststoff, der in der Lebensmittelindustrie für Getränkeflaschen verwendet wird.

Petrodiesel: siehe Dieselkraftstoff.

Phase: Eine Phase ist ein, hinsichtlich physikalischer Eigenschaften, homogener Bereich; quasi ein Art Schicht.

pH-Meter: Es besteht aus einer Glaselektrode und einem Anzeigeinstrument, das den pH-Wert meist digital anzeigt. PH-Meter müssen von Zeit zu Zeit mit Eichlösungen abgeglichen werden. Auch die Elektrode muss in gewissen Abständen gesäubert werden. Man erhält die Geräte im Laborfachhandel und im Aquarienbedarf.

pH-Wert: Dieser Wert ist ein negativer dekadischer Logarithmus der Wasserstoffionenkonzentration. Frisch destilliertes Wasser reagiert neutral und hat den pH-Wert 7. Säuren haben Werte unterhalb von 7 (saurer Bereich), während Laugen Werte haben, die größer als 7 sind (alkalischer Bereich). Je größer der Abstand des pH-Werts von 7 ist, desto stärker ist die Säure bzw. Lauge.

Plantanol: Plantanol ist ein Ersatzkraftstoff für Mineraldiesel zur Verwendung in herkömmlichen Dieselmotoren, geliefert vom Handelshaus-Runkel, hergestellt auf der Basis motortauglicher Pflanzenöle und zündverbessernder Additive. Die Verwendung von Plantanol erfordert keine motortechnische Umrüstung.

PME: Pflanzenölmethylmester, Biodiesel.

Polymerisation: Die Polymerisation ist eine chemische Reaktion, bei der Monomere, meist ungesättigte organische Verbindungen, unter Einfluss von Katalysatoren und unter Auflösung der Mehrfachbindung zu Polymeren (Moleküle mit langen Ketten, bestehend aus miteinander verbundenen Monomeren) reagieren.

Prozessor: Prozessor bedeutet in diesem Buch Reaktionsgefäß, bzw. Verarbeitungsbehälter, in dem die Stoffumwandlungen, z.B. Umesterung, vorgenommen werden.

PSI: Pounds per square inch, angelsächsisches Druckmaß, 1 PSI = 0,07 bar.

Pyrolyse: Pyrolyse ist die thermische Spaltung von organisch-chemischen Bindungen. Sie kann bei verschiedenen Temperaturen stattfinden, von 250 °C aufwärts bis über 1.000 °C. Bei niedrigen Temperaturen bilden sich Säuren, Teer und Holzkohle, bei hohen Temperaturen entstehen Gase, wie Kohlenmonoxid, Wasserstoff und Methan. Man unterscheidet die trockene und die nasse Pyrolyse. Nasse Pyrolyse findet in Gegenwart von Wasser statt. Sie liefert saure, ölartige Flüssigkeiten, sogenanntes Bio-Öl, dessen Eignung als Kraftstoff für spezielle Motoren derzeit geprüft wird. Da Wasser unter normalem Druck bei 100 °C verdampft, erfordert die nasse Pyrolyse Druckgefäße. Holzvergasung ist eine trockene Pyrolyse.

Schwerbenzin: siehe Terpentinersatz.

Seife: Bezeichnung für die Alkalisalze der Fettsäuren.

Silikate: Salze der Kieselsäure.

Glossar

Stickstoff: Stickstoff hat das chemische Zeichen N. Als dimeres Molekül N_2 ist es ein Gas und Hauptbestandteil der Atemluft mit 79 %. In biologischen Materialien kommt es in Verbindungen vor, hauptsächlich in Proteinen und in Nucleinsäuren.

Stirling-Motor: Ein Motor mit externer Wärmequelle. Der Motorraum eines Stirling-Motors wird anders als bei den heute üblichen Verbrennungsmotoren von außen erhitzt. Die Kolbenbewegungen entstehen durch wechselweises Erhitzen und Abkühlen eines Gases (Luft, Helium) und damit einhergehender Volumenänderung im Motorraum. Stirling-Motoren können sehr leise laufen, sind aber nicht so gut regulierbar und schwerer als Verbrennungsmotoren mit gleicher Leistung.

Terpentinersatz: Schwerbenzin, Testbenzin, Lackverdünner. Es ist eine Mischung aus Kohlenwasserstoffen mit Flammpunkten über 21 °C und Entzündungstemperaturen über 230 °C. Terpentinersatz dient als Lackverdünnungsmittel und zur Pinselreinigung.

Tessol-Nadi: Tessol Typ I, Ersatzkraftstoff für Mineraldiesel. Dies ist eine Kraftstoffmischung der Firma Tessol GmbH aus Stuttgart, bestehend aus 80 % Rapsöl, 14 % Testbenzin und 6 % Isopropanol.

Tessol Typ II: Ersatzkraftstoff für Mineraldiesel. Dies ist eine Kraftstoffmischung der Firma Tessol GmbH aus Stuttgart, bestehend aus 65 % Pflanzenöl, 30 % Rapsmethylester (Biodiesel) und 5 % Ethanol.

Testbenzin: siehe Terpentinersatz.

Titer: Als Titer bezeichnet man das Ergebnis der Titration, die Menge des Reagens (Messlösung) in Millilitern (ml) die bei der Titration verbraucht wurde

Titration: Vorgang des Titrierens.

Titrieren: Titrieren ist ein chemisches Messverfahren, bei dem tropfenweise und unter gutem Mischen eine Messlösung in eine zu messende Lösung gegeben wird, bis eine gewünschte Reaktion, meistens Farbumschlag eines Indikators von farblos nach farbig oder umgekehrt, erreicht ist. Das Messergebnis bezeichnet man als den Titer.

toxisch: giftig.

Triglyceride: tri = drei, Glycerin = Alkohol, Glyceride = Glycerin-Ester. Triglyceride sind zusammengesetzt aus drei Ketten von Fettsäuren, gebunden an den Alkohol Glycerin.

Trockenvergärung: Dies ist eine Vergärung von Substraten mit hohem Feststoffanteil von 30 % bis 50 %. Das Verfahren st seit 1940 bekannt, wird aber erst in jüngerer Zeit zunehmend praktiziert.

ULSD: ultra low sulfur diesel. Ein Dieselkraftstoff mit besonders geringem Schwefelanteil.

Glossar

Umesterung: Der Prozess, bei dem der Alkohol oder die Säure des Esters gegen andere Stoffe der gleichen Stoffklasse ausgetauscht werden. Die Herstellung von Biodiesel ist ein Umesterungsprozess.

Veresterung: siehe Umesterung.

Verkokung: Der Begriff wird für sehr verschiedene Prozesse verwendet. Hier ist die Bildung von Kohlenteer-artigen Rückständen bei der Verbrennung von Öl in Motoren gemeint.

Viskosität: Zähflüssigkeit.

Winterdiesel: Dies ist ein Dieselkraftstoff mit Additiven (Zusätzen), die das Ausflocken von Paraffinkristallen bei Minustemperaturen verhindern. Von Anfang November bis Ende Februar wird an den Tankstellen in Mitteleuropa Winterdiesel ausgegeben. In unseren Breiten gezapfter Winterdiesel flockt auch bei -20 °C noch nicht aus.

Wirkungsgrad: Die Umwandlung von Primärenergie in Nutzenergie in Prozent. Der Wirkungsgrad eines Dieselmotors unter optimalen Bedingungen beträgt etwa 36 %. Der Motor wandelt chemische Energie aus dem Kraftstoff in Bewegungsenergie (Vortrieb) um. Die restlichen 64 % gehen als Abwärme ungenutzt verloren.

WKK: Wärme-Kraft-Kopplung. WKK bezeichnet die gleichzeitige Erzeugung und Nutzung von Strom und Wärme. Stromgeneratoren funktionieren wie Farraddynamos. Sie sind, einfach gesagt, Motoren, die eine Spule in einem Magnetfeld drehen. Dadurch wird in der Spule ein Wechselstrom induziert. Bei der WKK benutzt man die Abwärme des Motors, um zu heizen, während man den Strom ins Stromnetz einspeist. Auf die Weise kann man hohe Gesamtwirkungsgrade erzielen und das bedeutet, Primärenergie einsparen. Die Energieeinsparung wird staatlich gefördert.

Zeolith: Zeolite sind keramische Molekularsiebe aus Aluminiumsilikaten, die in verschiedenen Porengrößen erhältlich sind. Typ 3A hat eine Ausschlussgrenze von Molekülen mit Durchmessern größer als 3 Angström = 0,3 Nanometer. Ethanol und Aceton sind größer als 0,3 Nanometer, während Wasser mit einem Moleküldurchmesser von 0,19 in die Zeolithe wandert und dort festgehalten wird. Bei Backofentemperaturen kann man die Zeolithe regenerieren.

Stichworte

A

Abfallentsorger 23, 25
Abluftventilator 33
Acetogenese 151
Aceton 147
Acidogenese 151
ACREVO 120
Adcoa 76
ADP-Distributors 128
Affinität 39
Aktivkohle 157
Alkalimetallionen 147
Alkohol 29–30, 35, 39
– konzentration 140, 143, 147
Alkoholsammler 146
Alkylester 66
Allen, Michael 77, 93
Alpha-Amylase 141
Aluminiumsilikate 147
Ammoniak 167, 222
Angström 76
Anti-Klopf-Mittel 133
Äpfel 143
Aquariumbelüfter 96
Aquariumpumpe 64, 72, 88, 95
Aräometer 147
Asche 174, 177–178, 188, 191
– anteil 178
Asseln 168
ASTM 39, 66, 96
Atemluftflaschen 155
Ätznatron 78
Auffanggefäß 27
Augbolzen 191
Augenspülflasche 27
Augentropfer 52, 69

B

Backhefe 143
Bakterien 168
Ballons 163
Bananen 143
Batch-Verfahren 152 f

Bate, Harold 155 f, 158, 164
BATF 144
Baumrinde 167
Bauschaum 108
BD 19–20
Bentonit 157
Bentonit-Ton 75
Benzinmotoren 45
Benzinpumpe 64
Beschleuniger 30
Bier 143
Bierhefe 143
Bierherstellung 141
Big Green Bus 114
Biodiesel 19 ff, 45
– Herstellung 19 ff
Biogas 163 ff
Biogas 151 ff
Biomasse 46
Birnen 143
Blasenwäsche 57 ff, 95, 97
Blockheizkraftwerke 183 ff, 219 ff
Bohrer 55
Bohrmaschine 27
Boot 104, 137, 213
Bootsmotor 104, 137, 213
Bosch 118
Boulder 110 f
Bratfett 49
Bratpfanne 126
Brennkammer 190
Brennstoffteile 179
Brennstoffvorratsbehälter 190
Buche 168, 178, 183
Buchenlaub 167
Bureau of Alkohol, Tobacco and Firearms 144
Burton, Ed 180, 182
Büscher, Wilhelm 175
Butan 160
Butanol 118
Butter 88
Bypass 147

C

Carnot 218
Cetan Booster 118, 127
Cetanwert 43, 45, 59, 128–129
Chargen Testen 53 ff
CHARLES 803 Destille 144
Charles, Pete 144
Chemikalienverbrauch 20
Choke 165, 202–203
Clark, Tony 93
Cook, Tim C. 129
Crockett, John 221

D

Dale, Bruce 134
Dampfmaschine 217
Dampfturbine 184
de Winne, Terry 44
DEKRA 160
Destillation 144 ff
Destillationskolonne 140
Detergenz 46
Dextrine 141
Diesel, Rudolf 103
Diglyceride 36–38, 74, 80, 102, 119
DIN 39, 66, 104, 230
Di-Natriumsulfat 67
Dino 127
Distelöl 112
Dogwood Energy 139
Dreifachester 38
Druckflasche 164
Druckreiniger 25
Druckzerstäuber 123
Dünger 168
Durchflussfilter 130
Durchflussrate 154
Düse 26

E

E Diesel 138 f
E85 135 ff
eBay 108
Edelstahlfilter 130
Edelstahlsieb 127
EEG 124, 161, 185

Eiche 178, 183
Eichenholz 183
Einspeisevergütung 46
Einspritzpumpe 74, 96, 105, 126
Einspritzsteuerung 43 ff
Ein-Tank Lösung 20
Eintank-Pflanzenöltechnologie 121
Eintauch-Ölfilter 58
Einwegspritze 27, 69
Eisensulfid 157
Elektroheizer 59
Elektromotor 33
Emissionsprüftest 45
Emulsion 99
Energieeffizienz 133 ff
Energieeinspeisegesetz 124, 161, 185 ff
Entflammbarkeits-Klasse 139
Entsäuern 85 ff
Entwässern 51
Environmental Protection Agency 138
EPA 138 ff
Erdalkalimetallionen 147
Erdnussöl 103, 107, 112
Erle 168
Essig 27, 50, 57–58, 65, 100
– bildung 151
– essenz 27
– säure 27, 151
Ester 29, 66
– kette 56
Ethanol 27, 36, 39, 50, 74–77, 84, 86, 101, 117, 120–121, 129, 133 ff, 143 ff
Ethoxid 27
Ethylenglykol 74
Ethylester 42, 50
EU Standard 96

F

F.A.Q. 35–36, 38–42, 72, 84, 91–92, 94, 100
Facet 126
FAO 173, 175, 178–179, 184
Farbmischer 55
Faserstoffe, langkettige 151
Federal Emergency Management Agency 173
FEMA 173, 187, 204, 214 ff
Ferrozement 206, 212 ff

Feststoffgäranlage 165
Fettmolekül 30
Fettsäure 19, 22, 26–30, 35–36, 38–40, 50–51, 53, 57–58, 61, 63, 65–66, 68, 74–75, 78, 80–81, 84–88, 94, 96, 100–101, 119, 121–122
Feuer 33–34
Feuerlöscher 27
FFV 135
Fichtennadeln 167
Filter 22, 26, 39, 43, 59, 110, 115, 122, 134
– wechsel 43
Fischöl 96
Flammprobe 164 f
Flaschen-Mixer 90
Flexi-Fuel Vehicles 135
Fluidyne DIY Holzvergaser 207 ff
Fluidyne Holzvergaser Pioneer Class 205 ff
Flüssiggas 161
Food and Agriculture Organization 173
Ford, Henry 133
Frittieröl 22, 25, 107
Frostsicherheit 121
Fruchtabfälle 143

G

Gartenabfälle 167
Gärung 140
Gasdurchflussrate 176 ff
Gasometern 166
Gasturbine 184
Gefrierschutzmittel 59, 109
Gemüseabfall 167
Generator 46–47, 104, 120, 123–124, 153, 161, 165, 169, 171–175, 177, 181–182, 184–185, 187–188, 200, 202–204, 210, 219, 223
Generatorgas 171 ff
Gerste 141
Gesellschaft für Technische Zusammenarbeit 206
Gewächshaus 221
Glasmurmeln 140, 145
Glasringe 140, 145
Gluco-Amylase, 141
Glühkerze 122, 128

Glycerin 19, 30, 35–38, 50, 54–57, 60–63, 71–74, 76–80, 87, 90–94, 97, 99–101, 121
– ester 19, 30
– fraktion 71, 78, 87
– phase 30, 39, 77
Glycerol 92
Grasschnitt 167
Grillfett 107
Grobpartikelfilter 183
Grundwasser 28
GTZ 206
Gummi 44
Gummihandschuhe 27
Gummikissen 163

H

Hainbuche 168
Hauptfiltereinheit 194 ff
Haustiere 49
HDPE 35, 42, 70
– Kanister 88
Hefe 140–141, 143 ff
Heizband 34
Heizen 161
Heizkessel 161
Heizkosten 46, 123
Heizöl 33, 102, 123, 220–221
Heizplatte 27
Heizung 32, 34, 152
Heizwert 46, 180
Helium 217
Herd 177
Heu 167
Hochdruckspeicherung 164
Hohenheim, Universität 118
Holecek, Camillo 44, 60, 62
Holzgas 171 ff
Holzkohle 130, 187
Holzkohlereservoir 188
Holzpflegemittel 46
Holzschnitzel 154
Holzstoff 154, 168
Holzvergaser 172 ff
Hühnermist 155, 164 f, 167
Humus 168
Hydroxyl 56
hygroskopisch 78

245

I

Idaho-Blasenwaschmethode 63 f
IMBERT 172–175, 182, 185, 223 ff
Inertgas 176
Insekten 168
Iowa Corn 135
Isopropanol 27, 50, 52, 75, 81–82, 119
Isopropylalkohol 27, 81
isotherm 177

J

Jenbacher 184
Jodzahl 96
Joost-Vergaser 184

K

K.I.S.S. 34–35
Kabelbinder 109
Kac, Aleks 39–40, 59–61, 65–66
Kaffeefilter 51
Kalilauge 19, 27–31, 36, 66, 75, 78–80, 88, 92
Kaliumdünger 78
Kaliumhydroxid 78
Källe, Torsten 175
Kalziumchlorid 87
Kalziumkarbonat 157
Kalziumoxid 75, 157
Kalziumseife 87
Kamin 161
Kaninchendraht 154, 206
Karbonsäure 35, 151
Karbonsäuren 151
Kartoffel 143
Karton 167
Katalysator 19, 29–30, 32, 36, 39–40, 50–51, 53, 66–67, 78, 80, 86–87, 91, 93–94
Katalyse 69
Katzenstreu 75, 157
Kerze 222
Kieselgel 157
Kieselgur 75
Kittel 27, 49
Klärschlamm 167–168
Klee 167

Kochen 161
Kochsalz 87, 100
Kohle 176
Kohlendioxid 151, 157, 164, 167, 176, 187
Kohlenmonoxid 45, 134, 171, 176, 178, 183, 187–188, 214
Kohlenstoff 167, 187
Kohlenwasserstoff 45
Kokosnussöl 88, 96
Kokosöl 75
Koks 176
Kompost 222
Kompostdünger 153 f
Kompostierung 168
Kompostmeiler 163
Kompostwärme 220 ff
Kompressor 153, 164
Kondensate 174
Kraftstofffilter 22, 43, 59, 110, 115, 122, 134
Kraftstoffpumpe 26, 71, 108, 126
Krokodilklemmen 127
Krypton 185
Küchenabfälle 167
Küchenmixer 53, 68
Kühlaggregat 220
Kuhmist 167
Kunststoff 44
Kurbelwellendrehwinkel 43, 59, 138

L

Lackmuspapier 71, 81
LANZ-Bulldog 171
Lauge 39
Laugeperlen 78
Leck 74, 114, 155, 160, 183, 209
Leindotteröl 119
Leinöl 33
Leinsamenöl 96
Leistungsminderung 138
Lignin 154, 168
Linscott, Dana 105, 125, 127
LKW 112, 128, 160, 163, 171, 173, 175, 179–180, 182
– reifen 163
Loertscher, Fridolin 182–183
Lösungsmittel 46

low-sulphur 46
Luftverdichtung 138

M

MacArthur, Jim 84
Magnetschaltventil 111
Magnet-Ventil 125
Maiskeimöl 112, 116
Maisstärke 141
Manometer 156, 209
Max, David 74
Mayonaise 99
Mayr, Heinz 112
Mehrweg-Ventile 27
Merck 76
Messlösung 28
Messzylinder 27, 31, 82, 147
Metallschrott 165
Metallwolle 157
Methan 33, 151, 161, 167, 171, 176, 187–188
Methanbakterien 168
Methangärung 155, 168
Methanogenese 151
Methanol 19–20, 27, 30–32, 36, 39, 41, 49–50, 53–57, 63, 65, 67–70, 72–79, 86, 88–94, 101–103, 121, 124, 134–135, 147
Methoxid 19, 27, 30, 35, 49–50, 54–55, 62–63, 69–71, 76, 85–86, 89–91
Methoxyl 56
Methylester 19, 30, 36, 38, 42, 50, 56–57, 61, 63–66, 67 f, 74, 77, 103–104, 120–121, 130
Mikkonen, Vesa 182
Mikroben 164 f
Milben 168
Mineralkraftstoff 179 ff
Mineralsäuren 67
Molekularsieb 75–76
Monoester 36
Monoglyceride 36–38, 74, 80, 102, 119
Motoröl 22, 74, 118, 120, 157, 174
Motorrad 45, 172
Mull 51
Multimeter 109
Mylar-Folie 163

N

Nadelholz 178
Naphtalin 118
National Biodiesel Board 42
Natrium 50
Natriumhydroxid 49–50, 69–70
Natrium-Ionen 67
Natrium-Methoxid 54, 70
Natriumoleat 36
Natriumstearat 36
Natronlauge 19, 27–30, 36, 39, 49–57, 64, 66–67, 69–75, 78–81, 85–86, 88–89, 92, 103
Nicholson, John 115 ff
Nucleinsäuren 167

O

Obst 142
Ölfässer 22
Ölfilter 22
Ölheizung 123
Olivenöl 112
Ölsammelgefäß 27
ÖNORM 66
Optimumkurve 154
Orangen 143
Otto, Nikolaus 133
Oxidation 65, 96, 174, 178, 187
Oxidationsstabilität 96

P

Pain, Jean 153 f, 163 ff, 222
Palmkernöl 88
Panseninhalt 168
Papier 167, 176
Pappel 179
Patzek, Ted 133
Pelly, Mike 39, 49, 51, 58, 62
PET Flaschen 90
Petrodiesel 38, 43, 45
Pferdemist 167
Pfirsiche 143
Pflanzenöl direkt 19
pH
– Indikator 27, 64
– Meter 27, 53, 64, 66, 80–81, 83–85

- Papier 53, 64 f
- Wert 28, 53, 57–58, 64–65, 71, 80–81, 83–85, 93, 95, 100

Phasentrennung 19, 30, 94
Phenolphthalein 27, 50, 52, 80–81, 84
Phosphorsäure 27, 71, 78, 94, 100
Photovoltaikpaneel 181
Pilze 168
Pimentel, David 133
Pioneer Class Vergaser 210 ff
Pipette 27, 69, 83, 102
PKW 112, 160–161, 171, 173, 182
PLANTANOL 118 ff
PME, s. Pflanzenölmethylester
PÖL, s. Pflanzenöl direkt
Polymerisation 96
Polypropylen 68
PowerService Diesel Kleen 128–129
Produktgas 171 ff
Propan 33, 160–161
- brenner 27, 161
Propanol 27
Propanol-2 81
Propeller 55
Proteine 167
Provost, Ken 74
Prozessor 27–28, 31–35, 55, 67, 93, 98
PSDK 129
Puffer 188
Pumpe 26–28, 31–33, 35, 55–56, 60, 64–65, 67, 71–72, 74, 88, 96, 103, 105, 108, 126–127, 152, 181, 220
Pyrolyse 57, 171, 177, 187
Pyrolysegas 176

Q

quicklime 76

R

Rapsöl 107, 112, 116, 119
Rasenmäher 137
Reaktionsgefäß 27
Reaktor 33, 35
Reed, Thomas 176
Regenerator 217

Reibung 218
Reinigungsbenzin 46
Restfeuchte, von Holz 178
Rohseife 87
Rückflusskühler 146
Rückflusskühlung 140
RUG 127
Rührer 27–28, 31–32, 103, 152
Rührlöffel 86
Runkel, Jürgen 119
Rußbildung 121
Rußpartikelausstoß 45

S

Sägemehl 167, 176, 207
Salpetersäure 67
Salzsäure 67
Sauerstoff 187
Saugrüssel 127
Säure 29–30, 35
Säure-Base
- Indikator 52
- Methode 68 ff
Säureproduktion 151
Schiff 104, 137, 213
Schiffsmotor 104, 137, 213
Schlafmatratzen 163
Schlauch 27
- klemmen 27
- pumpe 127
Schmalz 88
Schmetterlingsventil 200, 202
Schmiermittel 46
Schmierwirkung 121
Schraubendreher 109
Schraubenschlüssel 109
Schutzbrille 27, 49, 69
Schutzhandschuhe 49, 69
Schutzkleidung 69
Schwachgas 176
Schwefelsäure 27, 36, 67–69, 72, 74, 100
Schwefelwasserstoff 151, 156–157, 167
Scroggins, Dale 73
Seegras 176
Seife 57, 87
Seifenbildung 29, 51
Sherry-Hefe 143

Silicagel 75
Sojabohnenöl 96, 107, 112
Solarwärme 218
Solenoid Ventil 111, 125 ff
Solo STM 219
Sonnenblumenöl 96, 107, 112
Speiseöl 19–22, 24, 26, 28, 49–56, 58,
   60–63, 66, 68, 76, 80–82, 84–85, 88, 92,
   104–107, 111–118, 122, 126–130
– Bezugsquellen 21
Spritze 27, 55, 69, 81, 83
Sprühnebelwäsche 95, 97
Stahlfass 165
Stanadyne 118
Stärke 141, 143
Steuerventile 125 ff
Stickoxide 45
Stickstoff 167, 176, 217
Stirling Motoren 217 ff
Stirling, Robert 217
Stoppuhr 102
Stroh 167, 176
Strombörse 46
Stromerzeugung 161
Styropor 196 ff
Sulfat-Ionen 67
Sunmachine 219
SVO 127
Synthesegas 176

T

Talg 49, 88
Taschenlampe 109
Tauchpumpe 35
Tauchsieder 27, 35, 68
Teesieb 86
Temperatur 32
Temperaturkontrollventil 140
Terpentinersatz 113
Tessol-NADI 119 ff
Testkit 74
Testlampe 109
Thermometer 27
Thermostat 32
Tiermist 168
Titrieren 27–29, 38, 40–41, 50–54, 62, 66,
   74–75, 79–89

Tocopherol 97
Torf 176, 207
Totvolumen 218
Traktor 104, 118, 163, 165, 169, 171, 173,
   179, 204–205
– schlauch 166
Traubenkirsche 168
Triglyceride 35–38, 74, 80
Trinkalkohol 101, 133 ff, 143 ff
Trockengäranlage 165
Trockenvergärung 152 f
Tung-Öl 96
TÜV 20, 160, 175

U

Überdrucksicherung 140
UCO 127
ULSD (ultra low sulphur) Kraftstoffe 44,
   46
Umesterung 19, 27–30, 35–36, 38–40, 50,
   53, 56–57, 61, 66–67, 74, 76, 78, 80, 87,
   89, 95, 97
Umrüstung, des Fahrzeugs 6, 19–20, 104,
   105 ff, 112 ff, 121–122, 136 ff, 159–160,
   165–166
Umwälzpumpe 27, 31, 35, 55, 67, 71, 181
Universität Hohenheim 118
UNO 173

V

Vakuumverdampfer 78
Ventil 27
Verätzung 22, 27
Verbundmaterial 160
Vergärung 57, 143 ff
Vergaser 188, 214
Vergasereinheit 199 ff
Vergasung 177
Vibration 188, 199, 202, 209, 211
Viehfutterzusatz 21
Viertakt 45
Viskosität 30, 32, 38
– Test 101
Vitamin E 97
Viton 44
Vorheiztank 31

W

Waage 27, 61, 81–82
Walnussöl 112
Wärme-Kraft-Kopplung 46
Wärmepumpe 220
Wärmetauscher 33, 111, 114–115, 122, 222
Wärmeübertragung 218
Waschgefäß 19, 27, 64
Waschmaschinenpumpe 67
Waschtank 34
Waschzusatz 27
Wasseraufnahme 121
Wasserbetten 163
Wasserdampf 151, 187–188
Wasserdampfblasen 126
Wassergehalt von Holz 178 ff
Wasserstoff 167, 171, 176, 187–188
Wasser-Test 126 ff
Weide 179
Wein 143
Weinhefe 140, 143
Weinherstellung 141
Weintrauben 143
Weizenstroh 167
WhisperGen 219–220
Whitney 126
Wiederkäuerkot 168
Williams, Doug 206–207, 211
Wirkungsgrad 46, 161, 218
WKK 46–47
Würmer 168

WVO 127

X

Xylol 118

Y

Yohn, Greg 91

Z

Zentrifugalfilter 174
Zeolith 76, 140 f, 147 ff
Zucker 141
– hirse 142
– pflanze 142
– rohr 142
– rübe 142
Zündeinstellung 45
Zündkerze 45, 137–138
Zündquelle 33
Zündtemperatur 128, 137–138
Zündverzögerung 128
Zündwilligkeit 121
Zusatzfilter 43
Zweitakt 45
Zwei-Tank Lösung 20
Zyklon 174, 214 ff

Abbildungsverzeichnis

Abb. 1:	Umesterung	29
Abb. 2:	Ergebnisse der Waschgänge	30
Abb. 3:	Verarbeitungsgefäße	34
Abb. 4:	Karbonisierte Lauge	78
Abb. 5:	Umrüstbausatz	115
Abb. 6:	Rückfluss-Destile	145
Abb. 7:	Destillen-Bausatz	146
Abb. 8:	Zeolith	147
Abb. 9:	Biogasanlage mit Kompostheizung	163
Abb. 10:	LANZ-Bulldog	171
Abb. 11:	Motorrad mit Generator	172
Abb. 12:	Ed Burton mit Sonnenkollektor	181
Abb. 13:	Holzvergaser von Ed Burton	182
Abb. 14:	Holzvergaser	189
Abb. 15:	Holzvergasereinheit und Brennstofftrichter	190
Abb. 16:	Schüttler	192
Abb. 17:	Filter, Bodenplatte, Abstandhalter	195
Abb. 18:	Filter	196
Abb. 19:	Vergaseranschluss	199
Abb. 20:	Schmetterlingsventil	200
Abb. 21:	Vergaseranschluss	202
Abb. 22:	Holzvergaser an Traktor	205
Abb. 23:	Traktor mit Holzvergaser	205
Abb. 24:	Ursprünglicher Holzvergaser	211
Abb. 25:	Foto vom Holzvergaser	212
Abb. 26:	Holzvergaser aus Ferrozement	213
Abb. 27:	Motorschema Stirling Motor	219
Abb. 28:	Schema IMBERT- Generator	223

Quellennachweis der Abbildungen

Abbildung 1:	Hans Uhlig
Abbildung 2:	Hans Uhlig
Abbildung 3:	Hans Uhlig
Abbildung 4:	Hans Uhlig
Abbildung 5:	www.Kenneke.com
Abbildung 6:	Hans Uhlig
Abbildung 7:	Hans Uhlig
Abbildung 8:	Hans Uhlig
Abbildung 9:	Hans Uhlig
Abbildung 10:	www.tract-old-engines.org
Abbildung 11:	Hans Uhlig
Abbildung 12:	Byron Anderson
Abbildung 13:	Byron Anderson
Abbildung 14:	FEMA
Abbildung 15:	FEMA
Abbildung 16:	FEMA
Abbildung 17:	FEMA
Abbildung 18:	FEMA
Abbildung 19:	FEMA
Abbildung 20:	FEMA
Abbildung 21:	FEMA
Abbildung 22:	FEMA
Abbildung 23:	FEMA
Abbildung 24:	Doug Williams
Abbildung 25:	Doug Williams
Abbildung 26:	Doug Williams
Abbildung 27:	Hans Uhlig
Abbildung 28:	Jaques Wolff und FEMA

Internetlinks

www.agriserve.de	Heizungsanlagen
www.canolaoel.de	Firma Rainer Gräf Gnötzheim, Hersteller von Canolaöl
www.clean-air.org	American HydrogenAssociation
www.ebay.com	Internetauktionshaus
www.ethanol-statt-benzin.de	Tankstellenverzeichnis
www.fluidynenz.250x.com	Fluiyne Gasification
www.geocities.com/viebachstirling	Private Site über den Stirling Motor
www.iowacorn.org/ethanol/ethanol_3d.html	Angaben zur Verträglichkeit von Ethanol verschiedener Automarken
www.journeytoforever.org/biofuel.html	Spanische Biodieselseite
www.kenneke.com	Firma Kenneke
www.kompogas.ch	Firma Kompogas
www.plantanol-diesel.de	Firma Plantanol
www.poel-tec.com/bezug	Tankstellenverzeichnis
www.tract-old-engines.com	Alte Traktoren (französisch)

Danksagungen

Meiner Lektorin, Frau Valentina Bruns, danke ich für ihren unermüdlichen Einsatz.

Das Bild vom Umrüstbausatz für Pflanzenölbetrieb wurde mir von Fa. Kenneke, www.kenneke.com zur Verfügung gestellt.

Das Bild eines Lanz-Bulldog Traktors mit Holvergaser verdanke ich dem Webmaster Christian bei www.tract-old-engines.com.

Mein Dank gilt auch Jaques Wolff vom Musèe de Sarre-Union für die Bereitstellung von Bildern zu Holzvergasern.

Byron Anderson, Webmaster von www.clean-air.org und Ed Burton danke ich für die Fotos von Eds Holzvergaser und seiner raffinierten Trockenanlage.

Doug Williams danke ich für seine Hilfsbereitschaft und die Bilder und Fotos von der Fluidyne Webseite www.fluidynenz.250x.com.